实战从入门到精通（视频教学版）

HTML+CSS+JavaScript
网页设计实战

刘玉红　蒲　娟　编著

U0231655

清华大学出版社

北京

内 容 提 要

本书针对零基础的读者，用实例引导读者深入学习，采取"HTML基础知识→HTML5高级技术→用CSS美化网页→网页布局和JavaScript→综合案例实战"的模式，深入浅出地讲解网页制作的各项技术及实战技能。

本书第1篇主要讲解HTML入门知识、网页文档结构、网页中的文本和图像、建立超链接、创建表格和表单等内容；第2篇主要讲解HTML5快速入门、HTML5中的多媒体、使用HTML5绘制图形等内容；第3篇主要讲解CSS概述与基本语法、美化网页字体与段落、美化网页图片、美化网页背景与边框、美化表格和表单样式、美化超链接和鼠标指针、控制网页导航菜单的样式等内容；第4篇主要讲解CSS+DIV盒子的浮动与定位、网页布局剖析与制作、JavaScript和jQuery、经典的网页动态特效案例等；第5篇主要讲解制作企业门户类网页、制作在线购物类网页、制作移动设备类网页；在DVD光盘中赠送了丰富的资源，诸如本书实例源代码、教学幻灯片、本书精品教学视频、88个实用类网页模板、精选的JavaScript实例、HTML5标记速查手册、CSS属性速查表、JavaScript函数速查手册、CSS+DIV布局赏析案例、精彩网站配色方案赏析、网页样式与布局案例赏析、Web前端工程师常见面试题等资料。

本书适合任何想学习网页设计的人员，无论您是否从事计算机相关行业，是否接触过网页设计，通过本书的学习均可快速掌握网页的制作方法和技巧。

图书在版编目（CIP）数据

HTML+CSS+JavaScript网页设计实战 / 刘玉红，蒲娟编著.—北京：清华大学出版社，2017
（实战从入门到精通：视频教学版）

ISBN 978-7-302-48055-6

Ⅰ.①H… Ⅱ.①刘… ②蒲… Ⅲ.①超文本标记语言—程序设计 ②网页制作工具 ③JAVA语言—程序设计
Ⅳ.①TP312.8 ②TP393.092

中国版本图书馆CIP数据核字（2017）第207753号

责任编辑：张彦青
封面设计：朱承翠
责任校对：李玉茹
责任印制：沈　露
出版发行：清华大学出版社

　　　　网　　址：http://www.tup.com.cn，http://www.wqbook.com
　　　　地　　址：北京清华大学学研大厦A座　　　　　　邮　　编：100084
　　　　社 总 机：010-62770175　　　　　　　　　　　邮　　购：010-62786544
　　　　投稿与读者服务：010-62776969，c-service@tup.tsinghua.edu.cn
　　　　质量反馈：010-62772015，zhiliang@tup.tsinghua.edu.cn

印 装 者：北京密云胶印厂
经　　销：全国新华书店
开　　本：190mm×260mm　　　　　印　　张：28　　　　　字　　数：680千字
　　　　（附DVD 1张）
版　　次：2017年9月第1版　　　　　印　　次：2017年9月第1次印刷
印　　数：1～3000
定　　价：78.00元

产品编号：074436-01

前　言
PREFACE

　　"实战从入门到精通"系列图书是专门为初学者量身定做的一套学习用书，由刘玉红策划，千谷网络科技实训中心的高级讲师编著，整套书涵盖高效办公、网站开发、数据库设计等方面。整套书具有以下特点。

前沿科技

　　无论是网站建设、数据库设计，还是 HTML、CSS，我们都精选较为前沿或者用户群最大的领域推进，帮助读者认识和了解最新动态。

权威的作者团队

　　组织国家重点实验室和资深应用专家联手编写本套图书，融合丰富的教学经验与优秀的管理理念。

学习型案例设计

　　以技术的实际应用过程为主线，全程采用图解和同步多媒体结合的教学方式，生动、直观、全面地剖析使用过程中的各种应用技能，降低难度并提升学习效率。

为什么要写这样一本书

　　目前，HTML、CSS 和 JavaScript 是网页制作和设计的黄金搭档。特别是 HTML5 的出现，大大减轻了前端开发者的工作量，降低了开发成本。目前学习和关注网页制作的人越来越多，而很多网页制作和设计的初学者都苦于找不到一本通俗易懂、容易入门和案例实用的参考书。通过本书的案例实训，学生可以很快上手流行的工具，提高职业能力，从而帮助解决公司与学生的双重需求问题。

本书特色

▶ 零基础入门

　　无论您是否从事计算机相关行业，是否接触过网页制作和设计，都能从本书中找到最佳起点。

▶ 超多、实用、专业的范例和项目

本书在编排上紧密结合深入学习网页制作技术的先后顺序，从 HTML 的基本概念开始，逐步深入学习各种应用技术，侧重实战技能，使用简单易懂的实际案例进行分析和操作指导，让读者轻松阅读，操作起来有章可循。

▶ 随时检测自己的学习成果

每章首页中，均提供了学习要点，以指导读者重点学习及学后检查。

大部分章节最后的"跟我练练手"板块，均根据本章内容精选而成，读者可以随时检测自己的学习成果和实战能力，做到融会贯通。

▶ 细致入微、贴心提示

本书在各章中使用了"注意""提示""技巧"等小栏目，使读者在学习过程中更清楚地了解相关操作、理解相关概念，并轻松掌握各种操作技巧。

▶ 专业创作团队和技术支持

本书由千谷网络科技实训中心提供技术支持。您在学习过程中遇到任何问题，可加入 QQ 群 221376441 进行提问，专业人员会在线答疑。

"网页制作和设计"学习最佳途径

本书以学习"网页制作和设计"的最佳制作流程来分配章节，从最初的 HTML 基本概念开始讲解，然后讲解 HTML5 新技术、CSS 美化网页技术、网页布局和 JavaScript 等，并在最后的项目实战环节特意补充了 3 个综合案例的制作过程，以便进一步提高读者的实战技能。

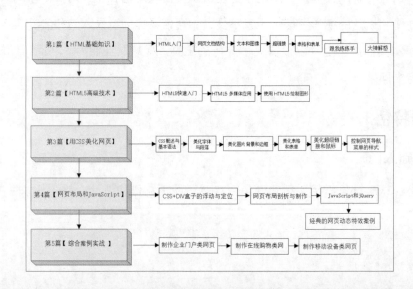

超值光盘

▶ 全程同步教学录像

涵盖本书所有知识点，详细讲解每个实例和项目的过程及技术关键点，使读者能比看书更轻松地掌握书中所有的网页制作和设计知识，而且扩展的讲解部分能使您得到比书中更多的收获。

▶ 超多容量王牌资源大放送

赠送大量王牌资源，包括书中案例源代码、教学幻灯片、本书精品教学视频、88 个实用类网页模板、精选的 JavaScript 实例、HTML5 标记速查手册、CSS 属性速查表、JavaScript函数速查手册、CSS+DIV 布局赏析案例、精彩网站配色方案赏析、网页样式与布局案例赏析、Web 前端工程师常见面试题等。

读者对象

◇ 没有任何网页设计基础的初学者。

◇ 有一定的 HTML 和 CSS 基础，想精通网页制作和设计的人员。

◇ 有一定的 HTML 和 CSS 基础，没有项目经验的人员。

◇ 正在进行毕业设计的学生。

◇ 大专院校及培训学校的老师和学生。

创作团队

本书由刘玉红和蒲娟编写，参加编写的人员还有刘玉萍、周佳、付红、李园、郭广新、侯永岗、王攀登、刘海松、孙若淞、王月娇、包慧利、陈伟光、胡同夫、梁云梁和周浩浩。在编写过程中，我们尽可能地将最好的讲解呈现给读者，但也难免有疏漏和不妥之处，敬请不吝指正。若您在学习中遇到困难或疑问，或有何建议，可写信至信箱 357975357@qq.com。

编 者

目　录

第1篇　HTML基础知识

第1章　HTML入门知识

1.1　网页与网站 ············· 4

1.1.1　什么是网页与网站 ········ 4

1.1.2　网页基本构成元素 ········ 5

1.2　HTML的基本概念 ········ 6

1.2.1　什么是HTML ·········· 6

1.2.2　HTML的发展历程 ········ 6

1.2.3　HTML页面的整体结构 ······ 7

1.3　使用浏览器查看源文件 ····· 8

1.4　大神解惑 ············· 9

1.5　跟我练练手 ············ 9

第2章　网页文档结构

2.1　HTML文件基本结构 ······ 12

2.2　HTML5基本标记详解 ····· 12

2.2.1　文档类型说明 ·········· 12

2.2.2　HTML标记 ··········· 13

2.2.3　头标记 ············· 13

2.2.4　网页的主体标记body ······ 15

2.2.5　页面注释标记 ·········· 16

2.3　HTML5语法的变化 ······ 16

2.3.1　标记不再区分大小写 ······ 17

2.3.2　允许属性值不使用引号 ····· 17

2.3.3　允许部分属性值的属性省略 ·· 17

2.4　网页文件的编写方法 ······ 18

2.4.1　使用记事本手工编写网页 ··· 18

2.4.2　使用Dreamweaver CC编写HTML文件 ··· 19

2.5　符合W3C标准的HTML5网页 ·········· 20

2.6　大神解惑 ············· 21

2.7　跟我练练手 ············ 22

第3章　网页中的文本和图像

3.1　在网页中添加文本 ······· 24

3.1.1　普通文本的添加 ········· 24

3.1.2　特殊字符文本的添加 ······ 24

3.1.3　特殊文本的添加 ········· 26

3.2　文本排版 ············· 27

3.2.1　换行标记 ············· 27

3.2.2　段落标记 ············· 28

3.2.3　标题标记 ············· 28

3.3　文字列表 ············· 29

3.3.1　建立无序列表 ·········· 29

3.3.2 建立有序列表 ·················· 30

3.3.3 建立不同类型的无序列表 ········ 30

3.3.4 建立不同类型的有序列表 ········ 31

3.3.5 建立嵌套列表 ·················· 31

3.3.6 自定义列表 ···················· 32

3.4 网页中的图像 ························ 32

3.4.1 插入图像 ······················ 32

3.4.2 设置图像的宽度和高度 ·········· 34

3.4.3 设置图像的提示文字 ············ 35

3.4.4 将图片设置为网页背景 ·········· 36

3.4.5 排列图像 ······················ 36

3.5 图文并茂房屋装饰装修网页 ·········· 37

3.6 在线购物网站产品展示效果 ·········· 38

3.7 大神解惑 ···························· 39

3.8 跟我练练手 ·························· 40

第4章 建立超链接

4.1 网页超链接的概念 ·················· 42

4.1.1 什么是网页超链接 ·············· 42

4.1.2 超链接中的URL ················ 42

4.1.3 超链接的URL类型 ·············· 43

4.2 建立网页超链接 ···················· 43

4.2.1 创建超文本链接 ················ 43

4.2.2 创建图片链接 ·················· 44

4.2.3 创建下载链接 ·················· 46

4.2.4 使用相对路径和绝对路径 ········ 46

4.2.5 设置以新窗口显示超链接页面 ···· 47

4.2.6 设置电子邮件链接 ·············· 48

4.3 浮动框架 ···························· 49

4.4 精确定位热点区域 ·················· 50

4.5 使用锚链接制作电子书阅读网页 ······ 54

4.6 大神解惑 ···························· 56

4.7 跟我练练手 ·························· 56

第5章 创建表格和表单

5.1 表格的基本结构 ···················· 58

5.2 创建表格 ···························· 59

5.2.1 创建普通表格 ·················· 59

5.2.2 创建带有标题的表格 ············ 60

5.2.3 定义表格的边框类型 ············ 60

5.2.4 定义表格的表头 ················ 61

5.2.5 设置表格背景 ·················· 61

5.2.6 设置单元格背景 ················ 62

5.2.7 合并单元格 ···················· 63

5.2.8 排列单元格中的内容 ············ 66

5.2.9 设置表格的行高与列宽 ·········· 66

5.3 创建完整的表格 ···················· 67

5.4 认识表单 ···························· 68

5.5 表单基本元素的使用 ················ 69

5.5.1 单行文本输入框 ················ 69

5.5.2 多行文本输入框 ················ 70

5.5.3 密码域 ························ 70

5.5.4 单选按钮 ······················ 71

5.5.5 复选框 ························ 72

5.5.6 下拉选择框 ···················· 73

5.5.7 普通按钮 ······················ 73

5.5.8 提交按钮 ······················ 74

5.5.9 重置按钮 ······················ 75

5.6 表单高级元素的使用 ················ 75

5.6.1 url属性的应用 ·················· 76

5.6.2 email属性的应用 ················ 76

5.6.3 date和time属性的应用 ··········· 76

5.6.4 number属性的应用 ·················· 77

5.6.5 range属性的应用 ···················· 78

5.6.6 required属性的应用 ················ 79

5.7 创建用户反馈表单 ····················· 79

5.8 制作商品报价单 ························· 81

5.9 大神解惑 ··································· 83

5.10 跟我练练手 ····························· 84

第 2 篇　HTML5高级技术

第6章　HTML5快速入门

6.1 各大浏览器与HTML5的兼容性 ·········· 88

6.2 检测浏览器是否支持HTML标记 ········· 88

6.3 语法变化和标记 ························· 89

6.3.1 HTML5的语法变化 ··············· 89

6.3.2 HTML5中的标记方法 ············· 89

6.3.3 版本兼容性 ······················· 90

6.4 新增的元素和废除的元素 ··············· 91

6.4.1 新增的结构元素 ·················· 92

6.4.2 新增的input元素类型 ············· 94

6.4.3 新增的其他元素 ·················· 94

6.4.4 废除的元素 ······················· 96

6.5 新增的属性和废除的属性 ················· 97

6.5.1 新增的属性 ························· 97

6.5.2 废除的属性 ······················· 101

6.6 新增全局属性 ···························· 103

6.6.1 contentEditable属性 ·············· 103

6.6.2 designMode属性 ·················· 103

6.6.3 hidden属性 ······················· 104

6.6.4 spellcheck属性 ···················· 104

6.6.5 tabIndex属性 ····················· 104

6.7 大神解惑 ································· 106

6.8 跟我练练手 ······························ 106

第7章　HTML5中的多媒体

7.1 网页音频标记 ··························· 108

7.1.1 audio标记概述 ··················· 108

7.1.2 audio标记的属性 ················ 108

7.1.3 音频解码器 ······················· 109

7.1.4 浏览器对audio标记的支持情况 ··· 109

7.2 网页视频标记 ··························· 109

7.2.1 video标记概述 ··················· 109

7.2.2 video标记属性 ··················· 110

7.2.3 视频解码器 ······················· 110

7.2.4 浏览器对video标记的支持情况 ···· 111

7.3 添加网页音频文件 ······················ 111

7.3.1 设置背景音乐 ····················· 111

7.3.2 设置音乐循环播放 ··············· 112

7.4 添加网页视频文件 ······················ 112

7.4.1 为网页添加视频文件 ············· 112

7.4.2 设置自动运行 ····················· 113

7.4.3 设置视频文件的循环播放 ········ 114

7.4.4 设置视频窗口的高度与宽度 ······ 114

7.5 添加网页滚动文字 ······················ 115

7.5.1 滚动文字标记 ····················· 115

7.5.2 滚动方向属性 ····················· 116

7.5.3 滚动方式属性 ····················· 117

7.5.4 滚动速度属性 ·············· 117
7.5.5 滚动延迟属性 ·············· 118
7.5.6 滚动循环属性 ·············· 119
7.5.7 滚动范围属性 ·············· 119
7.5.8 滚动背景颜色属性 ·········· 120

7.5.9 滚动空间属性 ·············· 121
7.6 大神解惑 ···························· 122
7.7 跟我练练手 ························· 122

第8章 使用HTML5绘制图形

8.1 什么是canvas ···················· 124
8.2 绘制基本形状 ····················· 125
8.2.1 绘制矩形 ·················· 125
8.2.2 绘制圆形 ·················· 126
8.2.3 使用moveTo与lineTo绘制直线 ··· 127
8.2.4 使用bezierCurveTo绘制贝塞尔曲线 ··· 128
8.3 绘制渐变图形 ····················· 130
8.3.1 绘制线性渐变 ·············· 130
8.3.2 绘制径向渐变 ·············· 132
8.4 绘制变形图形 ····················· 133
8.4.1 变换原点坐标 ·············· 133
8.4.2 图形缩放 ·················· 134
8.4.3 旋转图形 ·················· 135
8.5 绘制其他样式的图形 ··············· 136
8.5.1 图形组合 ·················· 136

8.5.2 绘制带阴影的图形 ·········· 138
8.5.3 绘制文字 ·················· 139
8.6 使用图像 ·························· 141
8.6.1 绘制图像 ·················· 141
8.6.2 图像平铺 ·················· 142
8.6.3 图像裁剪 ·················· 143
8.6.4 像素处理 ·················· 145
8.7 图形的保存与恢复 ················· 147
8.7.1 保存与恢复图形状态 ········ 147
8.7.2 保存文件 ·················· 148
8.8 绘制火柴棒人物 ··················· 149
8.9 绘制商标 ·························· 151
8.10 大神解惑 ························· 153
8.11 跟我练练手 ······················ 154

第3篇 用CSS美化网页

第9章 CSS概述与基本语法

9.1 CSS概述 ·························· 158
9.1.1 CSS功能 ·················· 158
9.1.2 浏览器与CSS的兼容性 ······· 158
9.1.3 CSS基础语法 ·············· 159
9.1.4 CSS常用单位 ·············· 159
9.2 编辑和浏览CSS ···················· 164

9.2.1 手工编写CSS ·············· 164
9.2.2 用Dreamweaver编写CSS ········· 165
9.3 在HTML中使用CSS的方法 ··········· 167
9.3.1 行内样式 ·················· 167
9.3.2 内嵌样式 ·················· 168
9.3.3 链接样式 ·················· 169

9.3.4 导入样式 ·············· 170

9.3.5 优先级问题 ············· 171

9.4 CSS的常用选择器 ········· 172

9.4.1 标记选择器 ············· 173

9.4.2 类选择器 ··············· 173

9.4.3 ID选择器 ·············· 174

9.4.4 全局选择器 ············· 175

9.4.5 组合选择器 ············· 175

9.4.6 继承选择器 ············· 176

9.4.7 伪类选择器 ·············· 177

9.5 选择器声明 ·············· 178

9.5.1 集体声明 ·············· 178

9.5.2 多重嵌套声明 ··········· 179

9.6 制作炫彩网站Logo ········· 179

9.7 制作学生信息统计表 ······· 182

9.8 大神解惑 ················ 183

9.9 跟我练练手 ·············· 184

第10章 美化网页字体与段落

10.1 美化网页文字 ··········· 186

10.1.1 设置文字的字体 ········· 186

10.1.2 设置文字的字号 ········· 187

10.1.3 设置字体风格 ·········· 188

10.1.4 设置加粗字体 ·········· 189

10.1.5 将小写字母转换为大写字母 ·· 190

10.1.6 设置字体的复合属性 ······ 191

10.1.7 设置字体颜色 ·········· 192

10.2 设置文本的高级样式 ······ 193

10.2.1 设置文本阴影效果 ········ 193

10.2.2 设置文本溢出效果 ········ 194

10.2.3 设置文本的控制换行 ······ 195

10.2.4 保持字体尺寸不变 ········ 196

10.3 美化网页中的段落 ········ 197

10.3.1 设置单词之间的间隔 ······ 197

10.3.2 设置字符之间的间隔 ······ 198

10.3.3 设置文字的修饰效果 ······ 199

10.3.4 设置垂直对齐方式 ········ 200

10.3.5 转换文本的大小写 ········ 202

10.3.6 设置文本的水平对齐方式 ···· 203

10.3.7 设置文本的缩进效果 ······ 205

10.3.8 设置文本的行高 ········· 205

10.3.9 文本的空白处理 ········· 206

10.3.10 文本的反排 ··········· 208

10.4 设置网页标题 ··········· 209

10.5 制作新闻页面 ··········· 211

10.6 大神解惑 ··············· 212

10.7 跟我练练手 ············· 212

第11章 美化网页图片

11.1 图片缩放 ·············· 214

11.1.1 通过描述标记width和height缩放图片 ··· 214

11.1.2 使用CSS中的max-width和
max-height缩放图片 ····· 214

11.1.3 使用CSS中的width和height缩放图片 ··· 215

11.2 设置图片的对齐方式 ······ 216

11.2.1 设置图片横向对齐 ········ 216

11.2.2 设置图片纵向对齐 ········ 217

11.3 图文混排 ·············· 219

11.3.1 设置文字环绕效果 ········ 219

11.3.2 设置图片与文字的间距 ····· 220

11.4 制作学校宣传单 ·········· 221

11.5 制作简单图文混排网页 ····· 223

11.6　大神解惑 ……………………… 225　　11.7　跟我练练手 …………………… 225

第12章　美化网页背景与边框

12.1　使用CSS美化背景 ……………… 228
　12.1.1　设置背景颜色 ……………… 228
　12.1.2　设置背景图片 ……………… 229
　12.1.3　背景图片重复 ……………… 230
　12.1.4　背景图片随文档滚动 ……… 231
　12.1.5　背景图片位置 ……………… 233
　12.1.6　背景图片大小 ……………… 234
　12.1.7　背景显示区域 ……………… 235
　12.1.8　背景图像裁剪区域 ………… 237
　12.1.9　背景复合属性 ……………… 237

12.2　使用CSS美化边框 ……………… 238
　12.2.1　设置边框样式 ……………… 238
　12.2.2　设置边框颜色 ……………… 239

　12.2.3　设置边框线宽 ……………… 240
　12.2.4　设置边框复合属性 ………… 242

12.3　设置边框圆角效果 ……………… 242
　12.3.1　设置圆角边框 ……………… 243
　12.3.2　指定两个圆角半径 ………… 243
　12.3.3　绘制四个不同的圆角边框 … 244
　12.3.4　绘制不同种类的边框 ……… 245

12.4　制作简单公司主页 ……………… 246
12.5　制作简单生活资讯主页 ………… 250
12.6　大神解惑 ………………………… 251
12.7　跟我练练手 ……………………… 252

第13章　美化表格和表单样式

13.1　美化表格样式 …………………… 254
　13.1.1　设置表格边框样式 ………… 254
　13.1.2　设置表格边框宽度 ………… 255
　13.1.3　设置表格背景颜色 ………… 256

13.2　美化表单样式 …………………… 257
　13.2.1　美化表单中的元素 ………… 257
　13.2.2　美化提交按钮 ……………… 259

　13.2.3　美化下拉列表框 …………… 260

13.3　制作用户登录页面 ……………… 262
13.4　制作用户注册页面 ……………… 264
13.5　大神解惑 ………………………… 266
13.6　跟我练练手 ……………………… 266

第14章　美化超链接和鼠标指针

14.1　美化超链接 ……………………… 268
　14.1.1　改变超链接基本样式 ……… 268
　14.1.2　设置带有提示信息的超链接 … 269
　14.1.3　设置超链接的背景图 ……… 270
　14.1.4　设置超链接的按钮效果 …… 271

14.2　美化鼠标特效 …………………… 272

　14.2.1　控制鼠标箭头 ……………… 272
　14.2.2　设置鼠标变幻式超链接 …… 273
　14.2.3　设置网页页面滚动条 ……… 274

14.3　图片版本超链接 ………………… 276
14.4　鼠标特效实例 …………………… 278
14.5　制作一个简单的导航栏 ………… 280

14.6 大神解惑 ……………………… 281

14.7 跟我练练手 ………………………… 282

第15章 控制网页导航菜单的样式

15.1 使用CSS美化项目列表 …………… 284

15.1.1 美化无序列表 ……………… 284

15.1.2 美化有序列表 ……………… 285

15.1.3 美化自定义列表 …………… 286

15.1.4 制作图片列表 ……………… 287

15.1.5 缩进图片列表 ……………… 288

15.1.6 列表复合属性 ……………… 289

15.2 使用CSS制作网页菜单 ………… 290

15.2.1 制作无序列表的菜单 ……… 290

15.2.2 制作水平样式菜单 ………… 292

15.3 模拟SOSO导航栏 ……………… 294

15.4 将段落转变成列表 ……………… 297

15.5 大神解惑 ………………………… 299

15.6 跟我练练手 ……………………… 300

第4篇 网页布局和JavaScript

第16章 CSS+DIV盒子的浮动与定位

16.1 定义DIV ………………………… 304

16.1.1 什么是DIV ………………… 304

16.1.2 创建DIV …………………… 304

16.2 盒子的定位 ……………………… 305

16.2.1 静态定位 …………………… 305

16.2.2 相对定位 …………………… 306

16.2.3 绝对定位 …………………… 307

16.2.4 固定定位 …………………… 308

16.2.5 盒子的浮动 ………………… 308

16.3 其他CSS布局定位方式 ………… 310

16.3.1 溢出（overflow）定位 …… 310

16.3.2 隐藏（visibility）定位 …… 311

16.3.3 z-index空间定位 …………… 313

16.4 多列布局 ………………………… 314

16.4.1 设置列宽度 ………………… 314

16.4.2 设置列数 …………………… 316

16.4.3 设置列间距 ………………… 317

16.4.4 设置列边框样式 …………… 318

16.5 定位网页布局样式 ……………… 320

16.6 大神解惑 ………………………… 323

16.7 跟我练练手 ……………………… 324

第17章 网页布局剖析与制作

17.1 固定宽度网页剖析与布局 ……… 326

17.1.1 网页单列布局模式 ………… 326

17.1.2 网页1-2-1型布局模式 ……… 328

17.1.3 网页1-3-1型布局模式 ……… 330

17.2 自动缩放网页1-2-1型布局模式 ……… 333
 17.2.1 1-2-1等比例变宽布局 ………… 333
 17.2.2 1-2-1单列变宽布局 …………… 334

17.3 自动缩放网页1-3-1型布局模式 ……… 335
 17.3.1 1-3-1三列宽度等比例布局 …… 335
 17.3.2 1-3-1单侧列宽度固定的变宽布局 ……… 335
 17.3.3 1-3-1中间列宽度固定的变宽布局 ……… 337
 17.3.4 1-3-1双侧列宽度固定的变宽布局 ……… 339
 17.3.5 1-3-1中列和左侧列宽度固定的变宽布局 ……… 342

17.4 分列布局背景色的使用 …………… 344
 17.4.1 设置固定宽度布局的列背景色 …… 344
 17.4.2 设置特殊宽度变化布局的列背景色 …… 346
 17.4.3 设置单列宽度变化布局的列背景色 … 347
 17.4.4 设置多列等比例宽度变化布局的列背景 ……… 349

17.5 大神解惑 ……………………… 352
17.6 跟我练练手 …………………… 352

第18章 JavaScript和jQuery

18.1 认识JavaScript …………………… 354
 18.1.1 什么是JavaScript …………… 354
 18.1.2 在HTML网页头中嵌入JavaScript代码 ……… 354

18.2 JavaScript对象与函数 …………… 355
 18.2.1 认识对象 …………………… 356
 18.2.2 认识函数 …………………… 356

18.3 JavaScript事件 ………………… 358
 18.3.1 事件与事件处理概述 ………… 358
 18.3.2 JavaScript的常用事件 ……… 359

18.4 认识jQuery …………………… 360
 18.4.1 jQuery能做什么 …………… 361
 18.4.2 jQuery的配置 ……………… 361

18.5 jQuery选择器 ………………… 362
 18.5.1 jQuery的工厂函数 ………… 362
 18.5.2 常见选择器 ………………… 363

18.6 大神解惑 ……………………… 364
18.7 跟我练练手 …………………… 365

第19章 经典的网页动态特效案例

19.1 文字特效 ……………………… 368
 19.1.1 打字效果的文字 …………… 368
 19.1.2 文字升降特效 ……………… 370
 19.1.3 跑马灯效果 ………………… 372

19.2 图片特效 ……………………… 373
 19.2.1 闪烁图片 …………………… 373
 19.2.2 左右移动的图片 …………… 375

19.3 网页菜单特效 ………………… 378
 19.3.1 向上滚动菜单 ……………… 378
 19.3.2 树形菜单 …………………… 379

19.4 鼠标特效 ……………………… 384

19.4.1 鼠标的图片跟踪 …………… 384
 19.4.2 鼠标的文字跟踪 …………… 385

19.5 时间特效 ……………………… 387
 19.5.1 时钟特效 …………………… 387
 19.5.2 制作简单日历表 …………… 392

19.6 页面特效 ……………………… 395
 19.6.1 网页自动滚屏 ……………… 395
 19.6.2 颜色选择器 ………………… 398

19.7 大神解惑 ……………………… 401
19.8 跟我练练手 …………………… 402

 综合案例实战

第20章　制作企业门户类网页

20.1　构思布局 ·········· 406
　20.1.1　设计分析 ········· 406
　20.1.2　排版架构 ········· 407
20.2　模块分割 ·········· 408
　20.2.1　Logo与导航菜单 ···· 408

20.2.2　左侧文本介绍 ········ 410
20.2.3　右侧导航链接 ········ 411
20.2.4　版权信息 ·········· 413
20.3　整体调整 ·········· 414

第21章　制作在线购物类网页

21.1　整体布局 ·········· 416
　21.1.1　设计分析 ········· 416
　21.1.2　排版架构 ········· 417
21.2　模块分割 ·········· 417

21.2.1　Logo与导航区 ······· 417
21.2.2　Banner与资讯区 ······ 419
21.2.3　产品类别区域 ········ 420
21.2.4　页脚区域 ·········· 421

第22章　制作移动设备类网页

22.1　网站设计分析 ········ 424
22.2　网站结构分析 ········ 424

22.3　网站主页面的制作 ······ 425
22.4　网站成品预览 ········ 427

第 **1** 篇

HTML 基础知识

△ 第 1 章　HTML 入门知识

△ 第 2 章　网页文档结构

△ 第 3 章　网页中的文本和图像

△ 第 4 章　建立超链接

△ 第 5 章　创建表格和表单

HTML 入门知识

目前，网页设计成为学习计算机的重要内容之一。制作网页可采用可视化编辑软件，但是无论采用哪一种网页编辑软件，都离不开 HTML 的相关内容，本章就来介绍 HTML 网页设计的相关基础内容。

● **本章要点（已掌握的在方框中打钩）**

☐ 了解网页与网站的基本概念

☐ 了解 HTML 的基本概念

☐ 掌握使用浏览器查看源文件的方法

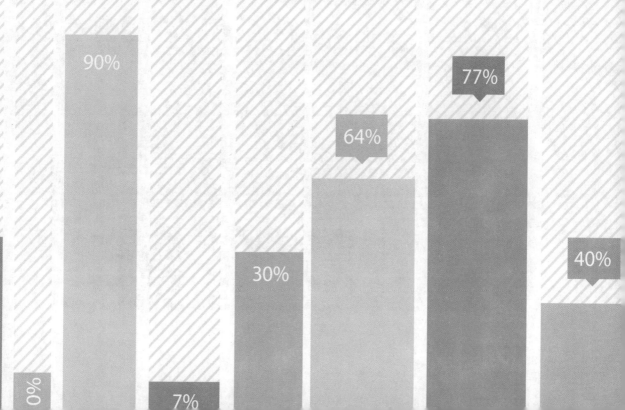

1.1 网页与网站

当打开一个网站时首先呈现在读者面前的就是网页。网页上可以有图片、文字、音频和视频等构成网站的基本元素，是承载各种网站应用的平台。

1.1.1 什么是网页与网站

网页（Web page）是一个文件，它存放在世界上某个角落的某一台计算机中，而这台计算机必须是与互联网相连的。网页是由网址（URL，例如 www.sohu.com）来识别与存取的，当在浏览器中输入网址后，经过一段复杂而又快速的程序，网页文件会被传送到读者面前的计算机当中，然后再通过浏览器解释网页内容，展示到读者的眼前。网页通常是 HTML 格式（文件扩展名为 .html 或 .htm）。

网站（Website）是指在因特网上，根据一定的规则，使用 HTML 等工具制作的用于展示特定内容的相关网页的集合，例如常见的网站有搜狐、新浪等。简单地说，网站是一种通信工具，就像布告栏一样，人们可以通过网站来发布自己想要公开的资讯信息，或者利用网站来提供相关的网络服务。衡量一个网站的性能时，通常从网站空间大小、网站位置、网站连接速度（俗称"网速"）、网站软件配置、网站提供的服务等几方面考虑，最直接的衡量标准是这个网站的真实流量。

在一个网站中，网页按照类型不同，可以分为主页和普通网页两种。主页（Home Page）是一个网页，是进入一个网站的开始画面，就同搜狐的首页一样，如图 1-1 所示。

图 1-1　搜狐的主页

1.1.2　网页基本构成元素

在 Internet 早期，网站只能保存单纯文本。经过近几年的发展，图像、声音、动画、视频和 3D 等技术已经在因特网上广泛应用，网站已经发展成图文并茂的样子，并且通过动态网页技术，用户可以与其他用户或者网站管理者进行交流。

网页常见的构成元素有文本、图像、超链接、表格、表单、导航栏、动画等，如图 1-2 所示。

图 1-2　网页常见构成元素

（1）文本：网页中的信息主要以文本为主。在网页中，可以通过设置字体、大小、颜色、底纹、边框等来设计文本的属性。

（2）图像：有了图像，才能看到丰富多彩的网页。网页上的图片为 JPG 或 GIF 格式。通常图片会被运用在 Logo、Banner 和背景上。Logo 是代表企业形象或栏目内容的标志性图片，一般位于网页的左上角。Banner 是用于宣传网站内某个栏目或活动的广告，一般要求制作成动画形式，达到宣传的效果，一般位于网页的顶部和底部。在网页页面中，比较常用的图片还包括背景图，但要慎用背景图，除非设计者自信背景图可以给网页增加不少魅力。

（3）超链接：超链接是网站的灵魂，是从一个网页指向另一个目的端的链接。目的端通常是一个网页，但也可以是一张图片、一个电子邮件地址、一个文件、一个程序或本网页中的其他位置。超链接本身可以是文字或者图片。

（4）表格：表格是网页中展现数据的主要方式，能够以表的形式显示数据信息。表格也可以用作网页排版。在很长一段时间内，使用表格排版是网站的首选方式。

（5）表单：表单是用来收集站点访问者信息的集合。站点访问者填写表单的方式是输入文本、选中单选按钮与复选框，以及从下拉菜单中选择选项。在填好表单之后，站点访问者送出所输入的数据，该数据就会根据网站设计者所设置的表单处理程序，以不同的方式进行处理。

（6）导航栏：导航栏是一组超链接，一般用于网站各部分内容间相互链接的指引。导航栏可以是按钮或者文本超链接。

（7）动画：动画是网页上最活跃的元素，包括 GIF 动画和 Flash 动画。

网页中除了这些基本元素外，还包括框架、横幅广告、字幕、悬停按钮、计数器、音频、视频等。

1.2 HTML的基本概念

因特网上的信息是以网页的形式展示给用户的，因此网页是网络信息传递的载体。网页文件是用一种标记语言书写的，这种语言称为 HTML（Hyper Text Markup Language，超文本标记语言）。

1.2.1 什么是 HTML

HTML 不是一种编程语言，而是一种描述性的标记语言，用于描述超文本中的内容和结构。HTML 最基本的语法是 < 标记符 ></ 标记符 >。标记符通常都是成对使用，有一个开头标记和一个结束标记。结束标记只是在开头标记的前面加一个斜杠"/"。当浏览器收到 HTML 文件后，就会解释里面的标记符，然后把标记符相对应的功能表达出来。

例如，在 HTML 中用 <p></p> 标记符来定义一个段落，表示一个换行符。当浏览器遇到 <p></p> 标记符时，会把该标记中的内容自动形成一个段落。当遇到
 标记符时，会自动换行，并且该标记符后的内容会从一个新行开始。这里的
 标记符是单标记，没有结束标记，标记后的"/"符号可以省略，为了规范代码，一般建议加上。

1.2.2 HTML 的发展历程

标记语言从诞生到今天，经历了十几载，发展过程中也有很多曲折，经历的版本及发布日期如表 1-1 所示。

表 1-1　HTML 的发展历程

版　　本	发布日期	说　　明
超文本标记语言（第一版）	1993 年 6 月	在国际互联网工程任务组（IETF）工作草案发布（并非标准）
HTML 2.0	1995 年 11 月	作为 RFC 1866 发布，在 RFC 2854 于 2000 年 6 月发布之后被宣布已经过时
HTML 3.2	1996 年 1 月 14 日	W3C 推荐标准
HTML 4.0	1997 年 12 月 18 日	W3C 推荐标准
HTML 4.01	1999 年 12 月 24 日	微小改进，W3C 推荐标准
ISO HTML	2000 年 5 月 15 日	基于严格的 HTML 4.01 语法，是国际标准化组织和国际电工委员会的标准
XHTML 1.0	2000 年 1 月 26 日	W3C 推荐标准，后来经过修订于 2002 年 8 月 1 日重新发布
XHTML 1.1	2001 年 5 月 31 日	较 1.0 版本有微小改进
XHTML 2.0 草案	没有发布	2009 年，W3C 停止了 XHTML 2.0 工作组的工作
HTML5	2012 年 12 月 17 日	万维网联盟（W3C）正式宣布凝结了大量网络工作者心血的 HTML5 规范已经正式定稿

1.2.3　HTML 页面的整体结构

为了便于读者从整体上把握 HTML 文档结构，通过一个 HTML 页面来介绍 HTML 页面的整体结构，示例代码如下所示。

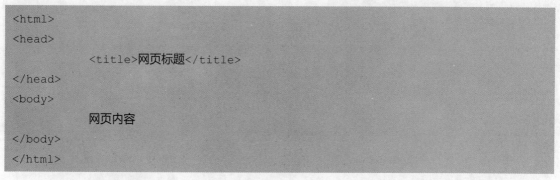

```
<html>
<head>
        <title>网页标题</title>
</head>
<body>
        网页内容
</body>
</html>
```

从上面代码可以看出，一个基本的 HTML 网页由以下几部分构成。

（1）<html></html> 标记：说明本页面使用 HTML 语言编写，使浏览器软件能够准确无误地解释、显示。

（2）<head></head>> 标记：是 HTML 的头部标记，头部信息不显示在网页中。此标记内可以包括其他标记，用于说明文件标题和整个文件的一些公用属性，如可以通过 <style> 标记定义 CSS 样式表，通过 <script> 标记定义 JavaScript 脚本文件。

（3）<title></title> 标记：title 是 head 中的重要组成部分，它包含的内容显示在浏览器的窗口标题栏中。如果没有 title，浏览器标题栏则显示本页的文件名。

（4）<body></body> 标记：body 包含 HTML 页面的实际内容，显示在浏览器窗口的客户区中。例如页面中文字、图像、动画、超链接以及其他 HTML 相关的内容都是定义在 body 标记里面。

1.3 使用浏览器查看源文件

查看网页源代码的常见方法有以下两种。

（1）在打开的页面空白处右击，在弹出的快捷菜单中选择"查看源"菜单命令，如图 1-3 所示。

（2）在浏览器菜单栏选择"查看"→"源"菜单命令，可以查看源文件，如图 1-4 所示。

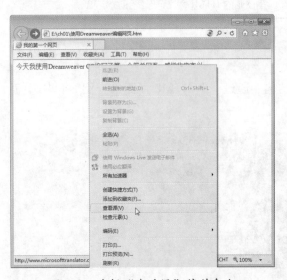

图 1-3　选择"查看源"菜单命令

图 1-4　选择"源"菜单命令

> **提示**　由于浏览器的规定各不相同，有些浏览器将"源"命名为"查看源代码"，但操作方法完全相同。

1.4　大神解惑

小白：为何使用记事本编辑的 HTML 文件无法在浏览器中预览，而是直接在记事本中打开？

大神：很多初学者保存文件时，没有将 HTML 文件的扩展名 .html 或 .htm 作为文件的后缀，导致文件还是以 .txt 为扩展名，因此，无法在浏览器中查看。如果读者是通过单击右键创建记事本文件，在给文件重命名时，一定要以 .html 或 .htm 作为文件的后缀。特别要注意的是，当 Windows 系统的扩展名是隐藏状态时，更容易出现这样的错误。读者可以在"文件夹选项"对话框中查看是否显示扩展名。

小白：如何显示或隐藏 Dreamweaver CC 的欢迎屏幕？

大神：Dreamweaver CC 欢迎屏幕可以帮助使用者快速进行打开文件、新建文件和相关帮助的操作。如果读者不希望显示该窗口，可以按 Ctrl+U 快捷键，在弹出的对话框中，选择左侧的"常规"选项，将右侧"文档选项"部分的"显示欢迎屏幕"勾选取消。

1.5　跟我练练手

练习 1：打开网页查看网页的构成元素。

练习 2：使用 Dreamweaver CC 编写一个 HTML 网页。

练习 3：查看源文件。

第 2 章

网页文档结构

一个完整的网页文档包括标题、段落、列表、表格、绘制的图形以及各种嵌入对象，这些对象统称为 HTML 元素。本章将详细介绍 HTML 网页文档的基本结构。

● **本章要点（已掌握的在方框中打钩）**

☐ 熟悉 HTML 的基本结构
☐ 掌握 HTML5 的基本标记
☐ 掌握 HTML5 语法的变化
☐ 掌握网页文件的编写方法

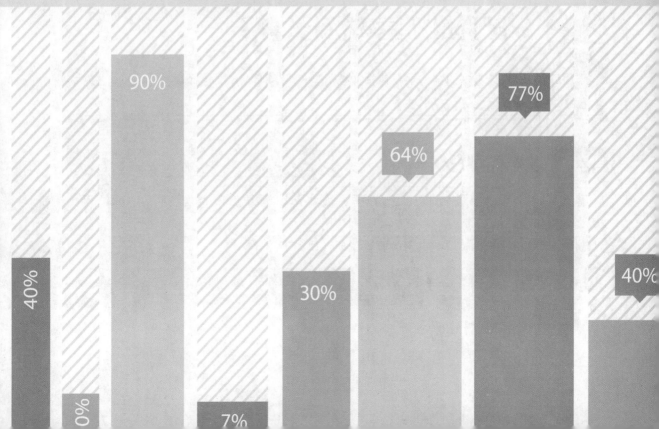

2.1 HTML文件基本结构

在一个 HTML 文档中，必须包含 <html></html> 标记，并且分别放在一个 HTML 文档中开始和结束的位置。即每个文档以 <html> 开始，以 </html> 结束。<html></html> 之间通常包含两部分，分别为 <head></head> 和 <body></body>。head 标记包含 HTML 头部信息，例如文档标题、样式定义等。body 包含文档主体部分，即网页内容。需要注意的是，HTML 标记不区分大小写。

HTML5 新增的结构标记有 <header></header> 和 <footer></footer>，但是，这两个标记还没有获得大多数浏览器支持，这里只简单介绍一下。

<header> 标记定义文档的页眉（介绍信息），使用示例如下。

```
<header>
<h1>欢迎访问主页</h1>
</header>
```

<footer> 标记定义 section 或 document 的页脚。在典型情况下，该元素会包含创作者的姓名、文档的创作日期或者联系信息，使用示例如下。

```
<footer>作者：元澈  联系方式：13012345678</footer>
```

2.2 HTML5基本标记详解

HTML 文档最基本的结构主要包括文档类型说明、HTML 文档标记、头标记、主体标记和页面注释标记。

2.2.1 文档类型说明

基于 HTML5 设计准则中的"化繁为简"原则，Web 页面的文档类型说明（DOCTYPE）被极大地简化了。

创建 HTML5 文档时，文档头部的类型说明代码如下。

```
<!DOCTYPE html PUBLIC"-//W3C//DTD XHTML 1.0 Transitional//EN""http://www.
w3.org/TR/xhtml1/DTD/xhtml1-transitional.dtd">
```

上面为 XHTML 文档类型说明，读者可以看到这段代码既烦琐又难记，HTML5 将文档类型简化到 15 个字符，代码如下。

```
<!DOCTYPE html>
```

 DOCTYPE 声明需要出现在 HTML5 文件的第一行。

2.2.2　HTML 标记

HTML 标记代表文档的开始，由于 HTML5 语言语法的松散特性，该标记可以省略，但是为了使之符合 Web 标准和文档的完整性，养成良好的编写习惯，这里建议不要省略该标记。

HTML 标记以 <html> 开头，以 </html> 结尾，文档的所有内容书写在开头和结尾的中间部分。语法格式如下。

```
<html>
...
</html>
```

2.2.3　头标记

头标记 head 用于说明文档头部相关信息，一般包括标题信息、元信息、定义 CSS 样式和脚本代码等。HTML 的头部信息是以 <head> 开始，以 </head> 结束，语法格式如下。

```
<head>
...
</head>
```

说明：

<head> 元素的作用范围是整篇文档，定义在 HTML 头部的内容往往不会在网页上直接显示。

在头标记 <head> 与 </head> 之间还可以插入标题标记 title 和元信息标记 meta 等。

1.　标题标记

HTML 页面的标题一般是用来说明页面的用途，它显示在浏览器的标题栏中。在 HTML 文档中，标题信息设置在 <head> 与 </head> 之间。标题标记以 <title> 开始，以 </title> 结束，语法格式如下。

```
<title>
...
</title>
```

在标记中间的 "…" 就是标题的内容，它可以帮助用户更好地识别页面。预览网页时，设置的标题在浏览器的左上方标题栏中显示，此外，在 Windows 任务栏中显示的也是这个标题，如图 2-1 所示。页面的标题只有一个，它们存放于 HTML 文档的头部，即 <head> 和 </head> 之间。

图 2-1　标题栏在浏览器中的显示效果

2.　元信息标记

 <meta> 元素可提供有关页面的元信息（meta-information），比如针对搜索引擎和更新频度的描述和关键词。<meta> 标记位于文档的头部，不包含任何内容。<meta> 标记

的属性定义了与文档相关联的名称／值对，如表 2-1 所示。

表 2-1　<meta> 标记提供的属性及取值

属　　性	值	描　　述
charset	character encoding	定义文档的字符编码
content	some_text	定义与 http-equiv 或 name 属性相关的元信息
http-equiv	content-type expires refresh set-cookie	把 content 属性关联到 HTTP 头部
name	author description keywords generator revised others	把 content 属性关联到一个名称

（1）字符集 charset 属性。

在 HTML5 中，有一个新的 charset 属性，它使字符集的定义更加容易。例如，下列代码告诉浏览器，网页使用 ISO-8859-1 字符集显示。

```
<meta charset="ISO-8859-1">
```

（2）搜索引擎的关键字。

早期 meta keywords 关键字对搜索引擎的排名算法起到一定的作用，这是很多人进行网页优化的基础。关键字在浏览时是看不到的，使用格式如下。

```
<meta name="keywords"content="关键字,keywords"/>
```

说明：

☆　不同的关键字之间，应用半角逗号（英文输入状态下）隔开，不要使用"空格"或"|"间隔。

☆　是 keywords，不是 keyword。

☆　关键字标记中的内容应该是一个个的短语，而不是一段话。

例如，定义针对搜索引擎的关键字，代码如下。

```
<meta name="keywords"content="HTML, CSS, XML, XHTML, JavaScript"/>
```

关键字标记 keywords 曾经是搜索引擎排名中很重要的因素，但现在已经被很多搜索引擎完全忽略。如果加上这个标记，对网页的综合表现没有坏处，不过，如果使用不恰当的话，对网页非但没有好处，还有欺诈的嫌疑。在使用关键字标记 keywords 时，要注意以下几点。

☆　关键字标记中的内容要与网页核心内容相关，确认使用的关键字出现在网页文本中。

☆　使用用户常通过搜索引擎检索的关键字，过于生僻的词汇不太适合做 meta 标记中的关键字。

☆　不要重复使用关键字，否则可能会被搜索引擎惩罚。

☆　一个网页的关键字标记里最多包含 3 ~ 5 个最重要的关键字，不要超过 5 个。

☆　每个网页的关键字应该不一样。

▶ 注意　由于设计者或 SEO 优化者以前对 meta keywords 关键字的滥用，导致目前它在搜索引擎排名中的作用很小。

（3）页面描述。

meta description 元标记（描述元标记）是一种 HTML 元标记，用来简略描述网页的主要内容，通常是搜索引擎在搜索结果页上展示给最终用户看的一段文字片段。页面描述在网页中不显示出来，其使用格式如下。

```
<meta name="description"content="网页的介绍"/>
```

例如，定义对页面的描述，代码如下。

```
<meta name="description"content="免费的 Web 技术教程。"/>
```

（4）页面定时跳转。

使用 <meta> 标记可以使网页在经过一定时间后自动刷新，这可通过将 http-equiv 属性值设置为 refresh 来实现。content 属性值可以设置为更新时间。

在浏览网页时，经常会看到一些欢迎信息的页面，在经过一段时间后，这些页面会自动转到其他页面，这就是网页的跳转。页面定时刷新跳转的语法格式如下。

```
<meta http-equiv="refresh"content="秒;[url=网址]"/>
```

说明：

上面的 [url= 网址] 部分是可选项，如果有这部分，页面定时刷新并跳转；如果省略该部分，页面只定时刷新，不进行跳转。

例如，实现每 5 秒刷新一次页面，将下述代码放入 head 标记部分即可。

```
<meta http-equiv="refresh"content="5"/>
```

2.2.4　网页的主体标记 body

网页所要显示的内容都放在网页的主体标记内，它是 HTML 文件的主体部分。在后面章节所介绍的 HTML 标记都将放在这个标记内。然而它并不仅仅是一个形式上的标记，它本身也可以控制网页的背景颜色或背景图像，这将在后面进行介绍。主体标记是以 <body> 标记开始，以 </body> 标记结束，语法格式如下。

```
<body>
...
</body>
```

> **注意** 在构建 HTML 结构时，标记不允许交叉出现，否则会造成错误。

例如，在下列代码中，<body> 开始标记出现在 <head> 标记内。

```
<html>
<head>
<title>标记测试</title>
<body>
</head>
</body>
</html>
```

代码中的第 4 行 <body> 开始标记和第 5 行的 </head> 结束标记出现了交叉，这是错误的。HTML 中的所有代码都是不允许交叉出现的。

2.2.5 页面注释标记

注释是在 HTML 代码中插入的描述性文本，用来解释该代码或提示其他信息。注释只出现在代码中，浏览器对注释代码不进行解释，并且在浏览器的页面中不显示。在 HTML 源代码中适当地插入注释语句是一种非常好的习惯，对于设计者日后的代码修改、维护工作很有好处。另外，如果将代码交给其他设计者，其他人也能很快读懂前人所撰写的内容。

语法格式为：

```
<!--注释的内容-->
```

注释语句元素由前后两部分组成，前半部分为一个左尖括号、一个半角感叹号和两个连字符，后半部分由两个连字符和一个右尖括号组成。示例代码如下。

```
<html>
<head>
<title>标记测试</title>
</head>
<body>
<!-- 这里是标题-->
<h1>HTML5网页设计</h1>
</body>
</html>
```

页面注释不但可以对 HTML 中的一行或多行代码进行解释说明，而且可以注释掉这些代码。如果希望某些 HTML 代码在浏览器中不显示，可以将这部分内容放在 <!-- 和 --> 之间，例如，修改上述代码，如下所示。

```
<html>
<head>
<title>标记测试</title>
</head>
<body>
<!--
<h1>HTML5网页</h1>
-->
</body>
</html>
```

修改后的代码，将 <h1> 标记作为注释内容处理，在浏览器中将不会显示这部分内容。

2.3 HTML5语法的变化

为了兼容各个不统一的页面代码，HTML5 在语法方面做了以下改变。

2.3.1　标记不再区分大小写

标记不再区分大小写是 HTML5 语法变化的重要体现，例如以下代码：

```
<!DOCTYPE html>
<html>
<head>
<title>大小写标签</title>
</head>
<body>
<P>这里的标签大小写不一样</p>
</body>
</html>
```

在 IE 9 浏览器中预览效果如图 2-2 所示。

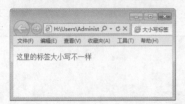

图 2-2　网页预览效果

虽然"<P>这里的标签大小写不一样</p>"中开始标记和结束标记不匹配，但是这完全符合 HTML5 的规范。用户可以通过在 W3C 提供的在线验证页面中测试上面的网页，验证网址为：http://validator.w3.org/。

2.3.2　允许属性值不使用引号

在 HTML5 中，属性值不放在引号中也是正确的。例如以下代码片段：

```
<input checked="a"type="checkbox"/>
<input readonly type="text"/>
<input disabled="a"type="text"/>
```

上述代码片段和下面代码片段的运行效果是一样的。

```
<input checked=a type=checkbox/>
<input readonly type=text/>
<input disabled=a type=text/>
```

> **提示**　尽管 HTML5 允许属性值可以不使用引号，但是仍然建议读者加上引号。因为如果某个属性的属性值中包含空格等容易引起混淆的属性值，可能会引起浏览器的误解。例如以下代码：
>
> ```
> <img src=mm ch02/01.jpg/>
> ```
>
> 此时浏览器就会误以为 src 属性的值就是 mm，这样就无法解析后面的 01.jpg 图片。如果想正确解析到图片的位置，只有添加上引号。

2.3.3　允许部分属性值的属性省略

在 HTML5 中，部分标志性属性的属性值可以省略。例如，以下代码是完全符合 HTML5 规则的。

```
<input checked type="checkbox"/>
<input readonly type="text"/>
```

其中，checked="checked" 省略为 checked，readonly="readonly" 省略为 readonly。

在 HTML5 中，可以省略属性值的属性如表 2-2 所示。

表 2-2　可以省略属性值的属性

HTML5 属性	省略的属性值
checked	省略属性值后等价于 checked="checked"

续表

HTML5 属性	省略的属性值
readonly	省略属性值后等价于 readonly="readonly"
defer	省略属性值后等价于 defer="defer"
ismap	省略属性值后等价于 ismap="ismap"
nohref	省略属性值后等价于 nohref="nohref"
noshade	省略属性值后等价于 noshade="noshade"
nowrap	省略属性值后等价于 nowrap="nowrap"
selected	省略属性值后等价于 selected="selected"
disabled	省略属性值后等价于 disabled="disabled"
multiple	省略属性值后等价于 multiple="multiple"
noresize	省略属性值后等价于 noresize="noresize"

2.4 网页文件的编写方法

产生 HTML 文件有两种方式：一种是自己写 HTML 文件，事实上这并不困难，也不需要特别的技巧；另一种是使用 HTML 编辑器，它可以辅助使用者来做编写的工作。

2.4.1 使用记事本手工编写网页

使用记事本编写 HTML 文件，具体操作步骤如下。

步骤 1 单击 Windows 桌面上的"开始"按钮，选择"所有程序"→"附件"→"记事本"命令，打开记事本程序，输入 HTML 代码，如图 2-3 所示。

步骤 2 编辑完 HTML 文件后，选择"文件"→"保存"命令或按 Ctrl+S 快捷键，在弹出的"另存为"对话框中，选择"保存类型"为"所有文件"，然后将文件扩展名设为 .html 或 .htm，如图 2-4 所示。

步骤 3 单击"保存"按钮，保存文件。

打开网页文档，在浏览器中预览效果，如图2-5所示。

图 2-3 编辑 HTML 代码

图 2-4 "另存为"对话框

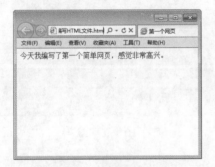

图 2-5 网页的浏览效果

2.4.2 使用 Dreamweaver CC 编写 HTML 文件

使用 Dreamweaver CC 编写 HTML 文件的具体操作步骤如下。

步骤 1 启动 Dreamweaver CC，如图 2-6 所示。在欢迎屏幕的"新建"栏中选择 HTML 选项；或者选择菜单栏中的"文件"→"新建"命令（快捷键 Ctrl+N）。

图 2-6 包含欢迎屏幕的主界面

步骤 2 弹出"新建文档"对话框，如图 2-7 所示，在"页面类型"列表框中，选择 HTML 选项。

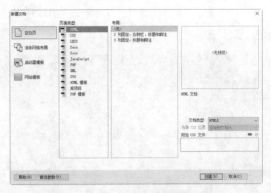

图 2-7 "新建文档"对话框

步骤 3 单击"创建"按钮，创建 HTML 文件，如图 2-8 所示。

图 2-8 设计视图下显示创建的文档

步骤 4 在文档工具栏中，单击"代码"按钮，切换到代码视图，如图 2-9 所示。

图 2-9 代码视图下显示创建的文档

步骤 5 修改 HTML 文档标题，将代码中

<title> 标记里的"无标题文档"修改成"第一个网页",然后在 <body> 标记中输入:"今天我使用 Dreamweaver CC 编写了第一个简单网页,感觉非常高兴。"完整的 HTML 代码如下。

```
<!DOCTYPE html>
<html>
<head>
<meta charset="utf-8"/>
<title>第一个网页</title>
</head>
<body>
今天我使用Dreamweaver CC编写了第一个简单
网页,感觉非常高兴。
</body>
</html>
```

步骤 6 选择菜单栏中的"文件"→"保存"命令或按 Ctrl+S 快捷键,弹出"另存为"对话框。在对话框中,选择保存位置,并输入文件名,单击"保存"按钮,如图 2-10 所示。

步骤 7 单击文档工具栏的 🌐 按钮,选择查看网页的浏览器,或按 F12 键使用默认浏览器查看网页,预览效果如图 2-11 所示。

图 2-10 保存文件

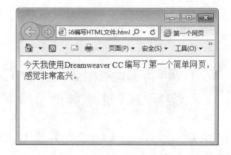

图 2-11 用浏览器预览效果

2.5 符合W3C标准的HTML5网页

通过本章的学习,读者了解到 HTML5 较以前版本有很大改变,本章针对标记语法部分进行详细的阐述。

下面将制作一个符合 W3C 标准的 HTML5 网页,具体操作步骤如下。

步骤 1 启动 Dreamweaver CC,新建 HTML 文档,并且单击文档工具栏中的"代码"按钮,切换至代码视图状态,如图 2-12 所示。

步骤 2 图 2-12 中的代码是 XHTML 1.0 格式,尽管与 HTML5 完全兼容,但是为了简化代码,将其修改成 HTML5 规范。修改文档说明部分、<html> 标记部分和 <meta> 元信息部分,修改后的 HTML5 基本结构代码如下。

```
<!DOCTYPE html>
<html>
<head>
<meta charset="utf-8"/>
<title>HTML5网页设计</title>
</head>

<body>
</body>
</html>
```

步骤 3 在网页主体中添加内容，在 body 部分增加如下代码。

```
<!--白居易诗-->
<h1>续座右铭</h1>
<P>
千里始足下，<br>
高山起微尘。<br>
吾道亦如此，<br>
行之贵日新。<br>
</P>
```

步骤 4 保存网页，在 IE 浏览器中预览效果如图 2-13 所示。

图 2-12　使用 Dreamweaver CC 新建 HTML 文档　　　图 2-13　网页预览效果

2.6 大神解惑

　　小白：在网页中，语言的编码方式有哪些？

　　大神：在 HTML5 网页中，<meta> 标记的 charset 属性用于设置网页的内码语系，也就是字符集的类型。国内常用的是 GB 码，由于经常要显示汉字，通常设置为 GB2312（简体中文）和 UTF-8 两种。英文网页采用的是 ISO-8859-1 字符集，此外还有其他字符集，这里不再介绍。

小白：在网页中基本标记是否必须成对出现？

大神：在 HTML5 网页中，大部分标记都是成对出现的，不过也有部分标记可以单独出现。例如 \<p/\>、\<br/\>、\<img/\> 和 \<hr/\> 标记等。

2.7 跟我练练手

练习 1：使用 HTML 标记编写一个简单的网页。

练习 2：对比 HTML 旧版本和 HTML5 语法的变化。

练习 3：使用记事本编写一个 HTML 文件。

练习 4：使用 Dreamweaver CC 编写一个 HTML 文件。

练习 5：制作一个符合 W3C 标准的 HTML5 网页。

第 **3** 章

网页中的文本和图像

文本和图像是网页中最主要也是最常用的元素。在信息高速发展的今天，网站已经成为一个展示与宣传自我的工具，公司或个人可以通过网站介绍服务与产品，而这些都离不开网站中的网页。网页的内容主要是通过文本与图像来体现。本章就来介绍网页中的文本和图像。

● **本章要点（已掌握的在方框中打钩）**

- ☐ 掌握在网页中添加文本的方法
- ☐ 掌握文本排版的方法
- ☐ 掌握制作文字列表的方法
- ☐ 掌握在网页中添加图像的方法
- ☐ 掌握制作图文并茂房屋装饰装修网页的方法
- ☐ 掌握制作在线购物网站产品展示效果的方法

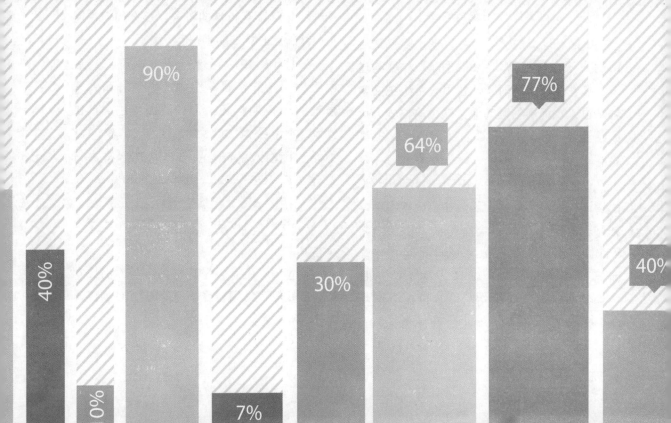

3.1 在网页中添加文本

在网页中添加文本的方法有多种，按照文字的类型，可以分为普通文本的添加和特殊字符文本的添加两种。

3.1.1 普通文本的添加

普通文本是指汉字或者在键盘上可以直接输入的字符。读者可以在 Dreamweaver CC 代码视图的 body 标记部分直接输入，或者在设计视图下直接输入。图 3-1 所示为 Dreamweaver CC 的设计视图窗口，用户可以在其中直接输入汉字或字符。

图 3-1 设计视图窗口

如果有现成的文本，可以使用复制、粘贴的方法把其他窗口中需要的文本复制过来。在粘贴文本的时候，如果只希望把文字粘贴过来，而不粘贴其他文档中的格式，可以使用 Dreamweaver CC 的"选择性粘贴"功能。

"选择性粘贴"功能只在 Dreamweaver CC 的设计视图中起作用，因为在代码视图中，粘贴的仅是文本，不会有格式。例如，将 Word 文档表格中的文字复制到网页中，而不需要表格结构，操作方法为：选择"编辑"→"选择性粘贴"菜单命令或按 Ctrl+Shift+V 快捷键，弹出"选择性粘贴"

对话框，在对话框中选中"仅文本"单选按钮，如图 3-2 所示。

图 3-2 "选择性粘贴"对话框

3.1.2 特殊字符文本的添加

目前，很多行业上的信息都出现在网络上，每个行业都有自己的行业特性，如数学、物理和化学都有特殊的符号。那么如何在网页中添加这些特殊的字符呢？

在 HTML 中，特殊符号以 & 开头，后面跟相关特殊字符。例如，小于号和大于号被用于声明标记，因此，如果在 HTML 代码中需要输入"<"和">"字符，就不能直接输入了，需要当作特殊字符进行处理。在 HTML 中，用"&lt"代表符号"<"，用"&gt"代表符号">"。例如，输入 a>b，在 HTML 中需要这样表示：a>b。

HTML 中还有大量这样的字符，例如空格、版权等，常用特殊字符的 HTML 编码如表 3-1 所示。

表 3-1　特殊字符的 HTML 编码

显　示	说　明	HTML 编码
	半角大的空格	
	全角大的空格	
	不断行的空格	
<	小于号	&lt;
>	大于号	&gt;
&	& 符号	&amp;
"	双引号	&quot;
©	版权	&copy;
®	已注册商标	&reg;
TM	商标（美国）	&trade;
×	乘号	&times;
÷	除号	&divide;

在编辑化学公式或物理公式时，使用特殊字符的频率非常高。如果每次输入时都去查询或者记忆这些特殊符号的编码，工作量是相当大的。在此为读者提供一些技巧。

（1）在 Dreamweaver CC 的设计视图下输入字符，如输入"a>b"这样的表达式，可以直接输入。对于部分键盘上没有的字符，可以借助中文输入法的软键盘。在中文输入法的软键盘上单击鼠标右键，弹出特殊类别项，如图 3-3 所示。选择所需类型，如选择"数学符号"，弹出数学相关符号，如图 3-4 所示。单击自己需要的符号按钮，即可输入。

图 3-4　数学符号

（2）文字与文字之间的空格，如果超过一个，那么从第 2 个空格开始，都会被忽略掉。快捷地输入空格的方法如下：将输入法切换成中文输入法，并置于全角（Shift+ 空格）状态，直接按键盘上的空格键即可。

（3）对于上述两种方法都无法显示的字符，可以使用 Dreamweaver CC 的"插入"菜单实现。选择"插入"→ HTML →"特殊字符"菜单命令，选择所需要的字符；如果没有所需的字符，选择"其他字符"选项，在打开的"插入其他字符"对话框中选择即可，如图 3-5 所示。

图 3-3　特殊符号分类

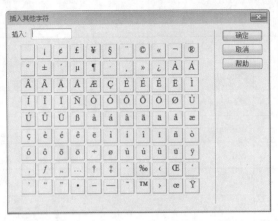

图 3-5 "插入其他字符"对话框

> **注意** 尽量不要使用多个" "来表示多个空格,因为多数浏览器对空格距离的实现是不一样的。

3.1.3 特殊文本的添加

在文档中经常会出现重要文本(加粗显示)、斜体文本、上标和下标文本等。

1. 重要文本

重要文本通常以粗体显示、强调方式显示或加强调方式显示。HTML 中的 <b> 标记、<em> 标记和 <strong> 标记分别实现了这 3 种显示方式。

【例 3.1】(实例文件:ch03\3.1.html)

```
<html>
<head>
<title>无标题文档</title>
</head>
<body>
<p><b>粗体文字的显示效果</b> </p>
<p><em>强调文字的显示效果</em> </p>
<p><strong>加强调文字的显示效果</strong></p>
</body>
</html>
```

在 IE 浏览器中预览效果如图 3-6 所示,

实现了文本的 3 种显示方式。

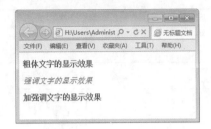

图 3-6 重要文本预览效果

2. 斜体文本

HTML 中的 <i> 标记实现了文本的倾斜显示,放在 <i></i> 之间的文本将以斜体显示。

【例 3.2】(实例文件:ch03\3.2.html)

```
<html>
<head>
<title>无标题文档</title>
</head>
<body>
<i>斜体文字的显示效果</i>
</body>
</html>
```

在 IE 浏览器中预览效果如图 3-7 所示,其中文字以斜体显示。

图 3-7 斜体文本预览效果

> **注意** HTML 中的重要文本和斜体文本标记已经过时,是需要读者忘记的标记,这些标记都应该使用 CSS 样式来实现,而不应该用 HTML 来实现。随着后面学习的深入,读者会逐渐发现,即使 HTML 和 CSS 实现相同的效果,但是 CSS 所能实现的控制远远比 HTML 要细致、精确很多。

3. 上标和下标文本

在 HTML 中用 `<sup>` 标记实现上标文本，用 `<sub>` 标记实现下标文本。`<sup>` 和 `<sub>` 都是双标记，放在开始标记和结束标记之间的文本会分别以上标或下标形式出现。

【例 3.3】（实例文件：ch03\3.3.html）

```
<html>
<head>
<title>无标题文档</title>
</head>
<body>
 <!-上标显示-->
 <p>c=a<sup>2</sup>+b<sup>2</sup></p>
```

```
<!-下标显示-->
 <p>H<sub>2</sub>+O→H<sub>2</sub>O</p>
</body>
</html>
```

在 IE 浏览器中预览效果如图 3-8 所示，分别实现了上标和下标文本的显示。

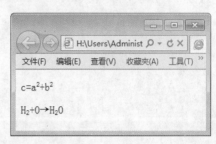

图 3-8　上标和下标文本预览效果

3.2　文本排版

在网页中，对文字段落进行排版时，并不能像文本编辑软件 Word 那样可以定义许多模式来安排文字的位置。在网页中让某一段文字放在特定的位置是通过 HTML 标记来完成的。其中，换行使用 `<br>` 标记，段落使用 `<p>` 标记。

3.2.1 换行标记

换行标记 `<br>` 是一个单标记，它没有结束标记，是英文单词 break 的缩写，作用是将文字在一个段内强制换行。一个 `<br>` 标记代表一个换行，连续的多个标记可以实现多次换行。使用换行标记时，在需要换行的位置添加 `<br>` 标记即可。例如，下面的代码实现了对文本的强制换行。

【例 3.4】（实例文件：ch03\3.4.html）

```
<html>
<head>
<title>文本段换行</title>
</head>
<body>
你见，或者不见我<br>
我就在那里<br>
```

```
不悲不喜<br>
你念，或者不念我<br>
情就在那里<br>
不来不去
</body>
</html>
```

虽然在 HTML 源代码中，主体部分的内容在排版上没有换行，但是增加 `<br>` 标记后，在 IE 浏览器中预览效果如图 3-9 所示，实现了换行效果。

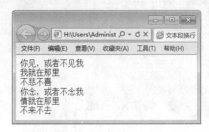

图 3-9　换行标记的使用效果

3.2.2 段落标记

段落标记是双标记，即 <p></p>，在 <p> 开始标记和 </p> 结束标记之间的内容形成一个段落。如果省略结束标记，从 <p> 标记开始，直到遇见下一个段落标记之前的文本，都在同一段落内。

【例 3.5】（实例文件：ch03\3.5.html）

```
<html>
<head>
<title>段落标记的使用</title>
</head>
<body>
 <p>《春》　作者：朱自清</p>
<p>盼望着，盼望着，东风来了，春天的脚步近了。</p>
<p>
一切都像刚睡醒的样子，欣欣然张开了眼。山朗润起来了，水涨起来了，太阳的脸红起来了。
</p>
<p>
小草偷偷地从土里钻出来，嫩嫩的，绿绿的。园子里，田野里，瞧去，一大片一大片满是的。坐着，躺
着，打两个滚，踢几脚球，赛几趟跑，捉几回迷藏。风轻悄悄的，草软绵绵的。
</p>
<p>
桃树、杏树、梨树，你不让我，我不让你，都开满了花赶趟儿。红的像火，粉的像霞，白的像雪。花里带
着甜味儿，闭了眼，树上仿佛已经满是桃儿、杏儿、梨儿。花下成千成百的蜜蜂嗡嗡地闹着，大小的蝴蝶飞
来飞去。野花遍地是：杂样儿，有名字的，没名字的，散在花丛里，像眼睛，像星星，还眨呀眨的……
</p>
</body>
</html>
```

在 IE 浏览器中预览效果如图 3-10 所示，<p> 标记将文本分成多个段落。

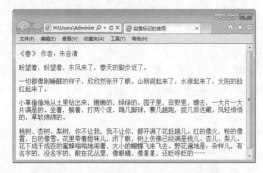

图 3-10　段落标记的使用效果

3.2.3 标题标记

在 HTML 文档中，文本的结构除了以行和段出现之外，还可以作为标题存在。各种级别的标题由 <h1> ～ <h6> 元素来定义，<h1> ～ <h6> 标题标记中的字母 h 是英文 headline（标题行）的简称。其中 <h1> 代表 1 级标题，级别最高，文字也最大，其他标题元素依次递减，<h6> 级别最低。

【例 3.6】（实例文件：ch03\3.6.html）

```
<html>
<head>
<title>标题标记的使用</title>
</head>
<body>
<h1>卜算子·我住长江头</h1>
<h2>我住长江头，君住长江尾。</h2>
<h3>日日思君不见君，共饮长江水。</h3>
<h4>此水几时休，此恨何时已。</h4>
```

```
<h5>只愿君心似我心，定不负相思意。</h5>
<h6>作者：宋代 李之仪</h6>
</body>
</html>
```

在 IE 浏览器中预览效果如图 3-11 所示。

▶ **注意** 作为标题，它们的重要性是有区别的，其中 <h1> 标题的重要性最高，<h6> 标题的最低。

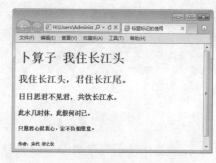

图 3-11 标题标记的使用效果

3.3 文字列表

文字列表可以有序地编排一些信息资源，使其结构化和条理化，并以列表的样式显示出来，以便浏览者能更加快捷地获得相应信息。HTML 中的文字列表如同文字编辑软件 Word 中的项目符号和自动编号。

3.3.1 建立无序列表

无序列表相当于 Word 软件中的项目符号，它的项目排列没有顺序，只以符号作为分项标识。无序列表使用一对标记 <ul></ul>，其中每一个列表项使用 <li></li>，其结构如下所示。

```
<ul>
  <li>无序列表项</li>
  <li>无序列表项</li>
  <li>无序列表项</li>
  <li>无序列表项</li>
</ul>
```

在无序列表结构中，使用 <ul></ul> 标记表示这个无序列表的开始和结束，<li> 则表示一个列表项的开始。在一个无序列表中可以包含多个列表项，并且 <li> 可以省略结束标记。下面实例使用无序列表实现文本的排列显示。

【例 3.7】（实例文件：ch03\3.7.html）

```
<html>
<head>
<title>嵌套无序列表的使用</title>
</head>
<body>
<h1>网站建设流程</h1>
<ul>
    <li>项目需求</li>
    <li>系统分析
      <ul>
        <li>网站的定位</li>
        <li>内容收集</li>
        <li>栏目规划</li>
        <li>网站内容设计</li>
      </ul>
  </li>
  <li>网页草图
      <ul>
        <li>制作网页草图</li>
        <li>将草图转换为网页</li>
      </ul>
  </li>
```

```
      <li>站点建设</li>
      <li>网页布局</li>
      <li>网站测试</li>
      <li>站点的发布与站点管理</li>
</ul>
</body>
</html>
```

在 IE 浏览器中预览效果如图 3-12 所示。读者会发现，无序列表项中，可以嵌套一个列表。如代码中的"系统分析"列表项和"网页草图"列表项中都有下级列表，因此在这对 <li></li> 标记间又增加了一对 <ul></ul> 标记。

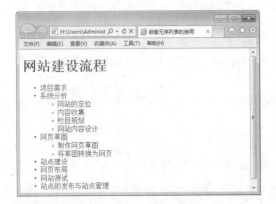

图 3-12　无序列表

3.3.2　建立有序列表

有序列表类似于 Word 软件中的自动编号功能，它的使用方法和无序列表的使用方法基本相同，它使用标记 <ol></ol>，每一个列表项前使用 <li></li>。每个项目都有前后顺序之分，多数用数字表示，其结构如下。

```
<ol>
    <li>第1项</li>
    <li>第2项</li>
    <li>第3项</li>
</ol>
```

下面实例使用有序列表实现文本的排列显示。

【例 3.8】（实例文件：ch03\3.8.html）

```
<html>
<head>
<title>有序列表的使用</title>
</head>
<body>
<h1>本节内容列表</h1>
<ol>
    <li>认识网页</li>
    <li>网页与HTML差异</li>
    <li>认识Web标准</li>
    <li>网页设计与开发的流程</li>
    <li>与设计相关的技术因素</li>
</ol>
</body>
</html>
```

在 IE 浏览器中预览效果如图 3-13 所示。用户可以看到新添加的有序列表。

图 3-13　有序列表

3.3.3　建立不同类型的无序列表

通过使用多个 <ul> 标记，可以建立不同类型的无序列表。

【例 3.9】（实例文件：ch03\3.9.html）

```
<html>
<body>
<h4>Disc 项目符号列表：</h4>
<ul type="disc">
    <li>苹果</li>
    <li>香蕉</li>
    <li>柠檬</li>
    <li>桔子</li>
```

```
</ul>
<h4>Circle 项目符号列表：</h4>
<ul type="circle">
 <li>苹果</li>
 <li>香蕉</li>
 <li>柠檬</li>
 <li>桔子</li>
</ul>
<h4>Square 项目符号列表：</h4>
<ul type="square">
 <li>苹果</li>
 <li>香蕉</li>
 <li>柠檬</li>
 <li>桔子</li>
</ul>
</body>
</html>
```

在 IE 浏览器中预览效果如图 3-14 所示。

图 3-14　不同类型的无序列表

3.3.4　建立不同类型的有序列表

通过使用多个 <ol> 标记，可以建立不同类型的有序列表。

【例 3.10】（实例文件：ch03\3.10.html）

```
<html>
<body>
<h4>数字列表：</h4>
<ol>
```

```
 <li>苹果</li>
 <li>香蕉</li>
 <li>柠檬</li>
 <li>桔子</li>
</ol>
<h4>字母列表：</h4>
<ol type="A">
 <li>苹果</li>
 <li>香蕉</li>
 <li>柠檬</li>
 <li>桔子</li>
</ol>
</body>
</html>
```

在 IE 浏览器中预览效果如图 3-15 所示。

图 3-15　不同类型的有序列表

3.3.5　建立嵌套列表

嵌套列表是网页中常用的元素，使用 <ul> 标记可以制作网页中的嵌套列表。

【例 3.11】（实例文件：ch03\3.11.html）

```
<html>
<body>
<h4>一个嵌套列表：</h4>
<ul>
 <li>咖啡</li>
 <li>茶
  <ul>
  <li>红茶</li>
  <li>绿茶
   <ul>
   <li>中国茶</li>
```

```
      <li>非洲茶</li>
      </ul>
    </li>
    </ul>
  </li>
  <li>牛奶</li>
</ul>
</body>
</html>
```

在 IE 浏览器中预览效果如图 3-16 所示。

图 3-16　嵌套列表

3.3.6　自定义列表

在 HTML5 中还可以自定义列表。自定

义列表的标记是 <dl>。

【例 3.12】（实例文件：ch03\3.12.html）

```
<html>
<body>
<h2>一个自定义列表：</h2>
<dl>
  <dt>电脑</dt>
  <dd>是一种能够按照程序运行的电子设备…….</dd>
  <dt>显示器</dt>
  <dd>以视觉方式显示信息的装置 ……</dd>
</dl>
</body>
</html>
```

在 IE 浏览器中预览效果如图 3-17 所示。

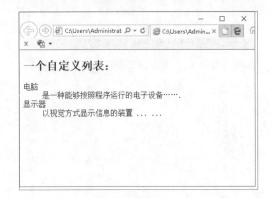

图 3-17　自定义列表

3.4　网页中的图像

　　图片是网页中不可缺少的元素，巧妙地在网页中使用图片，可以为网页增色不少。网页支持多种图片格式，并且可以对插入的图片设置宽度和高度。网页中可以使用 GIF、JPEG、BMP、TIFF、PNG 等格式的图像文件，其中使用最广泛的主要有 GIF 和 JPEG 两种格式。

3.4.1　插入图像

　　图像可以美化网页，插入图像使用单标记 <img>。img 标记的属性及描述如表 3-2 所示。

表 3-2　img 标记的属性及描述

属　　性	值	描　　述
alt	text	定义有关图形的短的描述
src	URL	要显示的图像的 URL
height	pixels %	定义图像的高度
ismap	URL	把图像定义为服务器端的图像映射
usemap	URL	定义作为客户端图像映射的一张图像。可参阅 <map> 和 <area> 标记，了解其工作原理
vspace	pixels	定义图像顶部和底部的空白。若不支持此功能，请使用 CSS 代替
width	pixels %	设置图像的宽度

　插入图像

src 属性用于指定图片源文件的路径，它是 img 标记必不可少的属性，语法格式如下。

```
<img src="图片路径">
```

在网页中插入图片的实例如下。

【例 3.13】（实例文件：ch03\3.13.html）

```
<html>
<head>
<title>插入图片</title>
</head>
<body>
<img src="images/美图1.jpg">
</body>
</html>
```

在 IE 浏览器中预览效果如图 3-18 所示。

图 3-18　插入的图片

　从不同位置插入图像

在插入图片时，用户可以将其他文件夹或服务器的图片显示到网页中。

【例 3.14】（实例文件：ch03\3.14.html）

```
<html>
<body>
<p>
来自一个文件夹的图像:
<img src="images/美图2.jpg"/>
</p>
<p>
来自baidu的图像:
<img src="http://www.baidu.com/img/shouye_b5486898c692066bd2cbaeda86d74448.gif"/>
</p>
</body>
</html>
```

在 IE 浏览器中预览
效果如图 3-19 所示。

图 3-19　从不同位置插入的图片

3.4.2　设置图像的宽度和高度

在 HTML 文档中，还可以设置插入图片的显示大小，一般是按原始尺寸显示，但也可以任意设置显示尺寸。设置图像尺寸分别用属性 width（宽度）和 height（高度）。

【例 3.15】（实例文件：ch03\3.15.html）

```
<html>
<head>
<title>插入图片</title>
</head>
<body>
<img src="images/美图1.jpg">
<img src="images/美图1.jpg"width="200">
<img src="images/美图1.jpg"width="200"height="300">
</body>
</html>
```

在 IE 浏览器中预览效果，如图 3-20 所示。可以看到，图片的显示尺寸是由 width（宽度）

和 height（高度）控制。
当只为图片设置一个尺寸
属性时，另外一个尺寸就
以图片原始的长宽比例来
显示。图片的尺寸单位可
以选择百分比或数值。百
分比为相对尺寸，数值是
绝对尺寸。

图 3-20　设置图片的宽度和高度

> **注意** 在网页中插入的图像都是位图，放大尺寸，图像会出现马赛克，变模糊。

> **技巧** 在 Windows 系统中查看图片的尺寸，只需要找到图像文件，把鼠标指针移动到图像上，停留几秒后，就会出现一个提示框，说明图像文件的尺寸。尺寸后显示的数字，代表图像的宽度和高度，如 256×256。

3.4.3 设置图像的提示文字

为图像添加提示文字，可以方便搜索引擎的检索，除此之外，图像提示文字的作用还有以下两个。

（1）当浏览网页时，如果图像下载完成，将鼠标指针放在该图像上，鼠标指针旁边会出现提示文字，为图像添加说明性文字。

（2）如果图像没有成功下载，在图像的位置上就会显示提示文字。

下面实例将为图片添加提示文字效果。

【例 3.16】（实例文件：ch03\3.16.html）

```
<html>
<head>
<title>图片文字提示</title>
</head>
<body>
<img src="images/美图2.jpg"alt="美丽的花朵">
</body>
</html>
```

在 IE 浏览器中预览效果如图 3-21 所示。用户将鼠标指针放在图片上，即可看到提示文字。

> **注意** Firefox 浏览器不支持该功能。

图 3-21　图片提示文字

3.4.4 将图片设置为网页背景

在插入图片时，用户可以根据需要将某些图片设置为网页的背景。gif 和 jpg 文件均可用作 HTML 背景。如果图像小于页面，图像会进行重复平铺。

【例 3.17】（实例文件：ch03\3.17.html）

```
<html>
<body background="images/background.jpg">
<h3>图像背景</h3>
</body>
</html>
```

在 IE 浏览器中预览效果如图 3-22 所示。

图 3-22　图片背景

3.4.5 排列图像

在网页的文字当中，如果插入多张图片，可以对图像进行排列。常用的排列方式为居中（middle）、底部对齐（bottom）、顶部对齐（top）。

【例 3.18】（实例文件：ch03\3.18.html）

```
<html>
<body>
<h2>未设置对齐方式的图像：</h2>
<p>图像<img src="images/logo.gif"> 在文本中</p>
<h2>已设置对齐方式的图像：</h2>
<p>图像 <img src="images/logo.gif"align="bottom"> 在文本中</p>
<p>图像 <img src="images/logo.gif"align="middle"> 在文本中</p>
<p>图像 <img src="images/logo.gif"align="top"> 在文本中</p>
</body>
</html>
```

在 IE 浏览器中预览效果如图 3-23 所示。

> ▶ **注意**　　bottom 对齐方式是默认的对齐方式。

图 3-23　图片对齐方式

3.5 图文并茂房屋装饰装修网页

本章讲述了网页组成元素中最常用的文本和图片。本综合实例创建一个由文本和图片构成的房屋装饰装修效果网页，如图 3-24 所示。

图 3-24　房屋装饰效果网页

具体操作步骤如下。

步骤 1 在 Dreamweaver CC 中新建 HTML 文档，并修改成 HTML5 标准，代码如下。

```html
<html>
<head>
<title>房屋装饰装修效果图</title>
</head>
<body>
</body>
</html>
```

步骤 2 在 body 部分增加如下 HTML 代码，保存页面。

```html
<p> <img src="images/xiyatu.jpg"width="300"height="200"/> <img src="images/
stadshem.jpg"width=" 300"height="200"/><br/>
```

```
西雅图原生态公寓室内设计与Stadshem小户型公寓设计(带阁楼)</p>
<hr/>
<p> <img src="images/qingxinhuoli.jpg"width="300"height="200"/> <img src=
"images/renwen.jpg"width="300"height="200"/><br/>
清新活力家居与人文简约悠然家居</p>
<hr/>
```

> **注意**　<hr> 标记的作用是画出一条水平线，在 HTML5 中，它没有任何属性。

另外，快速插入图片及设置相关属性，可以借助 Dreamweaver CC 的插入功能，或按 Ctrl+Alt+I 快捷键。

3.6　在线购物网站产品展示效果

本案例创建一个由文本和图片构成的在线购物网站产品展示效果。

步骤 1 打开记事本，在其中输入下述代码。

```
<html>
<head>
<title>在线购物网站产品展示效果</title>
</head>
<body>
<p> <img src="images/01.jpg"width="400"height="300"/> <img src="images/02.jpg"
width="400"height="300"/><img src="images/03.jpg"width="400"height=
"300"/><br/>
康绮墨丽珍气洗发护发五件套                 
       静佳Jplus薰衣草茶树精油祛痘消印专家推荐5件套     
    JCare 葡萄籽咀嚼片800mg×90片三盒特惠礼包 </p>
<hr/>
<p> <img src="images/04.jpg"width="400"height="300"/> <img src="images/05.jpg"
width="400"height="300"/><img src="images/06.jpg"width="400"height=
"300"/><br/>
雅诗兰黛即时修护礼盒四件套                  
        JUST BB弹力保湿蜗牛系列特惠超值套装        
                 美丽加芬蜗牛新生特惠超值礼包
</p>
<hr/>
</body>
</html>
```

步骤 2 保存网页，在 IE 浏览器中预览效果如图 3-25 所示。

图 3-25　在线购物网页效果

3.7 大神解惑

小白：换行标记和段落标记的区别有哪些？

大神：换行标记是单标记，不能写结束标记。段落标记是双标记，可以省略结束标记，也可以不省略。默认情况下，段落之间的距离和段落内部的行间距是不同的，段落间距比较大，行间距比较小。HTML 无法调整段落间距和行间距，如果希望调整它们，就必须使用 CSS。在 Dreamweaver CC 的设计视图下，按 Enter 键可以快速换段，按 Shift+Enter 组合键可以快速换行。

小白：无序列表 <ul> 元素的作用是什么？

大神：无序列表元素主要用于条理化和结构化文本信息。在实际开发中，无序列表在制作导航菜单时应用广泛。导航菜单的结构一般都使用无序列表实现。

小白：在浏览器中，图片无法显示怎么办？

大神：图片在网页中属于嵌入对象，并不是保存在网页中，网页只是保存了指向图片的路径。浏览器在解释 HTML 文件时，会按指定的路径去寻找图片，如果在指定的位置不存在图片，就无法正常显示。为了保证图片的正常显示，制作网页时需要注意以下几点。

（1）图片格式一定要是网页所支持的。

（2）图片的路径一定要正确，并且图片文件扩展名不能省略。

（3）HTML 文件位置发生改变时，图片一定要跟随着改变，即图片位置和 HTML 文件位置始终保持相对一致。

3.8 跟我练练手

练习 1：制作一个包含特殊文本的网页。

练习 2：制作一个包含各种类型标题的网页。

练习 3：制作一个带有无序列表和有序列表的网页。

练习 4：制作一个图文并茂的网页。

练习 5：制作一个在线购物商品展示的网页。

第 4 章

建立超链接

HTML 文件中最重要的应用之一就是超链接，它是一个网站的灵魂。Web 上的网页是互相链接的，单击被称为超链接的文本或图形，就可以链接到其他页面。只有将网站中的各个页面链接在一起，这个网站才能称为真正的网站。

● **本章要点（已掌握的在方框中打钩）**

☐　了解网页超链接的概念

☐　掌握建立网页超链接的方法

☐　掌握浮动框架的使用

☐　掌握精确定位热点区域的方法

☐　掌握制作电子书阅读网页的方法

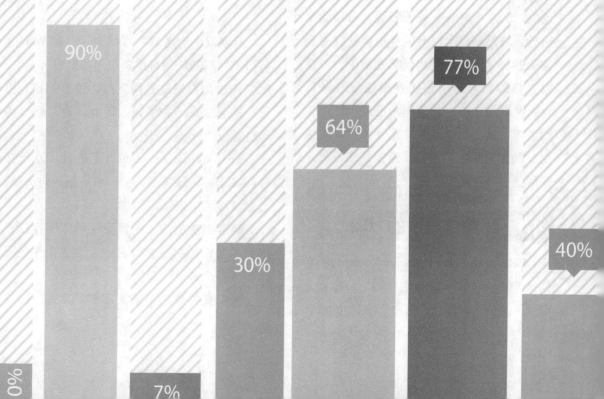

4.1 网页超链接的概念

所谓超链接，是指从一个网页指向一个目标的连接关系，这个目标可以是另一个网页，也可以是相同网页上的不同位置，还可以是一张图片、一个电子邮件地址、一个文件，甚至是一个应用程序。

4.1.1 什么是网页超链接

超链接是一种对象，它以特殊编码的文本或图形的形式来实现链接，如果单击该链接，则相当于指示浏览器移至同一网页内的某个位置，打开一个新的网页，或打开某一个新的 WWW 网站中的网页。

按照链接路径的不同，网页中的链接可以分为 3 种类型，分别是内部链接、锚点链接和外部链接。按照使用对象的不同，网页中的链接又可以分为文本超链接、图像超链接、E-mail 链接、锚点链接、多媒体文件链接、空链接等。

在网页中，一般文字上的超链接都是蓝色的，文字下面有一条下划线。当移动鼠标指针到该超链接上时，鼠标指针就会变成一只手的形状，这时候用鼠标左键单击，就可以直接跳到与这个超链接相连接的网页或 WWW 网站上去。如果用户已经浏览过某个超链接，这个超链接的文本颜色就会发生改变（默认为紫色）。只有图像的超链接，访问后颜色不会发生变化。

4.1.2 超链接中的 URL

URL 为 Uniform Resource Locator 的缩写，通常翻译为"统一资源定位器"，也就是人们通常说的"网址"，它用于指定 Internet 上的资源位置。

网络中的计算机之间是通过 IP 地址区分的，如果希望访问网络中某台计算机中的资源，首先要定位到这台计算机。IP 地址是由 32 位的二进制，即 32 个 0/1 代码组成，其数字没有意义，不容易记忆。为了方便记忆，现在计算机一般采用域名的方式来寻址，即在网络上使用一组由有意义字符组成的地址代替 IP 地址来访问网络资源。

URL 由 4 部分组成，即协议、主机名、文件夹名、文件名，如图 4-1 所示。

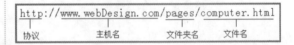

图 4-1　URL 组成

互联网中有各种各样的应用，如 Web 服务、FTP 服务等。每种服务应用都对应有协议，通常通过浏览器浏览网页的协议是 HTTP 协议，即超文本传输协议，因此，通常网页的地址都以"http://"开头。

www.WebDesign.com 为主机名，表示文件存在于哪台服务器，主机名可以通过 IP 地址或者域名来表示。

确定到主机后，还需要说明文件存在于这台服务器的哪个文件夹中，这里文件夹可以分为多个层级。

确定文件夹后，就要定位到文件，即要

显示哪个文件，网页文件通常是以 ".html" 或 ".htm" 为扩展名。

超链接的 URL 类型

网页上的超链接一般分为以下 3 种。

（1）绝对 URL 超链接：URL 就是统一资源定位符，简单地讲就是网络上的一个站点、网页的完整路径。

（2）相对 URL 超链接：如将自己网页上的某一段文字或某标题链接到同一网站的其他网页上面去。

（3）书签超链接：同一网页的超链接，这种超链接又叫作书签。

4.2　建立网页超链接

超链接就是当鼠标单击一些文字、图片或其他网页元素时，浏览器就会根据其指示载入一个新的页面或跳转到页面的其他位置。超链接除了可链接文本外，也可链接各种媒体，如声音、图像、动画，通过它们可享受丰富多彩的多媒体世界。

建立超链接所使用的 HTML 标记为 <a></a>。超链接有两个要素，即设置为超链接的网页元素和超链接指向的目标地址。基本的超链接结构如下。

```
<a href=URL>网页元素</a>
```

4.2.1 创建超文本链接

文本是网页制作中使用最频繁也是最主要的元素。为了实现跳转到与文本相关内容的页面，往往需要为文本添加链接。

 什么是文本链接

浏览网页时，会看到一些带下划线的文字，将鼠标指针移到文字上时，鼠标指针将变成手形，单击会打开一个网页，这样的链接就是文本链接，如图 4-2 所示。

图 4-2　存在有文本链接的网页

 创建链接的方法

使用 <a> 标记可以实现网页超链接，在

<a> 标记中需要定义锚来指定链接目标。锚（anchor）有两种用法，介绍如下。

（1）通过使用 href 属性，创建指向另外一个文档的链接（或超链接）。使用 href 属性的代码格式如下。

```
<a href="链接地址">创建链接的文本</a>
```

（2）通过使用 name 或 id 属性，创建一个文档内部的书签（也就是说，可以创建指向文档片段的链接）。name 属性的代码格式如下。

```
<a name="value">创建链接的文本</a>
```

name 属性用于指定锚的名称，可以创建文档内的书签。

id 属性的代码格式如下。

```
<a id="value">创建链接的文本</a>
```

 3. 创建网站内的文本链接

创建网站内的文本链接主要使用 href 属性来实现，比如在网页中做一些知名网站的友情链接。

使用记事本创建网页超文本链接的案例如下。

【例 4.1】（案例文件：ch04\4.1.html）

```
<!DOCTYPE html>
<html>
<head>
<title>文本链接</title>
</head>
<body>
友情链接————
<a href="http://www.baidu.com">百度</a>
<a href="http://www.sina.com.cn">新浪</a>
<a href="http://www.163.com">网易</a></body>
</html>
```

使用 IE 浏览器打开文件，预览效果如图 4-3 所示，带有超链接的文本呈现浅紫色。

> **注意** 链接地址前的"http://"不可省略，否则链接会出现错误提示。

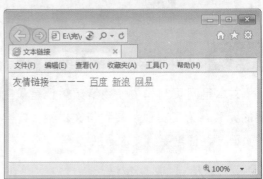

图 4-3　创建的文本链接网页效果

4.2.2　创建图片链接

在网页中浏览内容时，若将鼠标指针移到图片上，鼠标指针将变成手形，单击会打开一个网页，这样的链接就是图片链接，如图 4-4 所示。

图 4-4 存在图片链接的网页

使用 `<a>` 标记为图片添加链接的代码格式如下。

```
<a href="链接目标"><img src="图片"/></a>
```

使用记事本创建网页图片链接的案例如下。

【例 4.2】（案例文件：ch04\4.2.html）

```
<!DOCTYPE html>
<html>
<head>
<title>图片链接</title>
</head>
<body>
音乐无限
<a href="mp3.html"><img src="1.jpg"/></a>
<br>
<br>
<br>
运动健身
<a href="tiyu.html"><img src="2.jpg"/></a>
</body>
</html>
```

使用 IE 浏览器打开文件，预览效果如图 4-5 所示，鼠标指针放在图片上呈现手指状，单击后可跳转到指定网页。

提示   文件中的图片要和当前网页文件在同一目录下，链接的网页没有加"http://"，默认为当前网页所在目录。

图 4-5 创建的图片链接网页效果

4.2.3 创建下载链接

超链接 <a> 标记 href 属性是指向链接的目标，目标可以是各种类型的文件，如图片文件、声音文件、视频文件、Word 文件等。如果是浏览器能够识别的类型，会直接在浏览器中显示；如果是浏览器不能识别的类型，在 IE 浏览器中会弹出文件下载窗口，如图 4-6 所示。

图 4-6　IE 中的文件下载窗口

【例 4.3】（案例文件：ch04\4.3.html）

```
<!DOCTYPE html>
<html>
<head>
<title>链接各种类型文件</title>
</head>
<body>
<p><a href="2.doc">链接word文档</a></p>
</body>
</html>
```

在 IE 浏览器中预览网页效果如图 4-7 所示，实现链接到 word 文档。

图 4-7　链接 word 文档

4.2.4 使用相对路径和绝对路径

绝对 URL 一般用于访问非同一台服务器上的资源，相对 URL 用于访问同一台服务器上相同文件夹或不同文件夹中的资源。如果访问相同文件夹中的文件，只需要写文件名；如果访问不同文件夹中的资源，URL 以服务器的根目录为起点，指明文档的相对关系，由文件夹名和文件名两部分构成。

【例 4.4】（案例文件：ch04\4.4.html）

```
<!DOCTYPE html>
<html>
<head>
<title>绝对URL和相对URL</title>
</head>
<body>
  单击<a href="http://www.webDesign.com/index.html">绝对URL</a>链接到webDesign
网站首页<br/>
  单击<a href="02.html">相同文件夹的URL</a>链接到相同文件夹中的第2个页面<br/>
  单击<a href="../pages/03.html">不同文件夹的URL</a>链接到不同文件夹中的第3个页面
</body>
</html>
```

在上述代码中，第 1 个链接使用的是绝对 URL；第 2 个使用的是服务器相对 URL，也就是链接到文档所在的服务器的根目录下的 02.html；第 3 个使用的是文档相对 URL，即原文档所在文件夹的父文件夹下面的 pages 文件夹中的 03.html 文件。

在 IE 浏览器中预览网页效果如图 4-8 所示。

图 4-8 绝对 URL 和相对 URL

4.2.5 设置以新窗口显示超链接页面

默认情况下，当单击超链接时，目标页面会在当前窗口中显示，替换当前页面的内容。如果要在单击某个链接以后，打开一个新的浏览器窗口，在这个新窗口中显示目标页面，就需要使用 <a> 标记的 target 属性。

target 属性的代码格式如下。

```
<a target="value">
```

其中，value 有 4 个参数可用，这 4 个保留的目标名称用作特殊的文档重定向操作。

（1）_blank：浏览器总在一个新打开、未命名的窗口中载入目标文档。

（2）_self：这个目标的值对所有没有指定目标的 <a> 标记是默认目标，它使得目标文档载入并显示在相同的框架或者窗口中作为源文档。这个目标是多余且不必要的，除非和文档标题 <base> 标记中的 target 属性一起使用。

（3）_parent：这个目标使得文档载入父窗口或者包含来自超链接引用的框架的框架集。如果这个引用是在窗口或者在顶级框架中，那么它与目标 _self 等效。

（4）_top：这个目标使得文档载入包含这个超链接的窗口，用 _top 目标将会清除所有被包含的框架并将文档载入整个浏览器窗口。

【例 4.5】（案例文件：ch04\4.5.html）

```
<!DOCTYPE html>
<html>
<head>
<title>设置链接目标</title>
</head>
<body>
<a href="http://www.baidu.com"target="_blank">百度</a>
</body>
</html>
```

使用 IE 浏览器打开网页文件，显示效果如图 4-9 所示。

单击网页中的超链接，在新窗口打开链接页面，如图 4-10 所示。

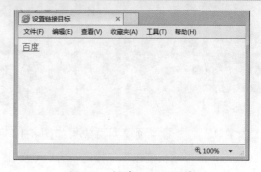

图 4-9 制作网页超链接

图 4-10　在新窗口中打开链接网页

如果将"_blank"换成"_self"，即代码修改为"<a href="http://www.baidu.com"target

="_self">百度</a>"，单击链接后，将直接在当前窗口中打开链接的网页，如图 4-11 所示。

图 4-11　在当前窗口中打开链接的网页

> **提示** target 的 4 个值都以下划线开始。以下划线作为开头的任何窗口或者目标都会被浏览器忽略，因此，不要将下划线作为文档中定义的任何框架的 name 或 id 的第一个字符。

4.2.6　设置电子邮件链接

在某些网页中，当访问者单击某个链接以后，会自动打开电子邮件客户端软件，如 Outlook 或 Foxmail 等，向某个特定的 E-mail 地址发送邮件，这个链接就是电子邮件链接。电子邮件链接的格式如下。

```
<a href="mailto:电子邮件地址">网页元素</a>
```

【例 4.6】（案例文件：ch04\4.6.html）

```
<!DOCTYPE html>
<html>
<head>
<title>电子邮件链接</title>
</head>
<body>
<img src="images/logo.gif"width="119"height="49">    [免费注册][登录]
<a href="mailto:kfdzsj@126.com">站长信箱</a>
</body>
</html>
```

在 IE 浏览器中预览网页效果如图 4-12 所示，实现了电子邮件链接。

当单击"站长信箱"链接时，会自动弹出 Outlook 窗口，要求编写电子邮件，如图 4-13 所示。

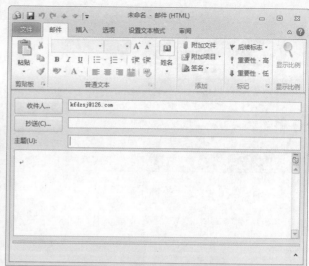

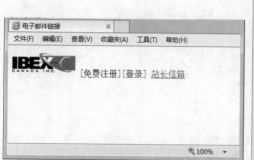

图 4-12 链接到电子邮件

图 4-13 Outlook 新邮件窗口

4.3 浮动框架

HTML5 已经不支持 frameset 框架，但是它仍然支持 iframe 浮动框架的使用。浮动框架可以自由控制窗口大小，可以配合表格在网页中的任何位置插入窗口。其功能实际上就是在窗口中再创建一个窗口。

使用 iframe 创建浮动框架的格式如下。

```
<iframe src="链接对象">
```

其中，src 表示浮动框架中显示对象的路径，可以是绝对路径，也可以是相对路径。例如，下面的代码是在浮动框架中显示百度网站。

【例 4.7】（案例文件：ch04\4.7.html）

```
<!DOCTYPE html>
<html>
<head>
<title>浮动框架中显示百度网站</title>
</head>
<body>
<iframe src="http://www.baidu.com"></iframe>
</body>
</html>
```

在 IE 浏览器中预览网页效果如图 4-14 所示。从预览结果可见，浮动框架在页面中又创建了一个窗口。默认情况下，浮动框架的宽度和高度为 220 像素 × 120 像素。

图 4-14 浮动框架效果

如果需要调整浮动框架尺寸，可使用 CSS 样式。修改上述浮动框架尺寸，可在 head 标记部分增加如下 CSS 代码。

```
<style>
iframe{
        width:600px;          //宽度
        height:800px;         //高度
        border:none;          //无边框
}
</style>
```

在 IE 浏览器中预览网页效果如图 4-15 所示。

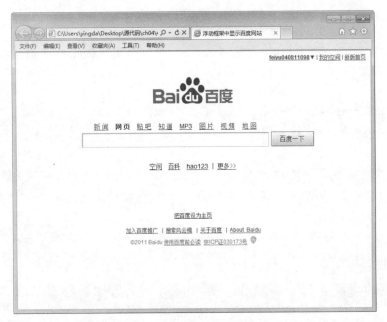

图 4-15 修改宽度和高度后的浮动框架

> **注意**　在 HTML5 中，iframe 仅支持 src 属性，再无其他属性。

4.4　精确定位热点区域

在浏览网页时，当单击一张图片的不同区域，会显示不同的链接内容，这就是图片的热点区域。所谓图片的热点区域，就是将一张图片划分成若干链接区域。访问者单击不同的区域，会链接到不同的目标页面。

在 HTML 中，可以为图片创建 3 种类型的热点区域：矩形、圆形和多边形。创建热点区域使用标记 <map> 和 <area>，语法格式如下。

```
<img src="图片地址"usemap="#名称">
<map id="#名称">
  <area shape="rect"coords="10,10,100,100"href="#">
  <area shape="circle"coords="120,120,50"href="#">
  <area shape="poly"coords="78,13,81,14,53,32,86,38"href="#">
</map>
```

在上面的语法格式中，需要注意以下几点。

（1）要想建立图片热点区域，必须先插入图片。注意，图片必须增加 usemap 属性，说明该图像是热区映射图像，属性值必须以"#"开头，加上名字，如 #pic。那么第一行代码可以修改为：<img src=" 图片地址 "usemap="#pic">。

（2）<map> 标记只有一个属性 id，其作用是为区域命名，其设置值必须与 <img> 标记的 usemap 属性值相同，修改上述代码为：<map id="#pic">。

（3）<area> 标记用于定义热点区域的形状及超链接，它有 3 个必设的属性。

☆　shape 属性，控制划分区域的形状，其取值有 3 个，分别是 rect（矩形）、circle（圆形）和 poly（多边形）。

☆　coords 属性，控制区域的划分坐标。

◇　如果 shape 属性取值为 rect，那么 coords 的设置值分别为矩形的左上角 x、y 坐标点和右下角 x、y 坐标点，单位为像素。

◇　如果 shape 属性取值为 circle，那么 coords 的设置值分别为圆形圆心 x、y 坐标点和半径值，单位为像素。

◇　如果 shape 属性取值为 poly，那么 coords 的设置值分别为多边形的各个点 x、y 坐标，单位为像素。

☆　href 属性是为区域设置超链接的目标，设置值为"#"时，表示为空链接。

上面讲述了 HTML 创建热点区域的方法，其难点就是坐标点的定位。对于简单的形状还好设置，如果形状较多且复杂，确定坐标点的工作量就很大，因此，不建议使用 HTML 代码去完成。这里将为读者介绍一个快速且能精确定位热点区域的方法，在 Dreamweaver CC 中可以很方便地实现这个功能。

Dreamweaver CC 创建图片热点区域的具体操作步骤如下。

步骤 **1** 创建一个 HTML 文档，插入一个图片文件，如图 4-16 所示。

图 4-16　插入图片

步骤 **2** 选择图片，在 Dreamweaver CC 中打开"属性"面板，面板左下角有 3 个蓝色图标按钮，依次代表矩形、圆形和多边形热点区域。单击左边的"矩形热点"工具图标，如图 4-17 所示。

图 4-17　Dreamweaver CC 中图像的"属性"面板

步骤 3 将鼠标指针移动到被选中图片，以"创意信息平台"栏中的矩形大小为准，按住鼠标左键，从左上方向右下方拖曳鼠标，得到矩形区域，如图 4-18 所示。

步骤 4 绘制出来的热点区域呈现出半透明状态，效果如图 4-19 所示。

步骤 5 如果绘制出来的矩形热点区域有误差，可以通过"属性"面板中的"指针热点"工具进行编辑，如图 4-20 所示。

图 4-18　绘制矩形热点区域　图 4-19　完成矩形热点区域的绘制　图 4-20　"指针热点"工具

步骤 6 完成上述操作之后，保持矩形热点区域被选中状态，然后在"属性"面板中的"链接"文本框中输入该热点区域链接对应的跳转目标页面。

步骤 7 在"目标"下拉列表中有 4 个选项，它们决定着链接页面的弹出方式，这里如果选择了 _blank，那么矩形热区的链接页面将在新的窗口中弹出。如果"目标"选项保持空白，就表示仍在原来的浏览器窗口中显示链接的目标页面。这样，矩形热点区域就设置好了。

步骤 8 接下来继续为其他菜单项创建矩形热点区域，完成后的效果如图 4-21 所示。

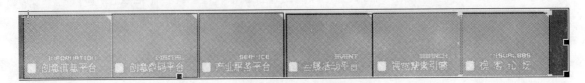

图 4-21　为其他菜单项创建矩形热点区域

步骤 9 完成后保存并预览页面。可以发现，凡是绘制了热点的区域，鼠标指针移上去时就会变成手形，单击就会跳转到相应的页面。

步骤 10 至此，网站的导航就制作完成了。此时页面相应的 HTML 源代码如下。

```
<html>
<head>
<title>创建热点区域</title>
</head>
<body>
<img src="images/04.jpg"width="1001"height="87"border="0"usemap="#Map">
<map name="Map">
  <area shape="rect"coords="298,5,414,85"href="#">
  <area shape="rect"coords="412,4,524,85"href="#">
  <area shape="rect"coords="525,4,636,88"href="#">
  <area shape="rect"coords="639,6,749,86"href="#">
  <area shape="rect"coords="749,5,864,88"href="#">
  <area shape="rect"coords="861,6,976,86"href="#">
</map>
</body>
</html>
```

可以看到，Dreamweaver CC 自动生成的 HTML 代码结构和前面介绍的是一样的，但是所有的坐标都自动计算出来了，这正是网页制作工具的快捷之处。使用这些工具本质上和手工编写 HTML 代码没有区别，只是使用这些工具可以提高工作效率。

提示　本书所讲述的手工编写 HTML 代码，在 Dreamweaver CC 工具中几乎都有对应的操作，请读者自行研究，以提高编写 HTML 代码效率。但是，请读者注意，使用网页制作工具前，一定要明白这些 HTML 标记的作用。因为一个专业的网页设计师必须具备 HTML 方面的知识，不然再强大的工具也只能是无根之树，无源之泉。

参照矩形热点区域的操作方法，创建圆形和多边形热点区域。创建热点区域的效果如图 4-22 所示。

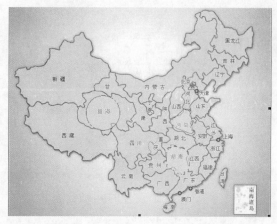

图 4-22　圆形和多边形热点区域

页面相应的 HTML 源代码如下。

```
<html>
<head>
<title>创建圆形和多边形热点区域</title>
</head>
<body>
<img src="images/china.jpg"width="618"height="499"border="0"usemap="#Map">
<map name="Map">
  <area shape="circle"coords="221,261,40"href="#">
  <area shape="poly"coords="411,251,394,267,375,280,395,295,407,299,431,307,
436,303,429,284,431,271,426,255"href="#">
  <area shape="poly"coords="385,336,371,346,370,375,376,385,394,395,403,403,
```

```
410,397,419,393,426,385,425,359,418,343,399,337"href="#">
</map>
</body>
</html>
```

4.5 使用锚链接制作电子书阅读网页

超链接除了可以链接特定的文件和网站之外，还可以链接到网页内的特定内容。这可以使用 <a> 标记的 name 或 id 属性，创建一个文档内部的书签，也就是说，可以创建指向文档片段的链接。

例如使用以下命令可以将网页中的文本"你好"定义为一个内部书签，书签名称为 name1。

```
<a name="name1">你好</a>
```

在网页中的其他位置可以插入超链接引用该书签，引用命令如下。

```
<a href="#name1">引用内部书签</a>
```

一般网页内容比较多的网站会采用这种方法，比如一个电子书网页。

下面就使用锚链接制作一个电子书网页，具体操作步骤如下。

步骤 1 创建一个 HTML 文档，输入以下代码，并保存为"电子书 .html"文件。

```
<!DOCTYPE html>
<html>
<head>
<title>电子书</title>
</head>
<body>
<h1>文学鉴赏</h1>
<ul>
```

```
    <li><a href="#第一篇">再别康桥</a>
    <li><a href="#第二篇">雨　巷</a>
    <li><a href="#第三篇">荷塘月色</a>
</ul>
<h3><a name="第一篇">再别康桥</a></h3>
<h3><a name="第二篇">雨　巷</a></h3>
<h3><a name="第三篇">荷塘月色</a></h3>
</body>
</html>
```

步骤 2 使用 IE 浏览器打开文件，显示效果如图 4-23 所示。

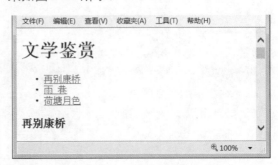

图 4-23　电子书网页

步骤 3 为每一个文学作品添加内容，完善后的代码如下。

```
<!DOCTYPE html>
<html>
<head>
<title>电子书</title>
</head>
<body>
<h1>文学鉴赏</h1>
<ul>
    <li><a href="#第一篇">再别康桥</a>
```

```
    <li><a href="#第二篇">雨　　巷</a>
    <li><a href="#第三篇">荷塘月色</a>
</ul>
<h3><a name="第一篇">再别康桥</a></h3>
————徐志摩
<ul>
    <li>轻轻的我走了，正如我轻轻的来；
    <li>我轻轻的招手，作别西天的云彩。
        <br>
    <li>那河畔的金柳，是夕阳中的新娘；
    <li>波光里的艳影，在我的心头荡漾。
        <br>
    <li>软泥上的青荇，油油的在水底招摇；
    <li>在康河的柔波里，我甘心做一条水草！
        <br>
    <li>那榆荫下的一潭，不是清泉，是天上虹；
```

```
    <li>揉碎在浮藻间，沉淀着彩虹似的梦。
     <br>
    <li>寻梦？撑一支长篙，向青草更青处漫溯；
    <li>满载一船星辉，在星辉斑斓里放歌。
     <br>
    <li>但我不能放歌，悄悄是别离的笙箫；
    <li>夏虫也为我沉默，沉默是今晚的康桥！
     <br>
    <li>悄悄的我走了，正如我悄悄的来；
    <li>我挥一挥衣袖，不带走一片云彩。
</ul>
<h3><a name="第二篇">雨　　巷</a></h3>
——戴望舒<br>
    撑着油纸伞，独自彷徨在悠长、悠长又寂寥的雨
巷，我希望逢着一个丁香一样的结着愁怨的姑娘。
<br>
```

　　她是有丁香一样的颜色，丁香一样的芬芳，丁香一样的忧愁，在雨中哀怨，哀怨又彷徨；她彷徨在这寂寥的雨巷，撑着油纸伞像我一样，像我一样地默默行着，冷漠，凄清，又惆怅。
　　她静默地走近，走近，又投出太息一般的眼光，她飘过像梦一般地凄婉迷茫。像梦中飘过一枝丁香的，我身旁飘过这女郎；她静默地远了，远了，到了颓圮的篱墙，走尽这雨巷。在雨的哀曲里，消了她的颜色，散了她的芬芳，消散了，甚至她的太息般的眼光丁香般的惆怅。撑着油纸伞，独自彷徨在悠长，悠长又寂寥的雨巷，我希望飘过一个丁香一样的结着愁怨的姑娘。

```
<h3><a name="第三篇">荷塘月色</a></h3>
```

　　曲曲折折的荷塘上面，弥望的是田田的叶子。叶子出水很高，像亭亭的舞女的裙。层层的叶子中间，零星地点缀着些白花，有袅娜地开着的，有羞涩地打着朵儿的；正如一粒粒的明珠，又如碧天里的星星，又如刚出浴的美人。微风过处，送来缕缕清香，仿佛远处高楼上渺茫的歌声似的。这时候叶子与花也有一丝的颤动，像闪电般，霎时传过荷塘的那边去了。叶子本是肩并肩密密地挨着，这便宛然有了一道凝碧的波痕。叶子底下是脉脉的流水，遮住了，不能见一些颜色；而叶子却更见风致了。
　　月光如流水一般，静静地泻在这一片叶子和花上。薄薄的青雾浮起在荷塘里。叶子和花仿佛在牛乳中洗过一样；又像笼着轻纱的梦。虽然是满月，天上却有一层淡淡的云，所以不能朗照；但我以为这恰是到了好处——酣眠固不可少，小睡也别有风味的。月光是隔了树照过来的，高处丛生的灌木，落下参差的斑驳的黑影，峭楞楞如鬼一般；弯弯的杨柳的稀疏的倩影，却又像是画在荷叶上。塘中的月色并不均匀；但光与影有着和谐的旋律，如梵婀玲上奏着的名曲。

```
</body>
</html>
```

步骤 4 保存文件，使用 IE 浏览器打开文件，效果如图 4-24 所示。

步骤 5 单击"雨巷"超链接，页面会自动跳转到"雨巷"对应的内容，如图 4-25 所示。

图 4-24　添加网页内容

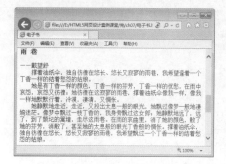

图 4-25　网页效果

4.6 大神解惑

小白： 在创建超链接时，使用绝对 URL 还是相对 URL？

大神： 在创建超链接时，如果要链接的是另外一个网站中的资源，需要使用完整的绝对 URL；如果在网页中创建内部链接，一般使用相对当前文档或站点根文件夹的相对 URL。

小白： 链接增多后的网站，如何设置目录结构以方便维护？

大神： 当一个网站的网页数量增加到一定程度以后，网站的管理与维护将变得非常烦琐，因此掌握一些网站管理与维护的技术是非常实用的，可以节省很多时间。建立适合的网站文件存储结构，可以方便网站的管理与维护。通常使用的 3 种网站文件组织结构方案及文件管理遵循的原则如下。

（1）按照文件的类型进行分类管理。将不同类型的文件保存在不同的文件夹中，这种存储方法适合于中小型的网站，它是通过文件的类型对文件进行管理。

（2）按照主题对文件进行分类。网站的页面按照不同的主题进行分类储存。同一主题的所有文件存放在一个文件夹中，然后再进一步细分文件的类型。这种方案适用于页面与文件数量众多、信息量大的静态网站。

（3）对文件类型进一步细分存储管理。这种方案是第一种存储方案的深化，将页面进一步细分后进行分类存储管理。这种方案适用于文件类型复杂、包含各种文件的多媒体动态网站。

4.7 跟我练练手

练习 1：建立网页各类超链接。

练习 2：创建网页浮动框架。

练习 3：精确定位热点区域。

练习 4：使用锚链接制作电子书阅读网页。

第5章

创建表格和表单

HTML 中的表格不但可以清晰地显示数据，而且可以用于页面布局。用 HTML 制作表格须使用相关标记，如表格对象 table、行对象 tr、单元格对象 td。在网页中，表单的作用也比较重要，主要是负责采集浏览者的相关数据，例如常见的注册表、调查表和留言表等。在 HTML 中，表单拥有多个新的表单输入类型，这些新特性提供了更好的输入控制和验证。

● **本章要点（已掌握的在方框中打钩）**

☐ 了解表格的基本结构
☐ 掌握使用 HTML 创建表格的方法
☐ 掌握创建完整表格的方法
☐ 了解表单的基本概念
☐ 掌握表单基本元素的使用
☐ 掌握表单高级元素的使用
☐ 掌握创建用户反馈表单的方法

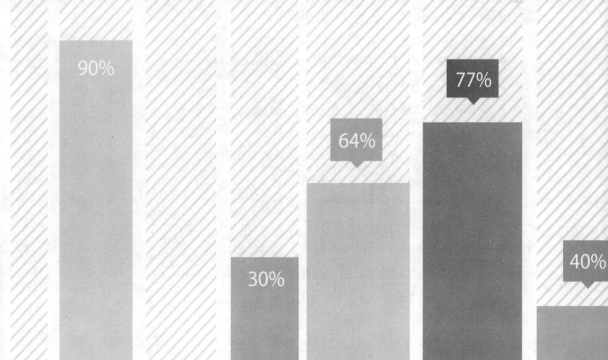

5.1 表格的基本结构

使用表格显示数据，更直观和清晰。在 HTML 文档中，表格主要用于显示数据，虽然可以使用表格布局，但是不建议使用，它有很多弊端。

表格一般由行、列和单元格组成，如图 5-1 所示。

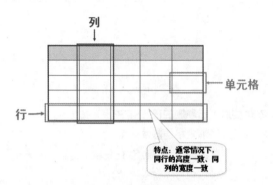

图 5-1　表格的组成

在 HTML 中，用于制作表格的标记如下。

☆ <table> 标记用于标识一个表格对象的开始，</table> 标记用于标识一个表格对象的结束。一个表格中，只允许出现一对 <table></table> 标记。在 HTML5 中不再支持它的任何属性。

☆ <tr> 标记用于标识表格一行的开始，</tr> 标记用于标识表格一行的结束。表格内有多少对 <tr></tr> 标记，就表示表格中有多少行。在 HTML5 中不再支持它的任何属性。

☆ <td> 标记用于标识表格某行中的一个单元格开始，</td> 标记用于标识表格某行中的一个单元格结束。<td></td> 标记书写在 <tr></tr> 标记内，一对 <tr></tr> 标记内有多少对 <td></td> 标记，就表示该行有多少个单元格。在 HTML5 中它仅有 colspan 和 rowspan 两个属性。

最基本的表格，必须包含一对 <table> </table> 标记、一对或几对 <tr></tr> 标记以及一对或几对 <td></td> 标记。一对 <table></table> 标记定义一个表格，一对 <tr></tr> 标记定义一行，一对 <td> </td> 标记定义一个单元格。

例如定义一个 4 行 3 列的表格的实例如下。

【例 5.1】（实例文件：ch05\5.1.html）

```html
<!DOCTYPE html>
<html>
<head>
<title>表格基本结构</title>
</head>
<body>
<table border="1">
  <tr>
    <td>A1</td>
    <td>B1</td>
    <td>C1</td>
  </tr>
  <tr>
    <td>A2</td>
    <td>B2</td>
    <td>C2</td>
  </tr>
  <tr>
    <td>A3</td>
    <td>B3</td>
    <td>C3</td>
  </tr>
  <tr>
    <td>A4</td>
    <td>B4</td>
    <td>C4</td>
  </tr>
</table>
</body>
</html>
```

在 IE 浏览器中预览网页效果如图 5-2 所示。

图 5-2 表格基本结构

> **提示** 从预览图中，读者会发现，表格没有边框，行高及列宽也无法控制。上述知识讲述时，提到 HTML 中除了 td 标记提供两个单元格合并属性之外，<table> 和 <tr> 标记没有任何属性。

5.2 创建表格

在了解了表格的基本结构后，下面来介绍表格的基本操作，主要包括创建表格、设置表格的边框类型、设置表格的表头、合并单元格等。

5.2.1 创建普通表格

表格可以分为普通表格以及带有标题的表格，在 HTML5 中可以创建这两种表格。例如分别创建一列、一行三列和两行三列三个表格。

【例 5.2】（实例文件：ch05\5.2.html）

```html
<!DOCTYPE html>
<html>
<body>
<h4>一列：</h4>
<table border="1">
<tr>
  <td>100</td>
</tr>
</table>
<h4>一行三列：</h4>
<table border="1">
<tr>
  <td>100</td>
  <td>200</td>
  <td>300</td>
</tr>
</table>
<h4>两行三列：</h4>
<table border="1">
<tr>
```

```html
  <td>100</td>
  <td>200</td>
  <td>300</td>
</tr>
<tr>
  <td>400</td>
  <td>500</td>
  <td>600</td>
</tr>
</table>
</body>
</html>
```

在 IE 浏览器中预览网页效果如图 5-3 所示。

图 5-3 创建的表格

5.2.2 创建带有标题的表格

有时，为了方便表述表格，还需要在表格的上面加上标题，如创建一个带有标题的表格。

【例 5.3】（实例文件：ch05\5.3.html）

```
<!DOCTYPE html>
<html>
<body>
<h4>带有标题的表格</h4>
<table border="3">
<caption>数据统计表</caption>
<tr>
  <td>100</td>
  <td>200</td>
  <td>300</td>
</tr>
<tr>
  <td>400</td>
  <td>500</td>
  <td>600</td>
</tr>
</table>
</body>
</html>
```

在 IE 浏览器中预览网页效果如图 5-4 所示。

图 5-4 带有标题的表格

5.2.3 定义表格的边框类型

使用表格的 border 属性可以定义表格的

边框类型，如常见的加粗边框的表格。下例创建不同边框类型的表格。

【例 5.4】（实例文件：ch05\5.4.html）

```
<!DOCTYPE html>
<html>
<body>
<h4>普通边框</h4>
<table border="1">
<tr>
  <td>First</td>
  <td>Row</td>
</tr>
<tr>
  <td>Second</td>
  <td>Row</td>
</tr>
</table>
<h4>加粗边框</h4>
<table border="5">
<tr>
  <td>First</td>
  <td>Row</td>
</tr>
<tr>
  <td>Second</td>
  <td>Row</td>
</tr>
</table>
</body>
</html>
```

在 IE 浏览器中预览网页效果如图 5-5 所示。

图 5-5 表格的不同边框

5.2.4 定义表格的表头

表格中存在表头，常见的表头分为垂直与水平两种。下例分别创建带有垂直表头和水平表头的表格。

【例 5.5】（实例文件：ch05\5.5.html）

```
<!DOCTYPE html>
<html>
<body>
<h4>水平的表头</h4>
<table border="1">
<tr>
  <th>姓名</th>
  <th>性别</th>
  <th>电话</th>
</tr>
<tr>
  <td>张三</td>
  <td>男</td>
  <td>123456</td>
</tr>
</table>
<h4>垂直的表头：</h4>
<table border="1">
<tr>
  <th>姓名</th>
  <td>小丽</td>
</tr>
<tr>
  <th>性别</th>
  <td>女</td>
</tr>
<tr>
  <th>电话</th>
  <td>123456</td>
</tr>
</table>
</body>
</html>
```

在 IE 浏览器中预览网页效果如图 5-6所示。

图 5-6 表格的表头

5.2.5 设置表格背景

当创建好表格后，为了美观，还可以设置表格的背景。

1. 定义表格背景颜色

为表格添加背景颜色是美化表格的一种方式。下例为表格添加背景颜色。

【例 5.6】（实例文件：ch05\5.6.html）

```
<!DOCTYPE html>
<html>
<body>
<h4>背景颜色：</h4>
<table border="1"
bgcolor="green">
<tr>
  <td>100</td>
  <td>200</td>
</tr>
<tr>
  <td>300</td>
  <td>400</td>
</tr>
</table>
</body>
</html>
```

在 IE 浏览器中预览网页效果如图 5-7所示。

图 5-7 表格的背景颜色

```
background="images/1.gif">
<tr>
  <td>100</td>
  <td>200</td>
</tr>
<tr>
  <td>300</td>
  <td>400</td>
</tr>
</table>
</body>
</html>
```

2. 定义表格背景图片

除了可以为表格添加背景颜色外，还可以将图片设置为表格的背景。下例为表格添加背景图片。

【例 5.7】（实例文件：ch05\5.7.html）

```
<!DOCTYPE html>
<html>
<body>
<h4>背景图片：</h4>
<table border="1"
```

在 IE 浏览器中预览网页效果如图 5-8 所示。

图 5-8 表格背景图片

 ### 5.2.6 设置单元格背景

除了可以为表格设置背景外，还可以为单元格设置背景。下例为单元格添加背景。

【例 5.8】（实例文件：ch05\5.8.html）

```
<!DOCTYPE html>
<html>
<body>
<h4>单元格背景</h4>
<table border="1">
<tr>
  <td bgcolor="red">100000</td>
  <td>200000</td>
</tr>
<tr>
  <td background="images/1.gif">200000</td>
  <td>300000</td>
</tr>
</table>
</body>
</html>
```

在 IE 浏览器中预览网页效果如图 5-9 所示。

图 5-9 单元格背景

5.2.7 合并单元格

在实际应用中，并非所有表格都是规范的几行几列，有时需要将某些单元格进行合并，以符合某种内容上的需要。在 HTML 中合并单元格的方向有两种，一种是上下合并，另一种是左右合并，这两种合并方式只需要使用 td 标记的两个属性。

 用 colspan 属性合并左右单元格

左右单元格的合并需要使用 td 标记的 colspan 属性完成，格式如下。

```
<td colspan="数值">单元格内容</td>
```

其中，colspan 属性的取值为数值型整数数据，代表几个单元格进行左右合并。

例如，在下面的表格的基础上，将 A1 和 B1 单元格合并成一个单元格。为第一行的第一个单元格 <td> 标记增加 colspan="2" 属性，并且将 B1 单元格的 <td> 标记删除。

【例 5.9】（实例文件：ch05\5.9.html）

```
<!DOCTYPE html>
<html>
<head>
```

```
<title>单元格左右合并</title>
</head>
<body>
<table border="1">
  <tr>
    <td colspan="2">A1  B1</td>
    <td>C1</td>
  </tr>
  <tr>
    <td>A2</td>
    <td>B2</td>
    <td>C2</td>
  </tr>
  <tr>
    <td>A3</td>
    <td>B3</td>
    <td>C3</td>
  </tr>
  <tr>
    <td>A4</td>
    <td>B4</td>
    <td>C4</td>
  </tr>
</table>
</body>
</html>
```

在 IE 浏览器中预览网页效果如图 5-10 所示。

图 5-10 单元格左右合并

从预览图中可以看到，A1 和 B1 单元格合并成一个单元格，C1 还在原来的位置上。

> **注意**
>
> 合并单元格以后，相应的单元格标记就应该减少。例如，A1 和 B1 合并后，B1 单元格的 <td></td> 标记就应该删掉，否则单元格就会多出一个，且后面单元格会依次向右位移。

2. 用 rowspan 属性合并上下单元格

上下单元格的合并需要使用 `<td>` 标记的 rowspan 属性，格式如下。

```
<td rowspan="数值">单元格内容</td>
```

其中，rowspan 属性的取值为数值型整数数据，代表几个单元格进行上下合并。

例如，在下面的表格的基础上，将 A1 和 A2 单元格合并成一个单元格。为第一行的第一个 `<td>` 标记增加 rowspan="2" 属性，并且将 A2 单元格的 `<td>` 标记删除。

【例 5.10】（实例文件：ch05\5.10.html）

```html
<!DOCTYPE html>
<html>
<head>
<title>单元格上下合并</title>
</head>
<body>
<table border="1">
  <tr>
    <td rowspan="2">A1</td>
    <td>B1</td>
    <td>C1</td>
  </tr>
  <tr>
    <td>B2</td>
    <td>C2</td>
  </tr>
  <tr>
    <td>A3</td>
    <td>B3</td>
    <td>C3</td>
```

【例 5.11】（实例文件：ch05\5.11.html）

```html
<!DOCTYPE html>
<html>
<head>
<title>两个方向合并</title>
</head>
<body>
<table border="1">
  <tr>
    <td colspan="2"rowspan="2">A1B1<br>A2B2</td>
```

```html
  </tr>
  <tr>
    <td>A4</td>
    <td>B4</td>
    <td>C4</td>
  </tr>
</table>
</body>
</html>
```

在 IE 浏览器中预览网页效果如图 5-11 所示。

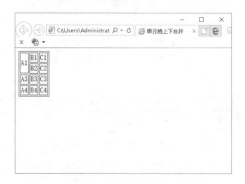

图 5-11　单元格上下合并

从预览图中可以看到，A1 和 A2 单元格合并成一个单元格。

通过对左右单元格合并和上下单元格合并的操作，读者会发现，合并单元格就是"删掉"某些单元格。对于左右合并，就是以左侧为准，将右侧要合并的单元格"删掉"；对于上下合并，就是以上侧为准，将下侧要合并的单元格"删掉"。如果一个单元格既要向右合并，又要向下合并，该如何实现呢？

```
    <td>C1</td>
  </tr>
  <tr>
    <td>C2</td>
  </tr>
  <tr>
    <td>A3</td>
    <td>B3</td>
    <td>C3</td>
  </tr>
  <tr>
    <td>A4</td>
    <td>B4</td>
    <td>C4</td>
  </tr>
</table>
</body>
</html>
```

在 IE 浏览器中预览网页效果如图 5-12 所示。

图 5-12　两个方向合并单元格

从上面的代码可以看到，A1 单元格向右合并 B1 单元格，向下合并 A2 单元格，并且 A2 单元格向右合并 B2 单元格。

3. 使用 Dreamweaver CC 合并单元格

使用 HTML 创建表格非常麻烦，Dreamweaver CC 工具提供了表格的快捷操作，类似于在 Word 工具中编辑表格的操作。在 Dreamweaver CC 中创建表格，只需要选择"插入"→"表格"命令，在出现的对话框中指定表格的行数、列数、宽度和边框值，即可在光标处创建一个空白表格。选择表格之后，"属性"面板提供了表格的常用操作，如图 5-13 所示。

图 5-13　表格"属性"面板

> **注意**　表格"属性"面板中的操作，可结合前面讲述的 HTML 语言使用；对于按钮命令，可将鼠标指针悬停于按钮之上，数秒之后会出现命令提示。

关于表格的操作不再赘述，请读者自行操作，这里重点讲解如何使用 Dreamweaver CC 合并单元格。在 Dreamweaver CC 可视化操作中，提供了合并与拆分单元格两种操作。拆分单元格的操作，其实还是进行合并操作。进行单元格合并和拆分时，将鼠标指针置于单元格内，如果选择了一个单元格，"拆分单元格"按钮有效，如图 5-14 所示。如果选择了两个或两个以上单元格，"合并单元格"按钮有效。

图 5-14　"拆分单元格"按钮有效

5.2.8 排列单元格中的内容

使用 align 属性可以排列单元格内容，以便创建一个美观的表格。

【例 5.12】（实例文件：ch05\5.12.html）

```
<!DOCTYPE html>
<html>
<body>
<table width="400"border="1">
 <tr>
  <th align="left">项目</th>
  <th align="right">一月</th>
  <th align="right">二月</th>
 </tr>
 <tr>
  <td align="left">衣服</td>
  <td align="right">$241.10</td>
  <td align="right">$50.20</td>
 </tr>
 <tr>
  <td align="left">化妆品</td>
  <td align="right">$30.00</td>
  <td align="right">$44.45</td>
 </tr>
```

```
 <tr>
  <td align="left">食物</td>
  <td align="right">$730.40</td>
  <td align="right">$650.00</td>
 </tr>
 <tr>
  <th align="left">总计</th>
  <th align="right">$1001.50</th>
  <th align="right">$744.65</th>
 </tr>
</table>
</body>
</html>
```

在 IE 浏览器中预览网页效果如图 5-15 所示。

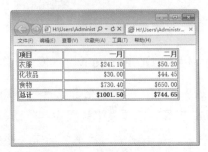

图 5-15　排列单元格

5.2.9 设置表格的行高与列宽

使用 cellpadding 来创建单元格内容与其边框之间的空白，从而调整表格的行高与列宽。以下例子使用 cellpadding 属性来调整表格的行高与列宽。

【例 5.13】（实例文件：ch05\5.13.html）

```
<!DOCTYPE html>
<html>
<body>
<h4>调整前</h4>
<table border="1">
<tr>
  <td>1000</td>
  <td>2000</td>
</tr>
<tr>
```

```
  <td>2000</td>
  <td>3000</td>
</tr>
</table>
<h4>调整后</h4>
<table border="1"
cellpadding="10">
<tr>
  <td>1000</td>
  <td>2000</td>
</tr>
<tr>
  <td>2000</td>
  <td>3000</td>
</tr>
</table>
</body>
</html>
```

在 IE 浏览器中预览网页效果如图 5-16 所示。

图 5-16　设置表格的行高与列宽

5.3　创建完整的表格

上面讲述了表格中最常用也是最基本的三个标记 <table>、<tr> 和 <td>，使用它们可以构建出最简单的表格。为了让表格结构更清楚，配合 CSS 样式，可方便地制作各种样式的表格。表格中还可出现表头、主体、脚注等。

按照表格结构，可以把表格的行分组，称为"行组"。不同的行组具有不同的意义。行组分为 3 类——表头、主体和脚注，三者相应的 HTML 标记分别为 <thead>、<tbody> 和 <tfoot>。

此外，在表格中还有两个标记，标记 <caption> 表示表格的标题。在一行中，除了 <td> 标记表示一个单元格以外，还可以使用 <th> 表示该单元格是这一行的"行头"。

【例 5.14】（实例文件：ch05\5.14.html）

```
<!DOCTYPE html>
<html>
<head>
<title>完整表格标记</title>
<style>
tfoot{
    background-color:#FF3;
}
</style>
</head>
<body>
```

```
<table border="1">
  <caption>学生成绩单</caption>
  <thead>
    <tr>
     <th>姓名</th><th>性别</th><th>成绩</th>
    </tr>
  </thead>
  <tfoot>
    <tr>
     <td>平均分</td><td colspan="2">540</td>
    </tr>
  </tfoot>
  <tbody>
    <tr>
     <td>张三</td><td>男</td><td>560</td>
    </tr>
    <tr>
     <td>李四</td><td>男</td><td>520</td>
    </tr>
  </tbody>
</table>
</body>
</html>
```

从上面的代码可以发现，使用 caption 标记定义了表格标题，<thead>、<tbody> 和

<tfoot> 标记对表格进行了分组。在 <thead> 部分使用 <th> 标记代替 <td> 标记定义单元格，单元格内容默认加粗。网页预览效果如图 5-17 所示。

图 5-17　完整的表格结构

5.4　认识表单

表单主要用于收集网页上浏览者的相关信息，其标记为 <form></form>。表单的基本语法格式如下。

```
<form action="url"method="get|post"enctype="mime">
</form>
```

其中，action="url" 指定处理提交表单的地址，它可以是一个 URL 地址或一个电子邮件地址。method="get" 或 "post" 指明提交表单的 HTTP 方法。enctype="mime" 指明用来把表单提交给服务器时的互联网媒体形式。

表单是一个能够包含表单元素的区域。通过添加不同的表单元素，将显示不同的效果。

【例 5.15】（实例文件：ch05\5.15.html）

```
<!DOCTYPE html>
<html>
<body>
<form>
下面是输入用户登录信息
<br>
用户名称
<input type="text"name="user">
<br>
```

```
用户密码
<input type="password"name="password">
<br>
<input type="submit"value="登录">
</form>
</body>
</html>
```

在 IE 浏览器中预览效果如图 5-18 所示，可以看到用户登录信息页面。

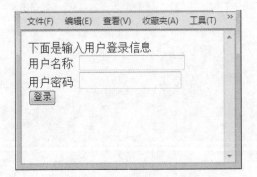

图 5-18　用户登录窗口

5.5 表单基本元素的使用

表单元素是能够让用户在表单中输入信息的元素。常见的有文本框、密码框、下拉菜单、单选按钮、复选框等。本节主要讲述表单基本元素的使用方法和技巧。

5.5.1 单行文本输入框

文本框是一种让访问者自己输入内容的表单对象，通常被用来填写单个字或者简短的回答，例如用户姓名和地址等。其代码格式如下。

```
<input type="text"name="..."size="..."maxlength="..."value="...">
```

其中，type="text" 定义单行文本输入框；name 属性定义文本框的名称，要保证数据的准确采集，必须定义一个独一无二的名称；size 属性定义文本框的宽度，单位是单个字符宽度；maxlength 属性定义最多输入的字符数；value 属性定义文本框的初始值。

【例 5.16】（实例文件：ch05\5.16.html）

```
<!DOCTYPE html>
<html>
<head><title>输入用户的姓名</title></head>
<body>
<form>
请输入您的姓名：
<input type="text"name="yourname"size="20"maxlength="15">
请输入您的地址：
<input type="text"name="youradr"size="20"maxlength="15">
</form>
</body>
</html>
```

在 IE 浏览器中预览效果如图 5-19 所示，可以看到两个单行文本输入框。

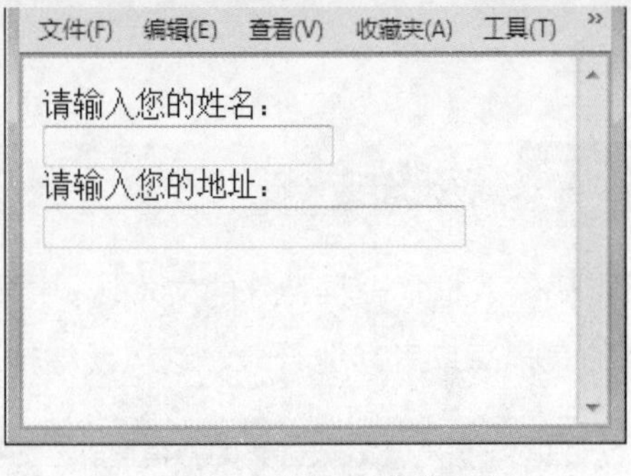

图 5-19　单行文本输入框

5.5.2 多行文本输入框

多行文本输入框（textarea）主要用于输入较长的文本信息。其代码格式如下。

```
<textarea name="..."cols="..."rows="..."wrap="..."></textarea>
```

其中，name 属性定义多行文本框的名称，要保证数据的准确采集，必须定义一个独一无二的名称；cols 属性定义多行文本框的宽度，单位是单个字符宽度；rows 属性定义多行文本框的高度，单位是单个字符高度；wrap 属性定义输入内容大于文本域时显示的方式。

【例 5.17】（实例文件：ch05\5.17.html）

```
<!DOCTYPE html>
<html>
<head><title>多行文本输入</title></head>
<body>
<form>
请输入您最新的工作情况<br>
<textarea name="yourworks"cols="50"rows="5"></textarea>
<br>
<input type="submit"value="提交">
</form>
</body>
</html>
```

在 IE 浏览器中预览效果如图 5-20 所示，可以看到多行文本输入框。

图 5-20　多行文本输入框

5.5.3 密码域

密码输入框是一种特殊的文本域，主要用于输入一些保密信息。当网页浏览者输入文本时，显示的是黑点或者其他符号，这样就增加了输入文本的安全性。其代码格式如下。

```
<input type="password"name="..."size="..."maxlength="...">
```

其中，type="password" 定义密码框；name 属性定义密码框的名称，要保证唯一性；size 属性定义密码框的宽度，单位是单个字符宽度；maxlength 属性定义最多输入的字符数。

【例 5.18】(实例文件:ch05\5.18.html)

```
<!DOCTYPE html>
<html>
<head><title>输入用户姓名和密码 </title></head>
<body>
<form>
用户姓名:
<input type="text"name="yourname">
<br>
登录密码:
<input type="password"name="yourpw"><br>
</form>
</body>
</html>
```

在 IE 浏览器中预览效果如图 5-21 所示,
输入登录密码时可以看到密码以黑点的形式
显示。

图 5-21　密码输入框

5.5.4　单选按钮

单选按钮用于让网页浏览者在一组选项里只能选择一个。其代码格式如下。

```
<input type="radio"name=""value="">
```

其中,type="radio" 定义单选按钮;name 属性定义单选按钮的名称,单选按钮都是以组
为单位使用的,在同一组中的单选按钮都必须用同一个名称;value 属性定义单选按钮的值,
在同一组中,它们的值必须是不同的。

【例 5.19】(实例文件:ch05\5.19.html)

```
<!DOCTYPE html>
<html>
<head><title>选择感兴趣的图书</title></head>
<body>
<form>
请选择您感兴趣的图书类型:
<br>
```

```
<input type="radio"name="book"value="Book1">网站编程<br>
<input type="radio"name="book"value="Book2">办公软件<br>
<input type="radio"name="book"value="Book3">设计软件<br>
<input type="radio"name="book"value="Book4">网络管理<br>
<input type="radio"name="book"value="Book5">黑客攻防<br>
</form>
</body>
</html>
```

在 IE 浏览器中预览效果如图 5-22 所示，可看到 5 个单选按钮，用户只能选择其中一个单选按钮。

图 5-22　单选按钮

5.5.5　复选框

复选框用于让网页浏览者在一组选项里可以同时选择多个选项。每个复选框都是一个独立的元素，都必须有一个唯一的名称。其代码格式如下。

```
<input type="checkbox"name=""value="">
```

其中，type="checkbox" 定义复选框；name 属性定义复选框的名称，在同一组中的复选框都必须用同一个名称；value 属性定义复选框的值。

【例 5.20】（实例文件：ch05\5.20.html）

```
<!DOCTYPE html>
<html>
<head><title>选择感兴趣的图书</title></head>
<body>
<form>
请选择您感兴趣的图书类型：<br>
<input type="checkbox"name="book"value="Book1">网站编程<br>
<input type="checkbox"name="book"value="Book2">办公软件<br>
<input type="checkbox"name="book"value="Book3">设计软件<br>
<input type="checkbox"name="book"value="Book4">网络管理<br>
<input type="checkbox"name="book"value="Book5"checked>黑客攻防<br>
</form>
</body>
</html>
```

技巧　checked 属性用于设置默认选中项。

在 IE 浏览器中预览效果如图 5-23 所示，可看到 5 个复选框，其中"黑客攻防"复选框被默认选中。

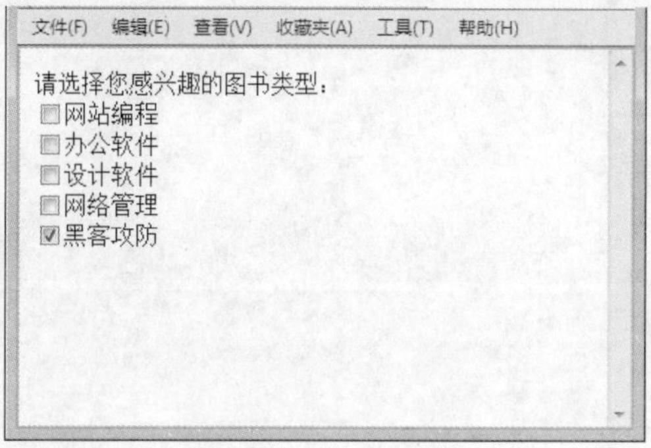

文件(F)　编辑(E)　查看(V)　收藏夹(A)　工具(T)　帮助(H)

请选择您感兴趣的图书类型：
☐ 网站编程
☐ 办公软件
☐ 设计软件
☐ 网络管理
☑ 黑客攻防

图 5-23　复选框

5.5.6　下拉选择框

下拉选择框主要用于在有限的空间里设置多个选项。下拉选择框既可以用作单选，也可以用作复选。其代码格式如下。

```
<select name="..."size="..."multiple>
<option value="..."selected>
...
</option>
...
</select>
```

其中，size 属性定义下拉选择框的行数；name 属性定义下拉选择框的名称；multiple 属性表示可以多选，如果不设置本属性，那么只能单选；value 属性定义选择项的值；selected 属性表示默认已经选择本选项。

【例 5.21】（实例文件：ch05\5.21.html）

```
<!DOCTYPE html>
<html>
<head><title>选择感兴趣的图书</title></head>
<body>
<form>
请选择您感兴趣的图书类型：<br>
<select name="fruit"size="3"multiple>
<option value="Book1">网站编程
<option value="Book2">办公软件
<option value="Book3">设计软件
<option value="Book4">网络管理
<option value="Book5">黑客攻防
</select>
</form>
</body>
</html>
```

在 IE 浏览器中预览效果如图 5-24 所示，即可看到下拉选择框，其显示为 3 行选项，用户可以按住 Ctrl 键，选择多个选项。

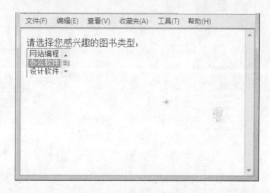

文件(F)　编辑(E)　查看(V)　收藏夹(A)　工具(T)　帮助(H)

请选择您感兴趣的图书类型：
网站编程
办公软件
设计软件

图 5-24　下拉选择框

5.5.7　普通按钮

普通按钮用于控制其他定义了处理脚本的处理工作。其代码格式如下。

```
<input type="button"name="..."value="..."onClick="...">
```

其中，type="button" 定义普通按钮；name 属性定义普通按钮的名称；value 属性定义按钮的显示文字；onClick 属性表示单击行为，也可以是其他事件，通过指定脚本函数来定义按钮的行为。

【例 5.22】（实例文件：ch05\5.22.html）

```
<!DOCTYPE html>
<html>
<body>
<form>
点击下面的按钮，把文本框1的内容复制到文本框2中：
<br/>
文本框1: <input type="text"id="field1"value="学习HTML5的技巧">
<br/>
文本框2: <input type="text"id="field2">
<br/>
<input type="button"name="..."value="单击我"onClick="document.getElementById
('field2').value=document.getElementById('field1').value">
</form>
</body>
</html>
```

在 IE 浏览器中预览效果如图 5-25 所示，单击 "单击我" 按钮，即可将文本框 1 中的内容复制到文本框 2 中。

图 5-25　单击按钮后的复制效果

5.5.8　提交按钮

提交按钮用来将输入的信息提交到服务器。其代码格式如下。

```
<input type="submit"name="..."value="...">
```

其中，type="submit" 定义提交按钮；name 属性定义提交按钮的名称；value 属性定义按钮的显示文字。通过提交按钮，可以将表单里的信息提交给表单里 action 所指向的文件。

【例 5.23】（实例文件：ch05\5.23.html）

```
<!DOCTYPE html>
<html>
<head><title>输入用户名信息</title></head>
<body>
<form  action="http://www.yinhangit.com/yonghu.asp"method="get">
```

```
请输入你的姓名：
<input type="text"name="yourname">
<br>
请输入你的住址：
<input type="text"name="youradr">
<br>
请输入你的单位：
<input type="text"name="yourcom">
<br>
请输入你的联系方式：
<input type="text"name="yourpho">
<br>
<input type="submit"value="提交">
</form>
</body>
</html>
```

在 IE 浏览器中预览效果如图 5-26 所示，输入内容后单击"提交"按钮，即可将表单中的数据发送到指定的文件。

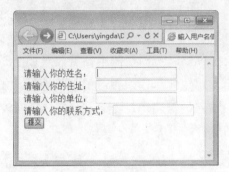

图 5-26　提交按钮

5.5.9　重置按钮

重置按钮用来重新设置表单中输入的信息。其代码格式如下。

```
<input type="reset"name="..."value="...">
```

其中，type="reset" 定义重置按钮；name 属性定义重置按钮的名称；value 属性定义按钮的显示文字。

【例 5.24】（实例文件：ch05\5.24.html）

```
<!DOCTYPE html>
<html>
<body>
<form>
请输入用户名称：
<input type='text'>
<br/>
请输入用户密码：
<input type='password'>
<br>
<input type="submit"value="登录">
<input type="reset"value="重置">
</form>
</body>
</html>
```

在 IE 浏览器中预览效果如图 5-27 所示，输入内容后单击"重置"按钮，即可将表单中的数据清空。

图 5-27　重置按钮

5.6 表单高级元素的使用

除了上述基本表单元素外，HTML5 中还有一些高级表单元素，包括 url、email、time、range、search 等。对于这些高级属性，IE 浏览器暂时还不支持，下面将用 Opera 11 浏览器查看效果。

5.6.1 url 属性的应用

url 属性用于说明网站的网址，显示为一个文本字段。输入 URL 地址后在提交表单时，会自动验证 url 的值。其代码格式如下。

```
<input type="url"name="userurl"/>
```

另外，用户可以使用普通属性设置 url 输入框，例如可以使用 max 属性设置其最大值、使用 min 属性设置其最小值、使用 step 属性设置合法的数字间隔、使用 value 属性规定其默认值。对于其他的高级属性中同样的设置，不再重复讲述。

【例 5.25】（实例文件：ch05\5.25.html）

```
<!DOCTYPE html>
<html>
<body>
<form>
<br/>
请输入网址：
<input type="url"name="userurl"/>
</form>
</body>
</html>
```

在 Opera 11 浏览器中预览效果如图 5-28 所示，用户即可输入相应的网址。

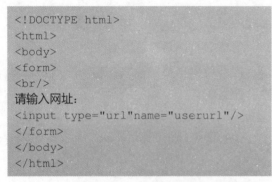

图 5-28 url 属性的效果

5.6.2 email 属性的应用

与 url 属性类似，email 属性用于让浏览者输入 E-mail 地址。在提交表单时，会自动验证 email 域的值。其代码格式如下。

```
<input type="email"name="user_email"/>
```

【例 5.26】（实例文件：ch05\5.26.html）

```
<!DOCTYPE html>
<html>
<body>
<form>
<br/>
请输入您的邮箱地址：
<input type="email"name="user_email"/>
<br>
<input type="submit"value="提交">
</form>
</body>
</html>
```

在 Opera 11 浏览器中预览效果如图 5-29 所示，用户即可输入相应的邮箱地址。如果用户输入的邮箱地址不合法，单击"提交"按钮后会弹出提示信息。

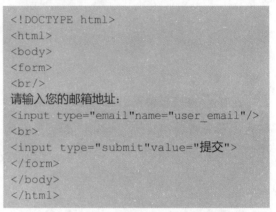

图 5-29 email 属性的效果

5.6.3 date 和 time 属性的应用

在 HTML5 中，新增了一些日期和时间输入类型，包括 date、datetime、datetime-

local、month、week 和 time。它们的具体含义如表 5-1 所示。

表 5-1　属性的含义

属　　性	含　　义
date	选取日、月、年
month	选取月、年
week	选取周和年
time	选取时间
datetime	选取时间、日、月、年
datetime-local	选取时间、日、月、年（本地时间）

上述属性的代码格式类似，例如以 date 属性为例，代码格式如下。

```
<input type="date"name="user_date"/>
```

【例 5.27】（实例文件：ch05\5.27.html）

```
<!DOCTYPE html>
<html>
<body>
<form>
<br/>
请选择购买商品的日期：
<br>
<input type="date"name="user_date"/>
</form>
```

```
<!DOCTYPE html>
<html>
<body>
<form>
<br/>
此网站我曾经来
<input type="number"name="shuzi"/>次了哦！
</form>
</body>
</html>
```

在 Opera 11 浏览器中预览效果如图 5-31 所示，用户可以直接输入数字，也可以单击微调按钮选择合适的数字。

```
</body>
</html>
```

在 Opera 11 浏览器中预览效果如图 5-30 所示，用户单击输入框中的倒三角按钮，即可在弹出的列表框中选择需要的日期。

图 5-30　date 属性的效果

5.6.4　number 属性的应用

number 属性提供了一个数字的输入类型。用户可以直接输入数字，或者通过单击微调框中的向上或者向下按钮选择数字。其代码格式如下。

```
<input type="number"name="shuzi"/>
```

【例 5.28】（实例文件：ch05\5.28.html）

▶ 提示　　强烈建议用户使用 min 和
max 属性规定输入的最小值和最大值。

图 5-31　number 属性的效果

5.6.5　range 属性的应用

range 属性用于显示一个滚动的控件。和 number 属性一样，用户可以使用 max、min 和 step 属性控制控件的范围。其代码格式如下。

```
<input type="range"name="""min=""max=""/>
```

其中，min 和 max 分别控制滚动控件的最小值和最大值。

【例 5.29】（实例文件：ch05\5.29.html）

```
<!DOCTYPE html>
<html>
<body>
<form>
<br/>
英语成绩公布了！我的成绩名次为：
<input type="range"name="ran"min="1"max="10"/>
</form>
</body>
</html>
```

在 Opera 11 浏览器中预览效果如图 5-32 所示，用户可以拖曳滑块，从而选择合适的数字。

▶ 技巧　　默认情况下，滑块位于滚动
轴的中间位置。如果用户指定的最大
值小于最小值，则允许使用反向滚动
轴，目前浏览器对这一属性还不能很
好地支持。

图 5-32　range 属性的效果

5.6.6　required 属性的应用

required 属性规定必须在提交表单之前填写输入域（不能为空）。required 属性适用于以下类型的输入：text、search、url、email、password、date、pickers、number、checkbox 和 radio 等。

【例 5.30】（实例文件：ch05\5.30.html）

```
<!DOCTYPE html>
<html>
<body>
<form>
下面是输入用户登录信息
<br>
用户名称
<input type="text"name="user"required="required">
<br>
用户密码
<input type="password"name="password"required="required">
<br>
<input type="submit"value="登录">
</form>
</body>
</html>
```

在 Opera 11 浏览器中预览效果如图 5-33 所示，用户如果只是输入密码，然后单击"登录"按钮，将弹出提醒信息。

图 5-33　required 属性的效果

5.7　创建用户反馈表单

本案例中，将使用一个表单内的各种元素来开发一个简单网站的用户意见反馈表单。具体操作步骤如下。

步骤 1　分析需求如下。

反馈表单非常简单，通常包含 3 部分：在页面上方给出标题；标题下方是正文部分，即表单元素；最下方是表单元素提交按钮。在设计这个页面时，需要把"用户反馈表单"标题设置成 h1 大小，正文使用 p 来限制表单元素。

步骤 2 构建 HTML 页面，实现表单内容，代码如下。

```html
<!DOCTYPE html>
<html>
<head>
<title>用户反馈页面</title>
</head>
<body>
<h1 align=center>用户反馈表单</h1>
<form method="post">
<p>姓    名:
<input type="text"class=txt size="12"maxlength="20"name="username"/>
</p><p>性    别:
<input type="radio"value="male"/>男
<input type="radio"value="female"/>女
</p><p>年    龄:
<input type="text"class=txt name="age"  />
</p>
<p>联系电话:
<input type="text"class=txt name="tel"/>
</p><p>电子邮件:
<input type="text"class=txt name="email"/>
</p><p>联系地址:
<input type="text"  class=txt name="address"/>
</p>
<p>
请输入您对网站的建议<br>
<textarea name="yourworks"cols="50"rows="5"></textarea>
<br>
<input type="submit"name="submit"value="提交"/>
<input type="reset"name="reset"value="清除"/>
</p>
</form>
</body>
</html>
```

在 IE 浏览器中预览效果如图 5-34 所示，可以看到创建了一个用户反馈表单，包含一个标题"用户反馈表单"，"姓名""性别""年龄""联系电话""电子邮件""联系地址""请输入您对网站的建议"等输入框，以及"提交""清除"按钮等。

图 5-34　用户反馈页面

5.8 制作商品报价单

利用所学的表格知识，制作如图 5-35 所示的计算机报价单。

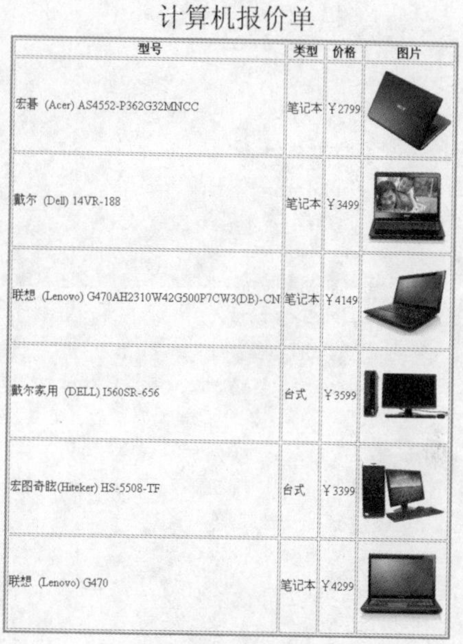

计算机报价单

型号	类型	价格	图片
宏碁 (Acer) AS4552-P362G32MNCC	笔记本	￥2799	
戴尔 (Dell) 14VR-188	笔记本	￥3499	
联想 (Lenovo) G470AH2310W42G500P7CW3(DB)-CN	笔记本	￥4149	
戴尔家用 (DELL) I560SR-656	台式	￥3599	
宏图奇眩(Hiteker) HS-5508-TF	台式	￥3399	
联想 (Lenovo) G470	笔记本	￥4299	

图 5-35　计算机报价单

具体操作步骤如下。

步骤 1 新建 HTML 文档，并对其简化，代码如下所示。

```
<!DOCTYPE html>
<html>
<head>
<meta charset="utf-5"/>
<title>计算机报价单</title>
</head>
<body>
</body>
</html>
```

步骤 2 保存 HTML 文件，选择相应的保存位置，文件命名为"计算机报价单 .html"。

步骤 3 在 HTML 文档的 body 部分增加表格及内容，代码如下所示。

```
<table>
   <caption>计算机报价单</caption>
   <tr>
     <th>型号</th>
     <th>类型</th>
     <th>价格</th>
```

```
      <th>图片</th>
    </tr>
    <tr>
      <td>宏碁 (Acer) AS4552-P362G32MNCC</td>
      <td>笔记本</td>
      <td>￥2799</td>
      <td><img src="images/Acer.jpg"width="120"height="120"></td>
    </tr>
    <tr>
      <td>戴尔 (Dell) 14VR-188</td><td>笔记本</td>
      <td>￥3499</td>
      <td><img src="images/Dell.jpg"width="120"height="120"></td>
    </tr>
     <tr>
      <td>联想 (Lenovo) G470AH2310W42G500P7CW3(DB)-CN </td>
      <td>笔记本</td>
      <td>￥4149</td>
      <td><img src="images/Lenovo.jpg"width="120"height="120"></td>
    </tr>
    <tr>
      <td>戴尔家用 (DELL) I560SR-656</td>
      <td>台式</td>
      <td>￥3599</td>
      <td><img src="images/DellT.jpg"width="120"height="120"></td>
    </tr>
    <tr>
      <td>宏图奇眩(Hiteker) HS-5508-TF</td>
      <td>台式</td>
      <td>￥3399</td>
      <td><img src="images/Hiteker.jpg"width="120"height="120"></td>
    </tr>
    <tr>
      <td>联想 (Lenovo) G470</td>
      <td>笔记本</td>
      <td>￥4299</td>
      <td><img src="images/LenovoG.jpg"width="120"height="120"></td>
    </tr>
</table>
```

代码利用 caption 标记制作表格的标题，<th> 代替 <td> 作为标题行。可以将图片放在单元格内，即在 <td> 标记内使用 <img> 标记。

步骤 4 在 HTML 文档的 head 部分，增加 CSS 样式，为表格增加边框及相应的修饰，代码如下所示。

```
<style>
table{
    /*表格增加线宽为3的橙色实线边框*/
    border:3px solid #F60;
}
```

```
caption{
    /*表格标题字号36*/
    font-size:36px;
}
th,td{
    /*表格单元格(th、td)增加边线*/
    border:1px solid #F50;
}
</style>
```

步骤 5 保存网页后，即可查看最终效果。

5.9 大神解惑

小白： 既然表格除了显示数据，还可以进行布局，那么为何不使用表格进行布局？

大神： 在互联网刚刚开始普及时，网页非常简单，形式也非常单调，当时美国设计师 David Siegel 使用表格布局，风靡全球。在表格布局的页面中，表格不但需要显示内容，还要控制页面的外观及显示位置，导致页面代码过多，结构与内容无法分离，这样就给网站的后期维护和很多其他方面带来了麻烦。

小白： 使用 <thead>、<tbody> 和 <tfoot> 标记对行进行分组的意义何在？

大神： 在 HTML 文档中增加 <thead>、<tbody> 和 <tfoot> 标记，虽然从外观上不能看出任何变化，但是它们却使文档的结构更加清晰。使用 <thead>、<tbody> 和 <tfoot> 标记，除了使文档更加清晰之外，还有一个更重要的意义，即方便使用 CSS 样式对表格的各个部分进行修饰，从而制作出更炫的表格。

小白： 如何在表单中实现文件上传框？

大神： 在 HTML5 中，可用 file 属性实现文件上传框。语法格式为：<input type="file"name="..." size=" "maxlength=" ">。其中，type="file" 定义为文件上传框；name 属性为文件上传框的名称；size 属性定义文件上传框的宽度，单位是单个字符宽度；maxlength 属性定义最多输入的字符数。文件上传框的显示效果如图 5-36 所示。

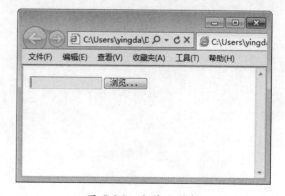

图 5-36 文件上传框

小白：制作的单选按钮为什么可以同时选中多个？

大神：此时用户需要检查单选按钮的名称，保证同一组中的单选按钮名称必须相同，这样才能保证单选按钮只能同时选中其中一个。

5.10 跟我练练手

练习 1：创建一个普通表格。

练习 2：创建一个带有标题的表格。

练习 3：创建完整的表格，包括表头、表格背景、合并的单元格，并排列单元格中的内容。

练习 4：练习表单基本元素的使用。

练习 5：练习表单高级元素的使用。

第 **2** 篇

HTML5 高级技术

△ 第 6 章　HTML5 快速入门

△ 第 7 章　HTML5 中的多媒体

△ 第 8 章　使用 HTML5 绘制图形

HTML5 快速入门

第 **6** 章

HTML5 作为最新版本的标记语言，它与旧版本的 HTML 相比变化很大。在未来的网站开发中，它将作为最常用的标记语言，所以在使用之前需要真正地认识 HTML5，认识它的新增内容。

● **本章要点（已掌握的在方框中打钩）**

☐ 了解各大浏览器与 HTML5 的兼容

☐ 了解语法变化和标记

☐ 熟悉检测浏览器是否支持 HTML 标记的方法

☐ 熟悉 HTML5 新增的元素和废除的元素

☐ 熟悉 HTML5 新增的属性和废除的属性

☐ 熟悉 HTML5 新增的全局属性

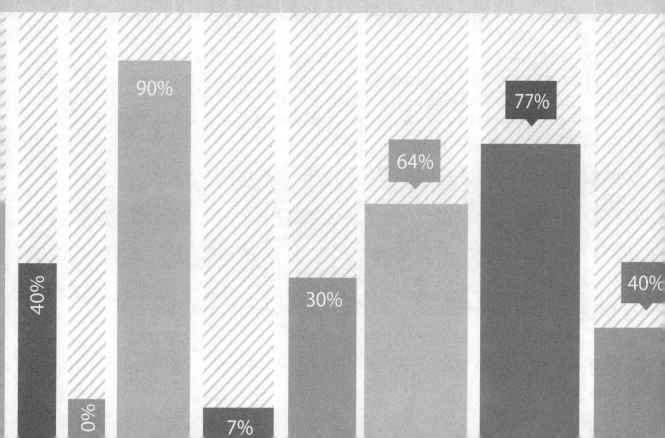

6.1 各大浏览器与HTML5的兼容性

作为最新的 HTML 版本，其目的是取代旧版本的标记语言，所以 HTML5 几乎可以适用于所有旧版本的范围。除此之外，HTML5 的许多新功能还使其增加了更多的适用范围。比如它新增了视频模块，使其适用于视频网站的编辑。

总体来说，HTML5 毕竟是新技术，其很多功能还不能被所有的浏览器支持，甚至有些新特性的浏览器支持性很差。所以在很多新特性使用上其适用范围是有一定局限性的。

浏览器是网页的运行环境，因此浏览器的类型也是在网页设计时会考虑的一个问题。由于各个软件厂商对 HTML 的标准支持有所不同，导致了同样的网页在不同的浏览器中会有不同的显示效果。并且对 HTML5 新增的功能，各个浏览器的支持程度也不一致，浏览器的因素变得比以往传统的网页设计更重要。

为了保证设计出来的网页在不同的浏览器上的效果一致，本书后面的章节中还会多次提及浏览器。目前，市面上的浏览器种类繁多，Internet Explorer 是占主流的，因此，本书主要使用 Internet Explorer 9.0 作为主要浏览器。遇到 IE 浏览器不能支持的效果，将使用 Firefox、Opera 或者其他能支持的浏览器，这点请读者注意。

6.2 检测浏览器是否支持HTML标记

检测浏览器是否支持 HTML 标记，可以通过直接用浏览器打开的方式查看，如果打开网页后 HTML5 的标记内容可以正确显示则表示支持，如果不能正常显示则不支持。下面以 HTML5 的画布标记为例做浏览器兼容性测试。

新建网页文件，输入 HTML5 画布测试代码。

```
<!DOCTYPE html>
<html>
<head>
<title>检测浏览器是否支持HTML5</title>
</head>
<body style="font-size:20px">
<canvas id="myCanvas"width="100"height="100"
style="border:5px solid #DDD;background-color:#FFF">
该浏览器不支持HTML5的画布标记！
</canvas>
</body>
</html>
```

当浏览器支持该标记时，将出现一个矩形；反之，则在页面中显示"该浏览器不支持 HTML5 的画布标记！"的提示。

使用 Internet Explorer 11 浏览器打开文件，显示图 6-1 所示内容，方形画布被显示出来，说明 Internet Explorer 11 支持 HTML5 的画布新特性。

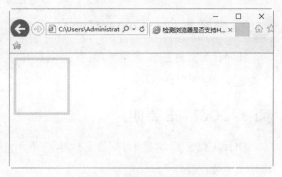

图 6-1 网页预览效果

6.3 语法变化和标记

HTML5 与 HTML4 相比，语法发生了很大的变化，下面就来详细介绍语法究竟发生了哪些变化。

6.3.1 HTML5 的语法变化

HTML5 与 HTML4 相比在语法上的变化之大超出了很多人的想象，那么如此大的变化会不会给 HTML5 取代已经普及的 HTML4 带来阻碍呢？

答案肯定是否定的。首先 HTML5 语法上的变化并不是直接的颠覆；其次它的变化，正是因为在 HTML5 之前几乎没有符合标准规范的 Web 浏览器！

虽然 HTML 的语法是在 SGML 的基础上建立起来的，但是 SGML 语法非常复杂，所以很多浏览器都不包含 SGML 的分析器。因此，各浏览器之间并不是遵从 SGML 的语法的，而是各自针对 HTML 解析的。这样一来，浏览器和程序之间的兼容性和操作性上就产生了很大的局限性，开发者的努力最终也会因为浏览器的这个缺陷而大打折扣。

所以提高各浏览器之间的兼容性是非常重要的。HTML5 的语法在修改时，就围绕这个 Web 浏览器兼容标准的问题重新定义了一套语法，使它运行在各浏览器时各浏览器都能符合这个通用标准。

为此，HTML5 推出了详细的语法解析的分析器，部分最新版本的浏览器已经开始封装该分析器，这使各浏览器的语法兼容变得可能。

6.3.2 HTML5 中的标记方法

下面详细介绍 HTML5 中的标记方法，主要包括三个内容：内容类型、DOCTYPE 声明和指定字符编码。

内容类型（ContentType）

HTML5 文件的扩展名和原有的 HTML 文件一致，即仍然采用".html"或".htm"，内容类型仍然为"text/html"。

 DOCTYPE 声明

DOCTYPE 声明是 HTML 文件中必不可少的，它位于文件第一行。在 HTML4 中，它的声明方法如下。

```
<!DOCTYPE html PUBLIC "-//W3C//DTD XHTML 1.0 Transitional//EN" "http://www.
w3.org/TR/xhtml1/DTD/xhtml1-transitional.dtd">
```

而在 HTML5 中，为了兼容性刻意不使用版本声明，这样一份文档将会适用于所有版本的 HTML。HTML5 中的 DOCTYPE 声明方法如下。

```
<!DOCTYPE html>
```

 指定字符编码

在 HTML4 中，使用 meta 元素指定文件中的字符编码，具体代码如下。

```
<meta http-equiv="Content-Type" content="text/html";charset="UTF-8">
```

在 HTML5 中和 HTML4 相似，可以适当简化，直接追加 charset 属性来指定字符编码，具体代码如下。

```
<meta charset="UTF-8">
```

> **注意**
> 在 HTML5 中，推荐使用 UTF-8 字符编码。

6.3.3 版本兼容性

HTML5 的广泛应用需要一个慢慢使用和推广的过程，不可能迅速取代旧版本的 HTML，所以 HTML5 的语法设计需要保证与之前的 HTML 语法达到最大程度的兼容。

下面从元素标记的省略、具有 boolean 值的属性、引号的省略这几方面来详细介绍在 HTML5 中是如何确保与之前版本的 HTML 兼容的。

 可以省略标记的元素

在 HTML5 中，部分元素的标记是可以省略的。根据省略情况不同，元素的标记可以分为"不允许写结束标记""可以省略结束标记"和"开始标记和结束标记全部可以省略"三种类型。

那么 HTML5 中的元素各属于哪一类呢？这些元素的归类如表 6-1 所示。

表 6-1　元素归类

类　　别	元 素 名
不允许写结束标记	area、base、br、col、command、embed、hr、img、input、keygen、link、meta、param、source、track、wbr
可以省略结束标记	li、dt、dd、p、rt、rp、optgroup、option、colgroup、thead、tbody、tfoot、tr、td、th
可以省略全部标记	html、head、body、colgroup、tbody

三种元素类别的含义如下。

（1）不允许写结束标记：是指不允许使用开始标记与结束标记将元素括起来的形式，只允许使用"< 元素 />"的形式进行书写。例如，"
…</br>"的书写方式是错误的，正确的书写方式为"
"。当然，HTML5 之前的版本中
 这种写法可以被沿用。

（2）可以省略结束标记：是指该元素的结束标记可以省略。

（3）可以省略全部标记：是指该元素可以完全被省略。但是即使标记被省略了，元素还是以隐式的方式存在。例如，将 body 元素省略不写时，它在文档结构中还是存在的，可以使用 document.body 进行访问。

 具有 boolean 值的属性

具有 boolean 值的属性，当只写属性而不指定属性值时，表示属性值为 true；如果想要将属性值设为 false，可以不使用该属性，例如 disabled 与 readonly 等。另外，要想将属性值设定为 true，也可以将属性名设定为属性值，或将空字符串设定为属性值。

属性值的设定方法如下。

（1）只写属性不写属性值代表属性为 true。

```
<input type="checkbox" checked>
```

（2）不写属性代表属性为 false。

```
<input type="checkbox">
```

（3）属性值 = 属性名，代表属性为 true。

```
<input type="checkbox" checked=
"checked">
```

（4）属性值 = 空字符串，代表属性为 true。

```
<input type="checkbox" checked="">
```

3. 省略引号

在 HTML5 中指定属性值的时候，属性值两边既可以用双引号，也可以用单引号，还可以省略引号。省略引号的前提是属性值不包括空字符串、<、>、=、单引号、双引号等字符，如下面的代码。

```
<input type="text">
<input type=text>
```

6.4　新增的元素和废除的元素

本节将详细介绍 HTML5 中新增的元素和废除的元素。

新增的结构元素

在 HTML5 中，新增了几种与结构相关的元素：section、article、aside、header、hgroup、footer、nav 和 figure。

 section 元素

<section> 标记定义文档中的节（section、区段）。比如章节、页眉、页脚或文档中的其他部分。它可以与 h1、h2、h3、h4、h5、h6 等元素结合起来使用，标示文档结构。

section 标记的代码结构如下。

```
<section>
<h1>PRC</h1>
<p>The People's Republic of China was born in 1949...</p>
</section>
```

2. **article 元素**

<article> 标记定义外部的内容。外部内容可以是来自外部的新闻提供者的一篇新的文章，或者来自 blog 的文本，或者是来自论坛的文本，抑或是来自其他外部源内容。

article 标记的代码结构如下。

```
<article>
<a href="http://www.apple.com">Safari 5  released</a><br/>
7 Jun 2010. Just after the announcement of the new iPhone 4 at WWDC,
Apple announced the release of Safari 5  for Windows and Mac...
</article>
```

 aside 元素

<aside> 标记定义 article 以外的内容。aside 的内容应该与 article 的内容相关。

aside 标记的代码结构如下。

```
<p>Me and my family visited The Epcot center this Summer.</p>
<aside>
<h4>Epcot Center</h4>
The Epcot Center is a theme park in Disney World, Florida.
</aside>
```

 header 元素

header 元素表示页面中一个内容区块或整个页面的标题。

header 标记的代码结构如下。

```
<header>
<h1>Welcome to my homepage</h1>
<p>My name is Donald Duck</p>
</header>
<p>The rest of my home page...</p>
```

 5. hgroup 元素

<hgroup> 标记用于对网页或区段（section）的标题进行组合。

使用 hgroup 标记对网页或区段（section）的标题进行组合的代码如下。

```
<hgroup>
 <h1>Welcome to my WWF</h1>
 <h2>For a living planet</h2>
</hgroup>
<p>The rest of the content...</p>
```

 6. footer 元素

<footer> 标记定义 section 或 document 的页脚。在典型情况下，该元素会包含创作者的姓名、文档的创作日期以及 / 或者联系信息。

使用 footer 标记设置文档页脚的代码如下。

```
<footer>This document was written in 2010</footer>
```

 7. nav 元素

<nav> 标记定义导航链接的部分，具体实现代码如下。

```
<nav>
<a href="index.asp">Home</a>
<a href="html5_meter.asp">Previous</a>
<a href="html5_noscript.asp">Next</a>
</nav>
```

> **提示** 如果文档中有"前后"按钮，则应该把它放到 <nav> 元素中。

 8. figure 元素

figure 元素表示一段独立的流内容，一般表示文档主体流内容中的一个独立单元。

<figure> 标记的实现代码如下。

```
<figure>
 <h1>PRC</h1>
 <p>The People's Republic of China was born in 1949...</p>
```

```
</figure>
```

 提示 需要使用 <figcaption> 元素为 figure 元素组添加标题。

6.4.2 新增的 input 元素类型

HTML5 中新增了很多 input 元素的类型，主要有 url、number、range、email 和 DatePickers 等。具体内容介绍如下。

1. url

url 类型表示必须输入 URL 地址的文本输入框。

2. number

number 类型表示必须输入数值的文本输入框。

3. range

range 类型表示必须输入一定范围内数字值的文本输入框。

4. email

email 类型表示必须输入 E-mail 地址的文本输入框。

5. DatePickers

HTML5 拥有多个可供选取日期和时间的新型文本输入框。

☆ date——选取日、月、年。
☆ month——选取月、年。
☆ week——选取周和年。
☆ time——选取时间（小时和分钟）。
☆ datetime——选取时间、日、月、年（UTC 时间）。
☆ datetime-local——选取时间、日、月、年（本地时间）。

6.4.3 新增的其他元素

除了结构元素外，在 HTML5 中，还新增了其他元素，如 video、audio、embed、mark、progress、time 等十几个。具体内容介绍如下。

1. video 元素

video 元素定义视频，比如电影片段或其他视频流。

HTML5 中代码示例：

```
<video src="movie.ogg"controls
="controls">video元素</video>
```

2. audio 元素

audio 元素定义音频，比如音乐或其他音频流。

HTML5 中代码示例：

```
<audio src="someaudio.wav">audio元素
</audio>
```

3. embed 元素

embed 元素用来插入各种多媒体，格式可以是 MIDI、WAV、AIFF、AU、MP3 等。

HTML5 中代码示例：

```
<embed src="helloworld.wav" />
```

4. mark 元素

mark 元素主要用来在视觉上向用户呈现那些需要突出显示或高亮显示的文字。mark 元素的一个比较典型的应用就是在搜索结果中向用户高亮显示搜索关键字。

HTML5 中代码示例：

```
<p>Do not forget to buy <mark>milk</mark> today.</p>
```

 5. **progress 元素**

progress 元素表示运行中的进程，可以使用 progress 元素来显示 JavaScript 中耗费时间的函数的进程。

HTML5 中代码示例（对象的下载进度）：

```
<progress>
<span id="objprogress">85</span>%
</progress>
```

 6. **time 元素**

time 元素表示日期或时间，也可以同时表示两者。

HTML5 中代码示例：

```
<time></time>
```

 7. **ruby 元素**

ruby 元素表示 ruby 注释（中文注音或字符）。

HTML5 中代码示例：

```
<ruby>
漢 <rt><rp>(</rp>ㄏㄢˋ<rp>)</rp></rt>
</ruby>
```

 8. **rt 元素**

rt 元素表示字符（中文注音或字符）的解释或发音。

HTML5 中代码示例：

```
<ruby>
漢 <rt> ㄏㄢˋ </rt>
</ruby>
```

 9. **rp 元素**

rp 元素在 ruby 注释中使用，以定义不支持 ruby 元素的浏览器所显示的内容。

HTML5 中代码示例：

```
<ruby>
漢 <rt><rp>(</rp>ㄏㄢˋ<rp>)</rp></rt>
</ruby>
```

 10. **canvas 元素**

canvas 元素表示图形，比如图表或其他图像。这个元素本身没有行为，仅提供一块画布，但它把一个绘图 API 展现给客户端 JavaScript，以使脚本能够把想绘制的东西绘制到这块画布上。

HTML5 中代码示例：

```
<canvas id="myCanvas" width="300" height="200"></canvas>
```

 11. **command 元素**

command 元素表示命令按钮，比如单选按钮、复选框或普通按钮。

HTML5 中代码示例：

```
<command type="command">Click Me!</command>
```

12. **details 元素**

details 元素表示用户要求得到并且可以得到的细节信息。它可以与 summary 元素配合使用。summary 元素提供标题或图例。标题是可见的，用户点击标题时，会显示出细节信息。summary 元素应该是 details 元素的第一个子元素。

HTML5 中代码示例：

```
<details>
  <summary>HTML5</summary>
  This document teaches you everything you have to learn about HTML5.
</details>
```

 13. datalist 元素

datalist 元素表示可选数据的列表，与 input 元素配合使用，可以制作出输入值的下拉列表。

HTML5 中代码示例：

```
<datalist></datalist>
```

 14. datagrid 元素

datagrid 元素表示可选数据的列表，它以树形列表来显示。

HTML5 中代码示例：

```
<datagrid></datagrid>
```

 15. keygen 元素

keygen 元素表示生成密钥。

HTML5 中代码示例：

HTML5 中代码示例：

```
<keygen>
```

 16. output 元素

output 元素表示不同类型的输出，比如脚本的输出。

HTML5 中代码示例：

```
<output></output>
```

 17. source 元素

source 元素为媒介元素（比如 <video> 和 <audio>），定义媒介资源。

HTML5 中代码示例：

```
<source>
```

 18. menu 元素

menu 元素表示菜单列表。当希望列出表单控件时使用该标记。

```
<menu>
  <li><input type="checkbox" />Red</li>
  <li><input type="checkbox" />Blue</li>
</menu>
```

6.4.4 废除的元素

由于各种原因，在 HTML5 中废除了很多元素，部分元素开始使用 CSS 替代，部分元素浏览器支持有限，还有一些元素被一些新的标记所替代，具体内容介绍如下。

 1. 只有部分浏览器支持的元素

之前有很多元素只有部分浏览器支持，例如，bgsound 元素只被 Internet Explorer 所支持，这种元素在 HTML5 中被废除。同样由于此原因被废除的还有 applet、blink 和 marquee 等元素。

这些被废除的元素大都有替换元素，如 applet 元素可由 embed 元素或 object 元素替代。

 能使用 CSS 替代的元素

为了简化 HTML5，部分纯粹为画面展示服务的功能标记元素被废除，这些元素的功能尽量放在 CSS 样式表中统一编辑。这类元素常见的有 basefont、big、center、font、s、strike、tt 和 u 等。

 不再使用 frame 框架

由于 frame 框架对网页可用性存在负面影响，在 HTML5 中已不支持 frame 框架，只支持 iframe 框架。其中 frameset 元素、frame 元素与 noframes 元素被废除。

 其他被废除的元素

除此之外，还有其他被废除的元素，这些元素大部分都由新元素替代，如表 6-2 所示。

表 6-2　被废除的元素

废除元素	替换元素	废除元素	替换元素
rb 元素	ruby 元素	listing 元素	pre 元素
acronym 元素	abbr 元素	xmp 元素	code 元素
dir 元素	ul 元素	nextid 元素	GUIDS
isindex 元素	form 元素与 input 元素相结合的方式	plaintext 元素	"text/plain" MIME 类型

6.5　新增的属性和废除的属性

在 HTML5 中，在增加和废除了很多元素的同时，也增加和废除了很多属性，具体内容介绍如下。

6.5.1　新增的属性

新增属性主要分为三大类：表单相关的属性、链接相关的属性和其他新增属性。

1. 表单相关的属性

新增的表单属性有很多，下面来分别介绍。

（1）autocomplete。

autocomplete 属性规定 form 或 input 域应该拥有自动完成功能。autocomplete 适用于 <form> 标记，以及以下类型的 <input> 标记：text、search、url、telephone、email、password、datepickers、range 和 color。

使用 autocomplete 属性的案例代码如下。

```
<form action="demo_form.asp"method="get"autocomplete="on">
First name: <input type="text"name="fname"/><br/>
Last name: <input type="text"name="lname"/><br/>
E-mail: <input type="email"name="email"autocomplete="off"/><br/>
<input type="submit"/>
</form>
```

（2）autofocus。

autofocus 属性规定在页面加载时，域自动获得焦点。autofocus 属性适用于所有 <input> 标记的类型。

使用 autofocus 属性的案例代码如下。

```
User name: <input type="text"name="user_name"  autofocus="autofocus"/>
```

（3）form。

form 属性规定输入域所属的一个或多个表单。form 属性适用于所有 <input> 标记的类型，必须引用所属表单的 id。

使用 form 属性的案例代码如下。

```
<form action="demo_form.asp"method="get"id="user_form">
First name:<input type="text"name="fname"/>
<input type="submit"/>
</form>
Last name: <input type="text"name="lname"form="user_form"/>
```

（4）form overrides。

表单重写属性（form override attributes）允许用户重写 form 元素的某些属性设定。表单重写属性有：

☆ formaction——重写表单的 action 属性。

☆ formenctype——重写表单的 enctype 属性。

☆ formmethod——重写表单的 method 属性。

☆ formnovalidate——重写表单的 novalidate 属性。

☆ formtarget——重写表单的 target 属性。

表单重写属性适用于以下类型的 <input> 标记：submit 和 image。

（5）height 和 width。

height 和 width 属性用于设置 image 类型的 input 标记的图像高度和宽度。height 和 width 属性只适用于 image 类型的 <input> 标记。

使用 width 和 height 属性的案例代码如下。

```
<input type="image"src="img_submit.gif"width="99"height="99"/>
```

（6）list。

list 属性规定输入域的 datalist。datalist 是输入域的选项列表。list 属性适用于以下类型的 <input> 标记：text、search、url、telephone、email、datepickers、number、range 和 color。

使用 list 属性的案例代码如下。

```
Webpage: <input type="url"list="url_list"name="link"/>
<datalist id="url_list">
<option label="W3School"value="http://www.w3school.com.cn"/>
<option label="Google"value="http://www.google.com"/>
<option label="Microsoft"value="http://www.microsoft.com"/>
</datalist>
```

（7）min、max 和 step。

min、max 和 step 属性用于为包含数字或日期的 input 类型规定约束。max 属性规定输入域所允许的最大值；min 属性规定输入域所允许的最小值；step 属性为输入域规定合法的数字间隔（如果 step="3"，则合法的数是 −3，0，3，6 等）。

min、max 和 step 属性适用于以下类型的 <input> 标记：datepickers、number 和 range。

下面列举一个显示数字域的例子，具体代码如下。

```
Points: <input type="number"name="points"min="0"max="10"step="3"/>
//域接收介于0到10之间的值，且步进为3(即合法的值为 0、3、6和9)
```

（8）multiple。

multiple 属性规定输入域中可选择多个值。multiple 属性适用于以下类型的 <input> 标记：email 和 file。

使用 multiple 属性的案例代码如下。

```
Select images: <input type="file"name="img"multiple="multiple"/>
```

（9）pattern （regexp）。

pattern 属性用于验证 input 域的模式（pattern）。模式是正则表达式。读者可以在我们的 JavaScript 教程中学习到有关正则表达式的内容。

pattern 属性适用于以下类型的 <input> 标记：text、search、url、telephone、email 和 password。

使用 pattern 属性的案例代码如下。

```
Country code: <input type="text"name="country_code"
```

```
pattern="[A-z]{3}"title="Three letter country code"/>
//显示一个只能包含三个字母的文本域(不含数字及特殊字符)
```

（10）placeholder。

placeholder 属性提供一种提示（hint），描述输入域所期待的值。placeholder 属性适用于以下类型的 <input> 标记：text、search、url、telephone、email 和 password。

使用 placeholder 属性的案例代码如下。

```
<input type="search"name="user_search" placeholder="Search W3School"/>
```

（11）required。

required 属性规定必须在提交表单之前填写输入域（不能为空）。required 属性适用于以下类型的 <input> 标记：text、search、url、telephone、email、password、datepickers、number、checkbox、radio 和 file。

使用 required 属性的案例代码如下。

```
Name: <input type="text"name="usr_name"required="required"/>
```

 2. 链接相关的属性

新增的与链接相关的属性如下。

（1）media 属性。

为 a 与 area 元素增加了 media 属性，该属性规定目标 URL 是为什么类型的媒介／设备进行优化的，只能在 href 属性存在时使用。

（2）type 属性。

为 area 元素增加了 type 属性，规定目标 URL 的 MIME 类型，仅在 href 属性存在时使用。

（3）sizes。

为 link 元素增加了新属性 sizes。该属性可以与 icon 元素结合使用（通过 rel 属性），该属性指定关联图标（icon 元素）的大小。

（4）target。

为 base 元素增加了 target 属性，主要目的是保持与 a 元素的一致性。

 3. 其他新增属性

除了以上介绍的与表单和链接相关的属性外，HTML5 还增加了其他属性，如表 6-3 所示。

表 6-3　HTML5 中增加的其他属性

属　　性	隶属于	意　　义
reversed	ol 元素	指定列表倒序显示
charset	meta 元素	为文档字符编码的指定提供了一种比较良好的方式

续表

属 性	隶 属 于	意 义
type	menu 元素	让菜单可以上下文菜单、工具条与列表菜单的三种形式出现
label	menu 元素	为菜单定义一个可见的标注
scoped	style 元素	用来规定样式的作用范围，譬如只对页面上某个树起作用
async	script 元素	定义脚本是否异步执行
manifest	html 元素	开发离线 Web 应用程序时它与 API 结合使用，定义一个 URL，在这个 URL 上描述文档的缓存信息
sandbox、srcdoc 与 seamless	iframe 元素	用来提高页面安全性，防止不信任的 Web 页面执行某些操作

6.5.2 废除的属性

在 HTML5 中废除了很多不需要使用的属性，这些属性将采用其他属性或其他方案进行替代，具体内容如表 6-4 所示。

表 6-4　废除的属性

废除的属性	使用该属性的元素	在 HTML5 中代替的方案
rev	link,a	rel
charset	link,a	在被链接的资源中使用 HTTP content-type 头元素
shape，coords	a	使用 area 元素代替 a 元素
longdesc	img，iframe	使用 a 元素链接到较长描述
target	link	多余属性，被省略
nohref	area	多余属性，被省略
profile	head	多余属性，被省略
version	html	多余属性，被省略
name	img	id
scheme	meta	只为某个表单域使用 scheme
archive,classid,codebase,codetype,declare,standby	object	使用 data 与 type 属性类调用插件。需要使用这些属性来设置参数时，使用 param 属性
valuetype,type	param	使用 name 与 value 属性，不声明值的 MIME 类型

续表

废除的属性	使用该属性的元素	在 HTML5 中代替的方案
axis,abbr	td,th	使用以明确简洁的文字开头,后跟详述文字的形式。可以对更详细内容使用 title 属性,来使单元格的内容变得简短
scope	td	在被链接的资源中使用 HTTP Content-type 头元素
align	caption,input,legend,div,h1,h2,h3,h4,h5,h6,p	使用 CSS 样式表替代
alink,link,text,vlink,background,bgcolor	body	使用 CSS 样式表替代
align,bgcolor,border,cellpadding,cellspacing,frame,rules,width	table	使用 CSS 样式表替代
align,char,charoff,height,nowrap,valign	tbody,thead,tfoot	使用 CSS 样式表替代
align,bgcolor,char,charoff,height,nowrap, valign,width	td,th	使用 CSS 样式表替代
align,bgcolor,char,charoff,valign	tr	使用 CSS 样式表替代
align,char,charoff,valign,width	col,colgroup	使用 CSS 样式表替代
align,border,hspace,vspace	object	使用 CSS 样式表替代
clear	br	使用 CSS 样式表替代
compact,type	ol,ul,li	使用 CSS 样式表替代
compact	dl	使用 CSS 样式表替代
compact	menu	使用 CSS 样式表替代
width	pre	使用 CSS 样式表替代
align,hspace,vspace	img	使用 CSS 样式表替代
align,noshade,size,width	hr	使用 CSS 样式表替代
align,frameborder,scrolling,marginheight,marginwidth	iframe	使用 CSS 样式表替代
autosubmit	menu	

6.6 新增全局属性

在 HTML5 中新增了许多全局属性，下面来详细介绍这些属性内容。

6.6.1 contentEditable 属性

contentEditable 属性是 HTML5 中新增的标准属性，其主要功能是指定是否允许用户编辑内容。该属性有两个值：true 和 false。

为内容指定 contentEditable 属性为 true 表示可以编辑，false 表示不可编辑。如果没有指定值则会采用隐藏的 inherit（继承）状态，即如果元素的父元素是可编辑的，则该元素就是可编辑的。

下面列举一个使用 contentEditable 属性的示例，具体内容如下。

步骤 1 新建网页文件，输入以下代码，并保存为 HTML 文件。

```
<!DOCTYPE html>
<head>
<title>conentEditalbe属性示例</title>
</head>
<body>
<h3>以下内容为可编辑内容</h3>
<ol contentEditable="true">
<li>第一节</li>
<li>第二节</li>
<li>第三节</li>
</ol>
</body>
</html>
```

步骤 2 使用 IE 浏览器查看网页内容，打开后可以在网页中输入相关内容，效果如图 6-2 所示。

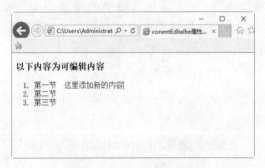

图 6-2 网页预览效果

> **注意** 对内容进行编辑后，如果关闭网页，编辑的内容将不会被保存。如果想要保存其中的内容，只能把该元素的 innerHTML 发送到服务器端进行保存。

6.6.2 designMode 属性

designMode 属性用来指定整个页面是否可编辑，该属性包含两个值：on 和 off。属性被指定为 on 时，页面可编辑；被指定为 off 时，页面不可编辑。当页面可编辑时，页面中任何支持上文所述的 contentEditable 属性的元素都变成了可编辑状态。

designMode 属性不能直接在 HTML5 中使用，只能在 JavaScript 脚本里被编辑修改，使用 JavaScript 脚本来指定 designMode 属性的命令如下。

```
document.designMode="on"
```

6.6.3 hidden 属性

hidden 对象代表一个 HTML 表单中的某个隐藏输入域。这种类型的输入元素实际上是隐藏的。这个不可见的表单元素的 value 属性保存了一个要提交给 Web 服务器的任意字符串。如果想要提交并非用户直接输入的数据，就用这种类型的元素。

在 HTML 表单中 <input type="hidden"> 标记每出现一次，一个 hidden 对象就会被创建。

通过遍历表单的elements[]数组来访问某个隐

藏输入域，或者使用 document.getElementById()。

6.6.4 spellcheck 属性

spellcheck 属性是 HTML5 中的新属性，规定是否对元素内容进行拼写检查。可对以下文本进行拼写检查：类型为 text 的 input 元素中的值（非密码）、textarea 元素中的值、可编辑元素中的值。

下面列举一个使用 spellcheck 属性的示例，具体内容如下。

步骤 1 新建网页文件，输入以下代码，并保存为 HTML 文件。

```
<!DOCTYPE html>
<html>
<head>
<title>hello, word</title>
</head>
<body>
<p contentEditable="true"spellcheck="true">这是可编辑的段落。请试着编辑文本。</p>
</body>
</html>
```

步骤 2 使用 IE 11 浏览器查看网页内容，打开后可以在网页中输入相关内容，效果如图 6-3 所示。

图 6-3　网页预览效果

6.6.5 tabIndex 属性

tabIndex 属性可设置或返回按钮的 Tab 键控制次序。打开页面，连续按下 Tab 键，会在按钮之间切换，tabIndex 属性则可以记录显示切换的顺序。

下面列举一个使用 tabIndex 属性的示例，具体内容如下。

步骤 1 新建网页文件，输入以下代码，并保存为 HTML 文件。

```
<html>
<head>
<script type="text/javascript">
function showTabIndex()
{
var b1=document.getElementById('b1').tabIndex;
var b2=document.getElementById('b2').tabIndex;
var b3=document.getElementById('b3').tabIndex;

document.write("Tab index of Button 1:"+ b1);
document.write("<br/>");
document.write("Tab index of Button 2:"+ b2);
document.write("<br/>");
document.write("Tab index of Button 3:"+ b3);
}
</script>
</head>
<body>
<button id="b1"tabIndex="1">Button 1</button><br/>
<button id="b2"tabIndex="2">Button 2</button><br/>
<button id="b3"tabIndex="3">Button 3</button><br/>
<br/>
<input type="button"onclick="showTabIndex()"value="Show tabIndex"/>
</body>
</html>
```

步骤 2 新建网页文件，查看网页内容，打开后多次按下 Tab 键，使控制中心在几个按钮对象间切换。

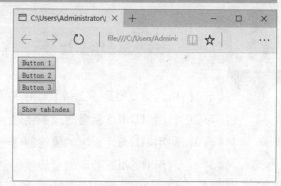

图 6-4 单击 Show tabIndex 按钮

步骤 3 单击 Show tabIndex 按钮，显示出按钮对象依次切换的顺序，如图 6-4 和图 6-5 所示。

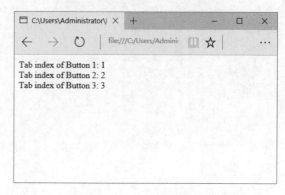

图 6-5 网页预览效果

6.7 大神解惑

小白：如何解决 HTML5 浏览器支持问题？

大神：浏览器对 HTML5 的支持需要一个过程，一款浏览器暂时还不能支持 HTML5 定义的全部内容，所以在浏览页面时难免会造成信息无法正确显示，比如后面章节讲的网页多媒体应用。那么如何解决浏览器的支持问题呢？首先尽量使用大部分浏览器支持的 HTML5 元素及对象，其次可以分别将多个浏览器支持的对象格式融入代码中，如不同浏览器对音频文件格式支持不同，可以参照第 7 章的内容，将多种多媒体文件融入代码中，这样不同的浏览器会自动选择自己支持的格式来打开。

小白：HTML5 中新增加了很多元素和属性，这些属性是否已经可以应对目前所有的 HTML5 应用？

大神：HTML5 在设计时几乎做到了对所有内容的说明与定义，从目前的设计来看其是完善的。但是随着科学技术的发展，必然还会出现很多新增功能的应用，相应的新元素和新属性也有可能出现。

6.8 跟我练练手

练习 1：检测浏览器是否支持 HTML5 标记。

练习 2：利用 HTML5 新增的元素创建一个网页。

练习 3：利用 HTML5 新增的属性创建一个网页。

练习 4：利用 HTML5 新增的全局属性创建一个网页。

第 7 章

HTML5 中的多媒体

网页上除了文本、图片等内容外，还可以增加音频、视频等多媒体内容。目前，在网页上没有关于音频和视频的标准，多数音频和视频都是通过插件来播放的。为此，HTML5 新增了音频和视频的标记。另外，通过添加网页滚动文字，也可以制作出绚丽的网页。

● **本章要点（已掌握的在方框中打钩）**

☐ 掌握网页音频标记 audio 的概念
☐ 掌握网页视频标记 video 的概念
☐ 掌握添加网页音频文件的方法
☐ 掌握添加网页视频文件的方法
☐ 掌握添加网页滚动文字的方法

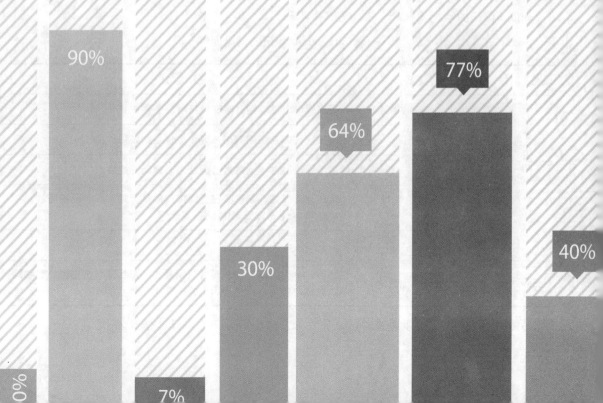

7.1 网页音频标记

目前，大多数音频是通过插件来播放音频文件的，例如，常见的播放插件为 Flash，这就是为什么用户在用浏览器播放音乐时，常常需要安装 Flash 插件的原因。但是，并不是所有的浏览器都拥有同样的插件。为此，和 HTML4 相比，HTML5 新增了 audio 标记，规定了一种包含音频的标准方法。

7.1.1 audio 标记概述

audio 标记用于定义播放声音文件或者音频流的标准，它支持 3 种音频格式，分别为 OGG、MP3 和 WAV。如果需要在 HTML5 网页中播放音频，输入的基本格式如下。

```
<audio src="song.mp3"controls="controls">
</audio>
```

> 提示 其中 src 属性是规定要播放的音频的地址，controls 属性用于添加播放、暂停和音量控件。另外，在 <audio> 与 </audio> 之间插入的内容是供不支持 audio 元素的浏览器显示的。

7.1.2 audio 标记的属性

audio 标记的常见属性和含义如表 7-1 所示。

表 7-1　audio 标记的常见属性

属　　性	值	描　　述
autoplay	autoplay（自动播放）	如果出现该属性，则音频在就绪后马上播放
	controls（控制）	如果出现该属性，则向用户显示控件，比如播放按钮
	loop（循环）	如果出现该属性，则每当音频结束时重新开始播放
	preload（加载）	如果出现该属性，则音频在页面加载时进行加载，并预备播放。如果使用 "autoplay"，则忽略该属性
	url（地址）	要播放的音频的 URL 地址
autobuffer	autobuffer（自动缓冲）	在网页显示时，该二进制属性表示是由用户代理（浏览器）自动缓冲的内容，还是由用户使用相关 API 进行内容缓冲

另外，audio 标记可以通过 source 属性添加多个音频文件，具体格式如下。

```
<audio controls="controls">
<source src="123.ogg"type="audio/ogg">
<source src="123.mp3"type="audio/mpeg">
</audio>
```

7.1.3　音频解码器

音频解码器定义了音频数据流编码和解码的算法。其中，编码器主要是对数据流进行编码操作，用于存储和传输。音频播放器主要是对音频文件进行解码，然后进行播放操作。目前，使用较多的音频解码器是 Vorbis 和 ACC。

7.1.4　浏览器对 audio 标记的支持情况

目前，不同的浏览器对 audio 标记的支持也不同。表 7-2 中列出了应用最为广泛的浏览器对 Audio 标记的支持情况。

表 7-2　audio 标记的浏览器支持情况

浏览器 音频格式	Firefox 3.5 及更高版本	IE 9.0 及更高版本	Opera 10.5 及更高版本	Chrome 3.0 及更高版本	Safari 3.0 及更高版本
OGG Vorbis	支持		支持	支持	
MP3		支持		支持	支持
WAV	支持		支持		支持

7.2　网页视频标记

和音频文件播放方式一样，大多数视频文件在网页上也是通过插件来播放的，例如，常见的播放插件为 Flash。由于不是所有的浏览器都拥有同样的插件，所以就需要一种统一的包含视频的标准方法。为此，和 HTML4 相比，HTML5 新增了 video 标记。

7.2.1　video 标记概述

video 标记主要是定义播放视频文件或者视频流的标准。它支持 3 种视频格式，分别为 OGG、WebM 和 MPEG-4。

如果需要在 HTML5 网页中播放视频，输入的基本格式如下。

```
<video src="123.mp4"controls="controls">
```

```
</video>
```

另外，在 <video> 与 </video> 之间插入的内容是供不支持 video 元素的浏览器显示的。

7.2.2 video 标记属性

video 标记的常见属性和含义如表 7-3 所示。

表 7-3　video 标记的常见属性

属　　性	值	描　　述
autoplay	autoplay	如果出现该属性，则视频在就绪后马上播放
controls	controls	如果出现该属性，则向用户显示控件，比如播放按钮
	loop	如果出现该属性，则每当视频结束时重新开始播放
	preload	如果出现该属性，则视频在页面加载时进行加载，并预备播放。如果使用 "autoplay"，则忽略该属性
	url	要播放的视频的 URL
width	宽度值	设置视频播放器的宽度
height	高度值	设置视频播放器的高度
poster	url	当视频未响应或缓冲不足时，该属性值链接到一张图像。该图像将以一定比例被显示出来

由表 7-3 可知，用户可以自定义视频文件显示的大小。例如，如果想让视频以 320 像素 ×
240 像素大小显示，可以加入 width 和 height 属性，具体格式如下。

```
<video width="320"height="240"controls src="123.mp4">
</video>
```

另外，video 标记可以通过 source 属性添加多个视频文件，具体格式如下。

```
<video controls="controls">
<source src="123.ogg"type="video/ogg">
<source src="123.mp4"type="video/mp4">
</video>
```

7.2.3 视频解码器

视频解码器定义了视频数据流编码和解码的算法。其中，编码器主要是对数据流进行编码操作，用于存储和传输。视频播放器主要是对视频文件进行解码，然后进行播放操作。

目前，在 HTML5 中，使用比较多的视频解码文件是 Theora、H.264 和 VP8。

7.2.4 浏览器对 video 标记的支持情况

目前，不同的浏览器对 video 标记的支持也不同。表 7-4 中列出了应用最为广泛的浏览器对 video 标记的支持情况。

表 7-4 video 标记的浏览器支持情况

浏览器 视频格式	Firefox 4.0 及更高版本	IE 9.0 及更高版本	Opera 10.6 及更高版本	Chrome 6.0 及更高版本	Safari 3.0 及更高版本
OGG	支持		支持	支持	
MPEG-4		支持		支持	支持
WebM	支持		支持	支持	

7.3 添加网页音频文件

在网页中加入音频文件，可以使单调的网页变得更加生动。本节就来介绍如何使用 audio 标记在网页中添加音频文件。

7.3.1 设置背景音乐

在 7.1 节我们了解了网页音频标记 audio 的相关知识，下面介绍一个如何为网页添加背景音乐的实例，来学习 audio 标记的具体应用。

【例 7.1】为网页添加背景音乐。（实例文件：ch07\7.1.html）

```
<!DOCTYPE html>
<html>
<head>
<title>audio</title>
<head>
<body>
  <audio src="song.mp3"controls="controls">
您的浏览器不支持audio标记!
</audio>
</body>
</html>
```

如果用户的浏览器是 IE 9 以前的版本，预览效果如图 7-1 所示，可见 IE 9 浏览器以前的版本不支持 audio 标记。

在 IE 9 中预览效果如图 7-2 所示，可以看到加载的音频控制条和听到加载的音频文件。

图 7-1　不支持 audio 标记的效果

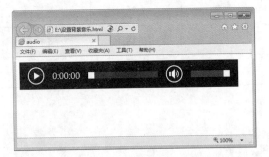

图 7-2　支持 audio 标记的效果

7.3.2　设置音乐循环播放

loop 属性规定当音频结束后将重新开始播放。如果设置该属性，则音频将循环播放，语法格式如下。

```
<audio loop="loop"/>
```

【例 7.2】（实例文件：ch07\7.2.html）

```
<!DOCTYPE HTML>
<html>
<body>
<audio controls="controls"loop="loop">
  <source src="song.mp3"/>
</audio>
</body>
</html>
```

在 IE 浏览器中预览效果如图 7-3 所示，可以看到加载的音频控制条和听到加载的音频文件，而且当音频文件播放结束后，又重新开始播放，即循环播放添加的音频文件。

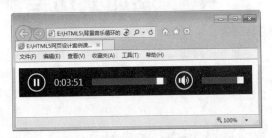

图 7-3　设置音频文件循环播放效果

7.4　添加网页视频文件

在网页中加入视频文件，可以使单调的网页变得更加生动。本节就来介绍如何使用 video 标记在网页中添加视频文件。

7.4.1　为网页添加视频文件

在 7.2 节我们了解了网页视频标记 video 的相关知识，下面介绍一个如何为网页添加视频文件的实例，来学习 video 标记的具体应用。

【例 7.3】为网页添加视频文件。（实例文件：ch07\7.3.html）

```
<!DOCTYPE html>
<html>
<head>
<title>video</title>
<head>
<body>
<video src="123.mp4"controls="controls">
```

```
您的浏览器不支持video标记!
</video>
</body>
</html>
```

如果用户的浏览器是 IE 9 浏览器以前的版本，预览效果如图 7-4 所示，可见 IE 9 浏览器以前的版本不支持 video 标记。

图 7-4 不支持 video 标记的效果

在 IE 9 浏览器中预览效果如图 7-5 所示，可以看到加载的视频控制条界面。单击"播放"按钮，即可查看视频的内容。

图 7-5 支持 video 标记的效果

7.4.2 设置自动运行

登录网页时常常会看到一些视频文件直接开始运行，不需要手动开始播放，特别是一些广告内容，这是通过 autoplay 参数来实现的，语法格式如下。

```
<video src="多媒体文件地址"autoplay="autoplay"></video>
```

【例 7.4】设置视频文件自动播放。（实例文件：ch07\7.4.html）

```
<!DOCTYPE html>
<html>
<head>
<title>video</title>
<head>
<body>
<video src="123.mp4"controls="controls"autoplay="autoplay">
</video>
</body>
</html>
```

在 IE 11 浏览器中预览效果如图 7-6 所示，可以看到加载的视频控制条，看到加载的视频文件自动播放。

图 7-6 视频文件自动播放效果

7.4.3 设置视频文件的循环播放

视频的循环播放一般与自动播放一起使用，与背景音乐的设置方法基本相同。其语法格式如下。

```
<video loop="loop"/>
```

【例 7.5】设置视频文件循环播放。（实例文件：ch07\7.5.html）

```
<!DOCTYPE HTML>
<html>
<body>
<video controls="controls"loop="loop">
  <source src="123.mp4"/>
</video>
</body>
</html>
```

在 IE 11 浏览器中预览效果如图 7-7 所示，可以看到加载的视频控制条和加载的视频文件，而且当视频文件播放结束后，又重新开始播放，即循环播放添加的视频文件。

图 7-7　视频文件循环播放的效果

7.4.4 设置视频窗口的高度与宽度

在设计网页视频时，规定视频的高度和宽度是一个好习惯。如果设置这些属性，在页面加载时会为视频预留出空间。如果没有设置这些属性，那么浏览器就无法预先确定视频的尺寸，这样就无法为视频保留合适的空间。结果是，在页面加载的过程中，其布局也会产生变化。

在 HTML5 中视频的高度与宽度通过 height 和 width 属性来设定，具体的语法格式如下。

```
<video width="value" height="value"/>
```

【例 7.6】设置视频文件的高度与宽度。（实例文件：ch07\7.6.html）

```
<!DOCTYPE html>
<html>
<body>
<video width="320"height="240"controls="controls">
  <source src="123.mp4"/>
```

```
</video>
</body>
</html>
```

在 IE 浏览器中预览效果如图 7-8 所示，可以看到网页中添加的视频文件以高度为240 像素、宽度为 320 像素的尺寸运行。

图 7-8　设置视频文件的高度与宽度

> **注意**
>
> 　　请勿通过 height 和 width 属性来缩放视频！通过 height 和 width 属性来缩放视频，只会迫使用户下载原始的视频（即使它在页面上看起来较小）。正确的方法是在网页上使用该视频前，使用软件对视频进行压缩。

7.5　添加网页滚动文字

　　网页的多媒体元素一般包括动态文字、动态图像、声音和动画等，其中最简单的就是添加一些滚动文字。

7.5.1　滚动文字标记

　　使用 marquee 标记可以将文字设置为动态滚动的效果。该标记的语法格式如下。

```
<marquee>滚动文字</marquee>
```

　　用户只要在标记之间添加要进行滚动的文字就可以了，而且还可以在标记之间设置这些文字的字体、颜色等。

　　【例 7.7】（实例文件：ch07\7.7.html）

```
<!DOCTYPE html>
<html>
<head>
  <title>文字滚动的设置</title>
</head>
<body>
<font size="5"color="#cc0000">
文字滚动示例(默认)：<marquee>千树万树梨花开</marquee>
```

```
</font>
</body>
</html>
```

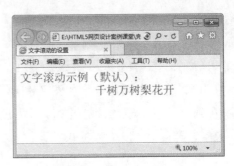

在 IE 浏览器中预览效果如图 7-9 所示，可以看出滚动文字在未设置宽度时，`<marquee></marquee>` 标记是独占一行的。

图 7-9　添加网页滚动文字

7.5.2　滚动方向属性

`<marquee></marquee>` 标记的 direction 属性用于设置内容滚动方向，属性值有 left、right、up、down，分别代表向左、向右、向上、向下，其中向左滚动 left 的效果与默认效果相同，而向上滚动的文字则常常出现在网站的公告栏中。

direction 属性的语法格式如下。

```
<marquee direction="滚动方向">滚动文字</marquee>
```

【例 7.8】设置网页滚动文字的方向。（实例文件：ch07\7.8.html）

```
<!DOCTYPE html>
<html>
<head>
  <title>文字滚动的设置</title>
</head>
<body>
<font size="5"color="#cc0000">
文字滚动向左(默认)：<marquee direction="left">千树万树梨花开</marquee>
文字滚动向右(默认)：<marquee direction="right">千树万树梨花开</marquee>
文字滚动向上(默认)：<marquee direction="up">千树万树梨花开</marquee>
文字滚动向下(默认)：<marquee direction="down">千树万树梨花开</marquee>
</font>
</body>
</html>
```

在 IE 浏览器中预览效果如图 7-10 所示，其中第一行文字向左不停地循环滚动，第二行文字向右不停地循环滚动，第三行文字向上不停地滚动，第四行文字向下不停地滚动。

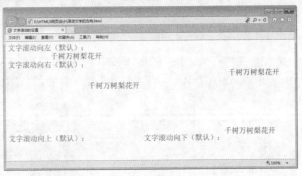

图 7-10　网页滚动文字的方向

7.5.3 滚动方式属性

标记的 behavior 属性用于设置内容滚动方式，默认为 scroll，即循环滚动；当其值为 alternate 时，内容将来回交替滚动；当其值为 slide 时，内容滚动一次即停止，不会循环。behavior 属性的语法格式如下。

```
<marquee behavior="滚动方式">滚动文字</marquee>
```

【例 7.9】设置网页文字的滚动方式。（实例文件：ch07\7.9.html）

```
<!DOCTYPE html>
<html>
<head>
<title>设置滚动文字</title>
</head>
<body>
<marquee behavior="scroll">你好，欢迎您的光临</marquee>
<br>
<br>
<marquee behavior="slide">忽如一夜春风来</marquee>
<br>
<br>
<marquee behavior="alternate">千树万树梨花开</marquee>
</body>
</html>
```

运行这段代码，可以看到图 7-11 所示的效果。其中第一行文字不停地循环，一圈一圈地滚动；而第二行文字则在第一次到达浏览器边缘时就停止了滚动；最后一行文字则在滚动到浏览器左边缘后开始反方向运动。

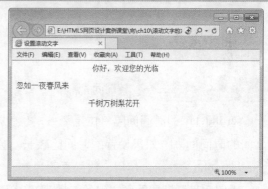

图 7-11　网页文字的滚动方式

7.5.4 滚动速度属性

在设置滚动文字时，有时希望它滚动得快一些，也有时希望它滚动得慢一些，这一功能可以使用 <marquee></marquee> 标记的 scrollamount 属性来实现。其语法格式如下。

```
<marquee scrollamount=滚动速度></marquee>
```

在该语法中，滚动文字的速度实际上是设置滚动文字每次移动的长度，以像素为单位。

【例 7.10】设置网页文字的滚动速度。（实例文件：ch07\7.10.html）

```
<!DOCTYPE html>
<html>
<head>
<title>设置滚动文字</title>
</head>
<body>
<marquee scrollamount=3>滚动速度为3像素的文字效果！</marquee><br><br>
<marquee scrollamount=10>滚动速度为10像素的文字效果！</marquee><br><br>
<marquee scrollamount=50>滚动速度为50像素的文字效果！</marquee>
</body>
</html>
```

在 IE 浏览器中预览效果如图 7-12 所示，可以看到 3 行文字同时开始滚动，但是速度是不一样的，设置的 scrollamount 值越大，滚动速度也就越快。

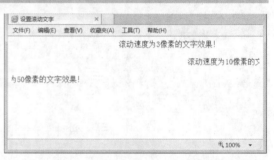

图 7-12　网页滚动文字的速度

7.5.5　滚动延迟属性

标记的 scrolldelay 属性用于设置内容滚动的时间间隔。其语法格式如下。

```
<marquee scrolldelay=时间间隔></marquee>
```

scrolldelay 的时间间隔单位是毫秒，也就是千分之一秒。这一时间间隔的设置为滚动两步之间的时间间隔，如果设置的时间比较长，会产生走走停停的效果。另外，如果与滚动速度 scrollamount 参数结合使用，效果更明显。

【例 7.11】设置网页文字的滚动延迟时间。（实例文件：ch07\7.11.html）

```
<!DOCTYPE html>
<html>
<head>
<title>设置滚动文字</title>
</head>
<body>
<marquee scrollamount=100  scrolldelay=10>看我不停脚步地走！</marquee><br><br>
<marquee scrollamount=100  scrolldelay=500>我要走一步停一停</marquee>
</body>
</html>
```

运行这段代码，效果如图 7-13 所示，其中第一行文字设置的延迟小，因此滚动起来比较平滑；最后一行设置的延迟比较大，看上去就像是走一步歇一会儿的感觉。

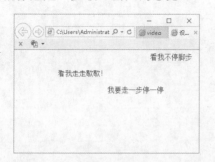

图 7-13　网页滚动文字的延迟时间

7.5.6　滚动循环属性

设置滚动文字后，在默认情况下会不断地循环下去，如果希望文字滚动几次停止，可以使用 loop 参数来进行设置。其语法格式如下。

```
<marquee loop="循环次数">滚动文字
</marquee>
```

【例 7.12】设置网页文字的滚动循环次数。（实例文件：ch07\7.12.html）

```
<!DOCTYPE html>
<html>
<head>
<title>设置滚动文字</title>
</head>
<body>
<marquee direction="up"loop="3">
<font color="#3300FF"face="楷体_GB2312">
你好，欢迎您的光临<br>
这里是梦想小屋<br>
让我们与您分享您的点点快乐<br>
让我们与您分担您的片片忧伤<br>
</font>
</marquee>
</body>
</html>
```

在 IE 浏览器中预览网页效果，会发现当文字滚动 3 个循环之后，滚动文字将不再出现，如图 7-14 所示。但是如果设置滚动方式为交替滚动，那么在滚动 3 个循环之后，文字将停留在窗口中，如图 7-15 所示。

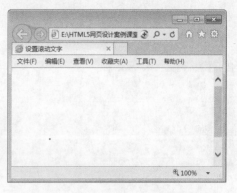

图 7-14　网页滚动文字的循环效果

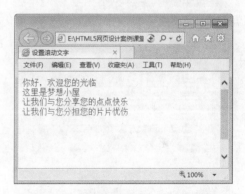

图 7-15　网页滚动文字的交替效果

7.5.7　滚动范围属性

如果不设置滚动背景的面积，那么默认情况下，水平滚动的文字背景与文字同高、与浏览器窗口同宽，使用 <marquee></marquee> 标记的 width 和 height 属性可以调整其水平和垂直的范围。其语法格式如下。

```
<marquee width=背景宽度 height=背景高度>
滚动文字</marquee>
```

此处设置宽度和高度的单位均为像素。

【例 7.13】设置网页文字的滚动范围。(实例文件：ch07\7.13.html)

```
<!DOCTYPE html>
<html>
<head>
<title>设置滚动文字</title>
</head>
<body>
<marquee behavior="alternate"bgcolor="#99CCFF">
这里是梦幻小屋，欢迎光临
</marquee><br><br>
<marquee behavior="alternate" bgcolor="#99CCFF"width=500
height=50>
这里是梦幻小屋，欢迎光临
</marquee>
</body>
</html>
```

在 IE 浏览器中预览效果如图 7-16 所示，可以看到两段滚动文字的背景高度和宽度的变化。

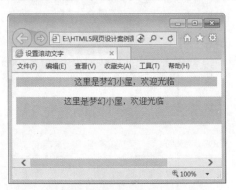

图 7-16　网页滚动文字的滚动范围

7.5.8　滚动背景颜色属性

标记的 bgcolor 属性用于设置内容滚动背景色（类似于 body 的背景色设置）。其语法格式如下。

```
<marquee bgcolor="颜色代码">滚动文字
</marquee>
```

【例 7.14】设置网页滚动文字的背景颜色。(实例文件：ch07\7.14.html）

```
<!DOCTYPE html>
<html>
<head>
<title>设置滚动文字</title>
</head>
<body>
<marquee behavior="alternate"bgcolor="#FFFF66">
这里是梦幻小屋，欢迎光临
</marquee>
<br><br>
<marquee direction="up"bgcolor="#99CCFF">
你好，欢迎您的光临<br>
这里是梦想小屋<br>
让我们与您分享您的点点快乐<br>
让我们与您分担您的片片忧伤<br>
```

```
</marquee>
</body>
</html>
```

在 IE 浏览器中预览效果如图 7-17 所示，可以看出在滚动文字后面设置了淡蓝色的背景。

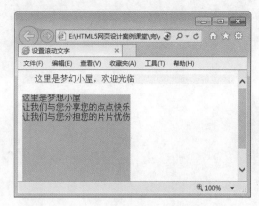

图 7-17　网页滚动文字的背景颜色

7.5.9　滚动空间属性

默认情况下，滚动文字周围的文字或图像是与滚动背景紧密连接的，使用参数 hspace 和 vspace 可以设置它们之间的空白空间，语法格式如下。

```
<marquee hspace=水平范围 vspace=垂直范围>滚动文字</marquee>
```

该语法中水平和垂直范围的单位均为像素。

【例 7.15】设置网页文字的滚动空间。（实例文件：ch07\7.15.html）

```
<!DOCTYPE html>
<html>
<head>
<title>设置滚动文字</title>
</head>
<body>
不设置空白空间的效果：
<marquee behavior="alternate"bgcolor="#9999FF">
这里是梦幻小屋，欢迎光临
</marquee>
到这里，留下你的忧伤，带走我的快乐！
<br>
<hr color="#FF0000">
<br>
设置水平为70像素、垂直为50像素的空白空间：
<marquee behavior="alternate"bgcolor="#9999FF" hspace=70 vspace=50>
这里是梦幻小屋，欢迎光临
</marquee>
我的梦想与你同在！
</body>
</html>
```

在 IE 浏览器中预览网页效果如图 7-18 所示，可以看到设置空白空间的效果。

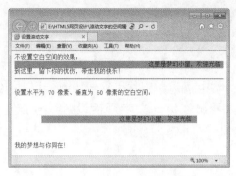

图 7-18　网页滚动文字的滚动空间效果

7.6　大神解惑

小白：在 HTML5 网页中添加所支持格式的视频，不能在 Firefox 8.0 浏览器中正常播放，为什么？

大神：目前，HTML5 的 video 标记对视频的支持，不仅仅有视频格式的限制，还有对解码器的限制，规定如下。

（1）如果视频是 OGG 格式的文件，则需要带有 Thedora 视频编码和 Vorbis 音频编码的视频。

（2）如果视频是 MPEG-4 格式的文件，则需要带有 H.264 视频编码和 AAC 音频编码的视频。

（3）如果视频是 WebM 格式的文件，则需要带有 VP8 视频编码和 Vorbis 音频编码的视频。

小白：在 HTML5 网页中添加 MP4 格式的视频文件，为什么在不同的浏览器中视频控件显示的外观不同？

大神：在 HTML5 中规定用 controls 属性来控制视频文件的播放、暂停、停止和调节音量的操作。controls 是一个布尔属性，所以不需要赋予任何值。一旦添加了此属性，等于告诉浏览器需要显示播放控件并允许用户操作。因为每一个浏览器负责设置内置视频控件的外观，所以在不同的浏览器中将显示不同的视频控件外观。

7.7　跟我练练手

练习 1：添加网页音频文件。

练习 2：添加网页视频文件。

练习 3：添加网页滚动文字。

第 8 章

使用 HTML5 绘制图形

　　HTML5 呈现了很多新特性，这在之前的 HTML 中是不可见到的。其中一个最值得提及的特性就是 HTML canvas，可以对 2D 或位图进行动态、脚本的渲染。canvas 是一个矩形区域，使用 JavaScript 可以控制其每像素。

● **本章要点（已掌握的在方框中打钩）**

- ☐ 了解什么是 canvas
- ☐ 掌握绘制基本形状的方法
- ☐ 掌握绘制渐变图形的方法
- ☐ 掌握绘制变形图形的方法
- ☐ 掌握绘制其他样式图形的方法
- ☐ 掌握使用图像的方法
- ☐ 掌握图形的保存与恢复的方法

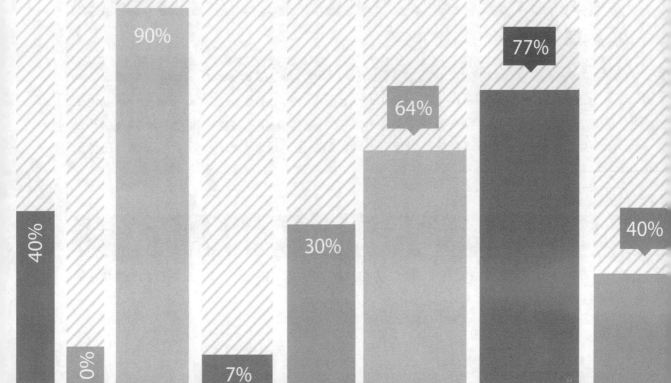

8.1 什么是canvas

canvas 是一个新的 HTML 元素，这个元素可以被 Script 语言（通常是 JavaScript）用来绘制图形。例如可以用它来画图、合成图像或做简单的动画。

HTML5 的 canvas 标记是一个矩形区域，它包含 width 和 height 两个属性，分别表示矩形区域的宽度和高度。这两个属性都是可选的，并且都可以通过 CSS 来定义，其默认值是 300px 和 150px。

canvas 在网页中的常用形式如下。

```
<canvas id="myCanvas"width="300"height="200"style="border:1px solid #c3c3c3;">
Your browser does not support the canvas element.
</canvas>
```

上面示例代码中，id 表示画布对象名称，width 和 height 分别表示宽度和高度；最初的画布是不可见的，此处为了观察这个矩形区域，这里使用 CSS 样式，即 style 标记。style 表示画布的样式。如果浏览器不支持画布标记，会显示画布中间的提示信息。

画布 canvas 本身不具有绘制图形的功能，只是一个容器。如果读者对 Java 语言非常了解，就会发现 HTML5 的画布和 Java 中的 Panel 面板非常相似，都可以在容器中绘制图形。既然 canvas 画布元素放好了，就可以使用脚本语言 JavaScript 在网页上绘制图像。

使用 canvas 结合 JavaScript 绘制图形，一般情况下需要进行下面几个步骤。

步骤 1 JavaScript 使用 id 来寻找 canvas 元素，即获取当前画布对象。

```
var c=document.getElementById("myCanvas");
```

步骤 2 创建 context 对象，代码如下。

```
var cxt=c.getContext("2d");
```

getContext 方法返回一个指定 contextId 的上下文对象，如果指定的 id 不被支持，则返回 null，当前唯一被强制必须支持的是 2d，也许在将来会有 3d。注意，指定的 id 对大小写是敏感的。对象 cxt 建立之后，就可以拥有多种绘制路径、矩形、圆形、字符以及添加图像的方法。

步骤 3 绘制图形，代码如下。

```
cxt.fillStyle="#FF0000";
cxt.fillRect(0,0,150,75);
```

fillStyle 方法将其染成红色，fillRect 方法规定了形状、位置和尺寸。这两行代码实现绘制一个红色的矩形。

8.2　绘制基本形状

将画布 canvas 结合 JavaScript 可以绘制一些基本形状，例如矩形、直线、圆等。

8.2.1　绘制矩形

单独的一个 canvas 标记只是在页面中定义了一块矩形区域，并无特别之处，开发人员只有配合使用 JavaScript 脚本，才能够完成各种图形、线条以及复杂的图形变换操作。与基于 SVG 来实现同样绘图效果相比较，canvas 绘图是一种像素级别的位图绘图技术，而 SVG 则是一种矢量绘图技术。

使用 canvas 和 JavaScript 绘制一个矩形，可能会涉及一个或多个方法，这些方法如表 8-1 所示。

表 8-1　使用 canvas 绘制矩形的方法

方　　法	功　　能
fillRect	绘制一个矩形，这个矩形区域没有边框，只有填充色。这个方法有四个参数，前两个表示左上角的坐标位置，第三个参数为长度，第四个参数为高度
strokeRect	绘制一个带边框的矩形。该方法的四个参数的解释同上
clearRect	清除一个矩形区域，被清除的区域将没有任何线条。该方法的四个参数的解释同上

【例 8.1】使用 canvas 绘制矩形。（实例文件：ch08\8.1.html）

```
<!DOCTYPE html>
<html>
<body>
<canvas id="myCanvas"width="500"height="500"style="border:1px solid blue">
您的浏览器不支持canvas标记
</canvas>
<script type="text/javascript">
var c=document.getElementById("myCanvas");
var cxt=c.getContext("2d");
cxt.fillStyle="rgb(0,0,200)";
cxt.fillRect(10,20,100,100);
</script>
</body>
</html>
```

上面代码中，首先定义一个画布对象，其 id 名称为 myCanvas，其高度和宽度都为 500 像素，并定义了画布边框显示样式。

在 JavaScript 代码中，首先获取画布对象，然后使用 getContext 获取当前 2d 的上下文对象，并使用 fillRect 绘制一个矩形。其中涉及一个 fillStyle 属性，fillStyle 用于设定填充的颜色、不透明度等，如果设置为 "rgb（200,0,0）"，则表示一种颜色，不透明；如果设为 "rgba（0,0,200,0.5）"，则表示颜色为一种颜色，不透明度为 50%。

在 IE 浏览器中预览效果如图 8-1 所示，

可以看到网页中，在一个蓝色边框中显示了一个蓝色矩形。

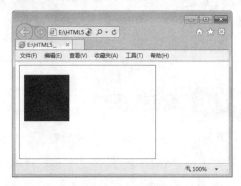

图 8-1　绘制的矩形

8.2.2　绘制圆形

基于 canvas 的绘图并不是直接在 canvas 标记所创建的绘图画面上进行各种绘图操作，而是依赖画面所提供的渲染上下文（Rendering Context），所有的绘图命令和属性都定义在渲染上下文当中。在通过 canvas id 获取相应的 DOM 对象之后首先要做的事情就是获取渲染上下文对象。渲染上下文与 canvas 一一对应，无论对同一 canvas 对象调用几次 getContext() 方法，都将返回同一个上下文对象。

在画布中绘制圆形，可能要涉及下面几种方法，如表 8-2 所示。

表 8-2　使用 canvas 绘制圆形的方法

方　　法	功　　能
beginPath()	开始绘制路径
arc(x,y,radius,startAngle, endAngle,anticlockwise)	x 和 y 定义的是圆的原点；radius 是圆的半径；startAngle 和 endAngle 是弧度，不是度数；anticlockwise 是用来定义画圆的方向，值是 true 或 false
closePath()	结束路径的绘制
fill()	进行填充
stroke()	设置边框

路径是绘制自定义图形的好方法，在 canvas 中通过 beginPath() 方法开始绘制路径，这个时候就可以绘制直线、曲线等，绘制完成后调用 fill() 和 stroke() 完成填充和设置边框，通过 closePath() 方法结束路径的绘制。

【例 8.2】使用 canvas 绘制圆形。（实例文件：ch08\8.2.html）

```
<!DOCTYPE html>
<html>
```

```
<body>
<canvas id="myCanvas"width="200"height="200"style="border:1px solid blue">
Your browser does not support the canvas element.
</canvas>
<script type="text/javascript">
var c=document.getElementById("myCanvas");
var cxt=c.getContext("2d");
cxt.fillStyle="#FFaa00";
cxt.beginPath();
cxt.arc(70,18,15,0,Math.PI*2,true);
cxt.closePath();
cxt.fill();
</script>
</body>
</html>
```

在上面的 JavaScript 代码中，使用 beignPath()
方法开启一个路径，然后绘制一个圆形，下
面关闭这个路径并填充。

在 IE 浏览器中预览效果如图 8-2 所示，
可以看到网页中，在矩形边框中显示了一个
黄色的圆。

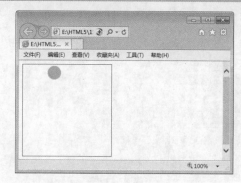

图 8-2　绘制圆形

8.2.3　使用 moveTo 与 lineTo 绘制直线

在每个 canvas 实例对象中都拥有一个 path 对象，创建自定义图形的过程就是不断对 path
对象操作的过程。每当开始一次新的图形绘制任务，都需要先使用 beginPath() 方法来重置
path 对象至初始状态，进而通过一系列对 moveTo/lineTo 等画线方法的调用，绘制期望的路径。
其中，moveTo(x, y) 画线方法设置绘图起始坐标，而 lineTo(x, y) 画线方法可以从当前起点绘
制直线、圆弧以及曲线到目标位置。最后一步，也是可选的步骤，是调用 closePath() 方法将
自定义图形进行闭合，该方法将自动创建一条从当前坐标到起始坐标的直线。

绘制直线常用的方法是 moveTo 和 lineTo，其含义如表 8-3 所示。

表 8-3　使用 canvas 绘制直线的方法

方法或属性	功　　能
moveTo(x, y)	不绘制，只是将当前位置移动到新目标坐标 (x, y)，并作为线条开始点
lineTo(x, y)	绘制线条到指定的目标坐标 (x, y)，并且在两个坐标之间画一条直线。不管调用它们哪一个，都不会真正画出图形，因为还没有调用 stroke（绘制）和 fill（填充）函数。当前，只是在定义路径的位置，以便后面绘制时使用

续表

方法或属性	功　　能
strokeStyle	指定线条的颜色
lineWidth	设置线条的粗细

【例 8.3】使用 moveTo 与 lineTo 绘制直线。（实例文件：ch08\8.3.html）

```
<!DOCTYPE html>
<html>
<body>
<canvas id="myCanvas"width="200"height="200"style="border:1px solid blue">
Your browser does not support the canvas element.
</canvas>
<script type="text/javascript">
var c=document.getElementById("myCanvas");
var cxt=c.getContext("2d");
cxt.beginPath();
cxt.strokeStyle="rgb(0,182,0)";
cxt.moveTo(10,10);
cxt.lineTo(150,50);
cxt.lineTo(10,50);
cxt.lineWidth=14;
cxt.stroke();
cxt.closePath();
</script>
</body>
</html>
```

上面的代码中，使用 moveTo 方法定义一个坐标位置为（10,10），下面以此坐标位置为起点绘制了两条不同的直线，并使用 lineWidth 设置直线的宽度，使用 strokeStyle 设置了直线的颜色，使用 lineTo 设置了两条不同直线的结束位置。

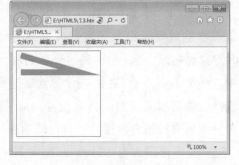

在 IE 浏览器中预览效果如图 8-3 所示，可以看到在网页中绘制了两条直线，这两条直线在某一点交叉。

图 8-3　绘制的直线

8.2.4　使用 bezierCurveTo 绘制贝塞尔曲线

在数学的数值分析领域中，贝塞尔（Bezier）曲线是电脑图形学中相当重要的参数曲线。更高维度的广泛化贝塞尔曲线就称作贝塞尔曲面，其中贝塞尔三角是一种特殊的实例。

bezierCurveTo() 表示为一个画布的当前子路径添加一条三次贝塞尔曲线。这条曲线的开始点是画布的当前点，而结束点是 (x, y)。两条贝塞尔曲线控制点 （cpX1, cpY1） 和 （cpX2, cpY2） 定义了曲线的形状。当这个方法返回的时候，当前的位置为（x, y）。

bezierCurveTo 方法的具体格式如下。

```
bezierCurveTo(cpX1, cpY1, cpX2, cpY2, x, y)
```

其参数的含义如表 8-4 所示。

表 8-4 bezierCurveTo 的参数含义

参　　数	描　　述
cpX1, cpY1	和曲线的开始点（当前位置）相关联的控制点的坐标
cpX2, cpY2	和曲线的结束点相关联的控制点的坐标
x, y	曲线的结束点的坐标

【例 8.4】使用 bezierCurveTo 绘制贝塞尔曲线。（实例文件：ch08\8.4.html）

```
<!DOCTYPE html>
<html>
<head>
<title>贝塞尔曲线</title>
<script>
    function draw(id)
    {
        var canvas=document.getElementById(id);
        if(canvas==null)
        return false;
        var context=canvas.getContext('2d');
        context.fillStyle="#eeeeff";
        context.fillRect(0,0,400,300);
        var n=0;
        var dx=150;
        var dy=150;
        var s=100;
        context.beginPath();
        context.globalCompositeOperation='and';
        context.fillStyle='rgb(100,255,100)';
        context.strokeStyle='rgb(0,0,100)';
        var x=Math.sin(0);
        var y=Math.cos(0);
        var dig=Math.PI/15*11;
        for(var i=0;i<30;i++)
        {
            var x=Math.sin(i*dig);
            var y=Math.cos(i*dig);
            context.bezierCurveTo(dx+x*s,dy+y*s-100,dx+x*s+100,dy+y*s,dx
+x*s,dy+y*s);
```

```
        }
        context.closePath();
        context.fill();
        context.stroke();
    }
</script>
</head>
<body onload="draw('canvas');">
<h1>绘制元素</h1>
<canvas id="canvas"width="400"height="300"/>
</body>
</html>
```

上面的函数 draw 代码中，首先使用语句
fillRect(0,0,400,300) 绘制了一个矩形，其大
小和画布相同，其填充颜色为浅青色。下面
定义了几个变量，用于设定曲线的坐标位置，
在 for 循环中使用 bezierCurveTo 方法绘制贝
塞尔曲线。

在 IE 浏览器中预览效果如图 8-4 所示，
可以看到在网页中绘制了一条贝塞尔曲线。

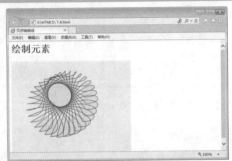

图 8-4　贝塞尔曲线

8.3 绘制渐变图形

渐变是两种或更多颜色的平滑过渡，是指在颜色集上使用逐步抽样算法，并将结果应
用于描边样式和填充样式中。canvas 的绘图上下文支持两种类型的渐变：线性渐变和放射
性渐变，其中放射性渐变也称为径向渐变。

8.3.1 绘制线性渐变

创建一个简单的渐变，非常容易，使用渐变需要以下三个步骤。

步骤 1 创建渐变对象，代码如下。

```
var gradient=cxt.createLinearGradient(0,0,0,canvas.height);
```

步骤 2 为渐变对象设置颜色，指明过渡方式，代码如下。

```
gradient.addColorStop(0,'#fff');
gradient.addColorStop(1,'#000');
```

步骤 3 在 context 上为填充样式或描边样式设置渐变，代码如下。

```
cxt.fillStyle=gradient;
```

要设置显示颜色，在渐变对象上使用addColorStop函数即可。除了可以变换成其他颜色外，还可以为颜色设置 alpha 值（例如透明），并且 alpha 值也是可以变化的。为了达到这样的效果，需要使用颜色值的另一种表示方法，例如，内置 alpha 组件的 CSSrgba 函数。

绘制线性渐变，会使用到下面几种方法，如表 8-5 所示。

表 8-5　绘制线性渐变的方法

方　　法	功　　能
addColorStop	函数允许指定两个参数：颜色和偏移量。颜色参数是指开发人员希望在偏移位置描边或填充时所使用的颜色。偏移量是一个 0.0 到 1.0 之间的数值，代表沿着渐变线渐变的距离有多远
createLinearGradient(x0,y0,x1,y1)	沿着直线从（x0,y0）至（x1,y1）绘制渐变

【例 8.5】绘制线性渐变图形。（实例文件：ch08\8.5.html）

```html
<!DOCTYPE html>
<html>
<head>
<title>线性渐变</title>
</head>
<body>
<h1>绘制线性渐变</h1>
<canvas id="canvas"width="400"height="300"style="border:1px solid red"/>
<script type="text/javascript">
var c=document.getElementById("canvas");
var cxt=c.getContext("2d");
var gradient=cxt.createLinearGradient(0,0,0,canvas.height);
gradient.addColorStop(0,'#fff');
gradient.addColorStop(1,'#000');
cxt.fillStyle=gradient;
cxt.fillRect(0,0,400,400);
</script>
</body>
</html>
```

上面的代码使用 2D 环境对象产生了一个线性渐变对象，渐变的起始点是（0, 0），渐变的结束点是（0, canvas.height），下面使用 addColorStop 函数设置渐变颜色，最后将渐变填充到上下文环境的样式中。

在 IE 浏览器中预览效果如图 8-5 所示，可以看到网页中创建了一个垂直方向上的渐变，从上到下颜色逐渐变深。

图 8-5　线性渐变

8.3.2 绘制径向渐变

除了线性渐变以外，HTML5 Canvas API 还支持放射性渐变，所谓放射性渐变就是颜色会介于两个指定圆间的锥形区域平滑变化。放射性渐变和线性渐变使用的颜色终止点是一样的。如果要实现放射线渐变，即径向渐变，需要使用方法 createRadialGradient。

createRadialGradient(x0,y0,r0,x1,y1,r1) 方法表示沿着两个圆之间绘制渐变。其中前三个参数代表开始的圆，圆心为（x0,y0），半径为 r0。最后三个参数代表结束的圆，圆心为（x1,y1），半径为 r1。

【例 8.6】绘制径向渐变图形。（实例文件：ch08\8.6.html）

```
<!DOCTYPE html>
<html>
<head>
<title>径向渐变</title>
</head>
<body>
<h1>绘制径向渐变</h1>
<canvas id="canvas"width="400"height="300"style="border:1px solid red"/>
<script type="text/javascript">
var c=document.getElementById("canvas");
var cxt=c.getContext("2d");
var gradient=cxt.createRadialGradient(canvas.width/2,canvas.height/2,0,
canvas.width/2,canvas.height/2,150);
gradient.addColorStop(0,'#fff');
gradient.addColorStop(1,'#000');
cxt.fillStyle=gradient;
cxt.fillRect(0,0,400,400);
</script>
</body>
</html>
```

上面的代码中，首先创建渐变对象 gradient，此处使用方法 createRadialGradient 创建了一个径向渐变，下面使用 addColorStop 添加颜色，最后将渐变填充到上下文环境中。

在 IE 浏览器中预览效果如图 8-6 所示，可以看到网页中从圆的中心亮点开始，向外逐步发散，形成了一个径向渐变。

图 8-6　径向渐变

8.4 绘制变形图形

画布 canvas 不但可以使用 moveTo 这样的方法来移动画笔，绘制图形和线条，还可以使用变换来调整画笔下的画布。变换的方法包括旋转、缩放、变形和平移等。

8.4.1 变换原点坐标

平移（translate），即将绘图区相对于当前画布的左上角进行平移，如果不进行变形，绘图区原点和画布原点是重叠的，绘图区相当于画图软件里的热区或当前层。如果进行变形，则坐标位置会移动到一个新位置。

如果要对图形实现平移，需要使用方法 translate（x, y），该方法表示在平面上平移，即以原来原点为参考，然后以偏移后的位置作为坐标原点。也就是说，原来在（100,100），然后使用方法 translate（1，1）后新的坐标原点在（101,101），而不是（1,1）。

【例 8.7】绘制变换原点坐标的图形。（实例文件：ch08\8.7.html）

```
<!DOCTYPE html>
<html>
<head>
<title>绘制坐标变换</title>
<script>
    function draw(id)
    {
        var canvas=document.getElementById(id);
        if(canvas==null)
        return false;
        var context=canvas.getContext('2d');
        context.fillStyle="#eeeeff";
        context.fillRect(0,0,400,300);
        context.translate(200,50);
        context.fillStyle='rgba(255,0,0,0.25)';
        for(var i=0;i<50;i++){
            context.translate(25,25);
            context.fillRect(0,0,100,50);
        }
    }
</script>
</head>
<body onload="draw('canvas');">
<h1>变换原点坐标</h1>
<canvas id="canvas"width="400"height="300"/>
</body>
</html>
```

在 draw 函数中，使用 fillRect 方法绘制了
一个矩形，在下面使用 translate 方法平移到一
个新位置，并从新位置开始，使用 for 循环，
连续移动多次坐标原点，即多次绘制矩形。

在 IE 浏览器中预览效果如图 8-7 所示，
可以看到网页中从坐标位置（200,50）开始
绘制矩形，并每次以指定的平移距离绘制
矩形。

图 8-7　变换坐标原点

8.4.2　图形缩放

对于变形图形来说，其中最常用的方式就是对图形进行缩放，即以原来图形为参考，放
大或者缩小图形。

如果要实现图形缩放，需要使用 scale(x, y) 函数。该函数带有两个参数，分别代表在 x，
y 两个方向上的值。每个参数在 canvas 显示图像的时候，向其传递在本方向轴上图像要放大（或
者缩小）的量。如果 x 值为 2，就代表所绘制图像中全部元素都会变成两倍宽。如果 y 值为 0.5，
则绘制出来的图像中全部元素都会变成之前的一半高。

【例 8.8】缩放图形。（实例文件：ch08\8.8.html）

```
<!DOCTYPE html>
<html>
<head>
<title>绘制图形缩放</title>
<script>
    function draw(id)
    {
        var canvas=document.getElementById(id);
        if(canvas==null)
        return false;
        var context=canvas.getContext('2d');
        context.fillStyle="#eeeeff";
        context.fillRect(0,0,400,300);
        context.translate(200,50);
        context.fillStyle='rgba(255,0,0,0.25)';
        for(var i=0;i<50;i++){
            context.scale(3,0.5);
            context.fillRect(0,0,100,50);
        }
    }
</script>
</head>
<body onload="draw('canvas');">
<h1>图形缩放</h1>
```

```
<canvas id="canvas"width="400"height="300"/>
</body>
</html>
```

上面的代码中，实现缩放操作是在 for 循环中完成的。在此循环中，以原来图形为参考物，使其在 x 轴方向增加为 3 倍宽，y 轴方向上变为原来的一半。

在 IE 浏览器中预览效果如图 8-8 所示，可以看到网页中在一个指定方向绘制了多个矩形。

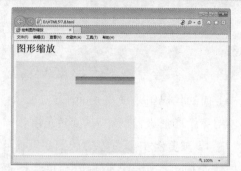

图 8-8　图形缩放

8.4.3　旋转图形

变换操作并不限于缩放和平移，还可以使用函数 context.rotate（angle）来旋转图像，甚至可以直接修改底层变换矩阵以完成一些高级操作，如剪裁图像的绘制路径。例如 context. rotate（1.57）表示旋转角度参数以弧度为单位。

rotate() 方法默认从左上端的（0,0）坐标点开始旋转，通过指定一个角度，改变画布坐标和 Web 浏览器中的 <canvas> 元素的像素之间的映射，使得任意后续绘图在画布中都显示为旋转的。它并没有旋转 <canvas> 元素本身。注意，这个角度是用弧度指定的。

【例 8.9】旋转图形。（实例文件：ch08\8.9.html）

```
<!DOCTYPE html>
<html>
<head>
<title>绘制旋转图像</title>
<script>
    function draw(id)
    {
        var canvas=document.getElementById(id);
        if(canvas==null)
        return false;
        var context=canvas.getContext('2d');
        context.fillStyle="#eeeeff";
        context.fillRect(0,0,400,300);
        context.translate(200,50);
        context.fillStyle='rgba(255,0,0,0.25)';
        for(var i=0;i<50;i++){
        context.rotate(Math.PI/10);
        context.fillRect(0,0,100,50);
        }
```

```
        }
</script>
</head>
<body onload="draw('canvas');">
<h1>旋转图形</h1>
<canvas id="canvas"width="400"height="300"/>
</body>
</html>
```

　　上面的代码中，使用 rotate 方法在 for 循环中对多个图形进行旋转，其旋转角度相同。

　　在 IE 浏览器中预览效果如图 8-9 所示，在显示页面上多个矩形以中心弧度为原点，进行旋转。

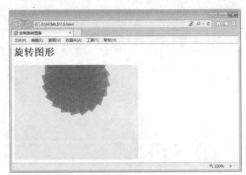

图 8-9　旋转图形

8.5 绘制其他样式的图形

　　使用 canvas 标记的其他属性还可以绘制其他样式的图形，如将绘制的基本形状进行组合、绘制带有阴影的图形、绘制文字等。

8.5.1　图形组合

　　在前面介绍的知识里，可以将一个图形画在另一个图形之上，大多数情况下，这种功能是不够用的。例如，它这样受制于图形的绘制顺序。不过，我们可以利用 globalComposite-Operation 属性来改变这些做法。它不仅可以在已有图形后面再画新图形，还可以用来遮盖、清除（比 clearRect 方法强劲得多）某些区域。其语法格式如下。

```
globalCompositeOperationtype
```

　　此代码表示设置不同形状的组合类型，其中 type 表示方的图形是已经存在的 canvas 内容，圆的图形是新的形状，其默认值为 source-over，表示在 canvas 内容上面画新的形状。

　　属性值 type 具有 12 个含义，其具体含义如表 8-6 所示。

表 8-6　属性值 type 的含义

属性值	说　　明
source-over（default）	这是默认设置，新图形会覆盖在原有内容之上
destination-over	会在原有内容之下绘制新图形
source-in	新图形会仅仅出现与原有内容重叠的部分。其他区域都变成透明的
destination-in	原有内容中与新图形重叠的部分会被保留，其他区域都变成透明的
source-out	结果是只有新图形中与原有内容不重叠的部分会被绘制出来
destination-out	原有内容中与新图形不重叠的部分会被保留
source-atop	新图形中与原有内容重叠的部分会被绘制，并覆盖于原有内容之上
destination-atop	原有内容中与新内容重叠的部分会被保留，并会在原有内容之下绘制新图形
lighter	两图形中重叠部分作加色处理
darker	两图形中重叠的部分作减色处理
xor	重叠的部分会变成透明
copy	只有新图形会被保留，其他都被清除掉

【例 8.10】图形组合。（实例文件：ch08\8.10.html）

```
<!DOCTYPE html>
<html>
<head>
<title>绘制图形组合</title>
<script>
function draw(id)
{
  var canvas=document.getElementById(id);
    if(canvas==null)
   return false;
    var context=canvas.getContext('2d');
    var oprtns=new Array(
     "source-atop",
     "source-in",
     "source-out",
     "source-over",
     "destination-atop",
     "destination-in",
     "destination-out",
     "destination-over",
     "lighter",
     "copy",
```

```
        "xor"
    );
    var i=10;
    context.fillStyle="blue";
    context.fillRect(10,10,60,60);
    context.globalCompositeOperation=oprtns[i];
    context.beginPath();
    context.fillStyle="red";
    context.arc(60,60,30,0,Math.PI*2,false);
    context.fill();
}
</script>
</head>
<body onload="draw('canvas');">
<h1>图形组合</h1>
<canvas id="canvas"width="400"height="300"/>
</body>
</html>
```

　　在上面的代码中，首先创建了一个 oprtns 数组，用于存储 type 的 12 个值，然后绘制了一个矩形，并使用 context 上下文对象设置了图形的组合方式，即采用新图形显示、其他被清除的方式，最后使用 arc 绘制了一个圆。

　　在 IE 浏览器中预览效果如图 8-10 所示，在显示页面上绘制了一个矩形和圆，但矩形和圆接触的地方以空白显示。

图 8-10　图形组合

8.5.2　绘制带阴影的图形

　　在画布 canvas 上绘制带有阴影效果的图形非常简单，只需要设置几个属性即可。这几个属性分别为 shadowOffsetX、shadowOffsetY、shadowBlur 和 shadowColor，其属性 shadowColor 表示阴影颜色，其值和 CSS 颜色值一致。shadowBlur 表示设置阴影模糊程度。此值越大，阴影越模糊。shadowOffsetX 和 shadowOffsetY 属性表示阴影的 x 和 y 偏移量，单位是像素。

　　【例 8.11】绘制带阴影的图形。（实例文件：ch08\8.11.html）

```
<!DOCTYPE html>
<html>
  <head>
  <title>绘制阴影效果图形</title>
  </head>
  <body>
    <canvas id="my_canvas"width="200"height="200"style="border:1px solid
```

```
        #ff0000"></canvas>
        <script type="text/JavaScript">
            var elem=document.getElementById("my_canvas");
            if (elem && elem.getContext) {
                var context=elem.getContext("2d");
                //shadowOffsetX 和 shadowOffsetY: 阴影的 x 和 y 偏移量，单位是像素
                context.shadowOffsetX=15;
                context.shadowOffsetY=15;
                //hadowBlur: 设置阴影模糊程度。此值越大，阴影越模糊。其效果和 Photoshop
                            的高斯模糊滤镜相同
                context.shadowBlur=10;
                //shadowColor: 阴影颜色。其值和 CSS 颜色值一致
                //context.shadowColor='rgba(255, 0, 0, 0.5)'; 或下面的十六进
                                                              制的表示方法

                context.shadowColor='#f00';
                context.fillStyle='#00f';
                context.fillRect(20, 20, 150, 100);
            }
        </script>
    </body>
</html>
```

在 IE 浏览器中预览效果如图 8-11 所示，在页面上显示了一个蓝色矩形，其阴影为红色矩形。

图 8-11 带有阴影的图形

8.5.3 绘制文字

在画布中绘制字符串（文字）的方式，与操作其他路径对象的方式相同，可以描绘文本轮廓和填充文本内部，同时，所有能够应用于其他图形的变换和样式都能用于文本。

文本绘制功能由两个函数组成，如表 8-7 所示。

表 8-7 绘制文字的方法

方 法	说 明
fillText(text,x,y,maxwidth)	绘制带 fillStyle 填充的文字，前三个参数为文本参数以及用于指定文本位置的坐标参数。maxwidth 是可选参数，用于限制字体大小，它会将文本字体强制收缩到指定尺寸
strokeTex(text,x,y,maxwidth)	绘制只有 strokeStyle 边框的文字，其参数含义和上一种方法相同

续表

方　法	说　明
measureText	该函数会返回一个度量对象，其包含了在当前 context 环境下指定文本的实际显示宽度

为了保证文本在各浏览器下都能正常显示，在绘制上下文里有以下字体属性。

（1）font 可以是 CSS 字体规则中的任何值，包括字体样式、字体变种、字体大小与粗细、行高和字体名称。

（2）textAlign 控制文本的对齐方式。它类似于（但不完全相同）CSS 中的 text-align。可取值为 start、end、left、right 和 center。

（3）textBaseline 控制文本相对于起点的位置。可取值有 top、hanging、middle、alphabetic、ideographic 和 bottom。对于简单的英文字母，可以放心地使用 top、middle 或 bottom 作为文本基线。

【例 8.12】绘制文字。（实例文件：ch08\8.12.html）

```
<!DOCTYPE html>
<html>
  <head>
   <title>Canvas</title>
  </head>
  <body>
     <canvas id="my_canvas"width="200"height="200"style="border:1px solid
     #ff0000"></canvas>
     <script type="text/javascript">
         var elem=document.getElementById("my_canvas");
       if (elem && elem.getContext)  {
            var context=elem.getContext("2d");
            context.fillStyle='#00f';
            //font: 文字字体，同 CSSfont-family 属性
            context.font='italic  30px 微软雅黑';     //斜体 30像素 微软雅黑字体
            //textAlign: 文字水平对齐方式。可取属性值: start, end, left,right,
              center。默认值:start
            context.textAlign='left';
            //文字竖直对齐方式。可取属性值: top, hanging, middle,alphabetic,
              ideographic, bottom。默认值: alphabetic
            context.textBaseline='top';
            //要输出的文字内容，文字位置坐标，第四个参数为可选选项——最大宽度。如果需要
              的话，浏览器会缩减文字以让它适应指定宽度
            context.fillText('祖国生日快乐!', 0, 0,50);                  //有填充
            context.font='bold 30px sans-serif';
             context.strokeText('祖国生日快乐!', 0, 50,100);         //只有文字边框
        }
     </script>
  </body>
</html>
```

在 IE 浏览器中预览效果如图 8-12 所示，在页面上显示了一个画布边框，画布中显示了两个不同的字符串，第一个字符串以斜体显示，其颜色为蓝色；第二个字符串只有文字边框，加粗显示。

图 8-12　绘制文字

8.6　使用图像

画布 canvas 可以引入图像，它可以用于图片合成或者制作背景等。而目前仅可以在图像中加入文字。只要是 Geck 支持的图像（如 PNG、GIF、JPEG 等）都可以引入到 canvas 中，而且其他 canvas 元素也可以作为图像的来源。

8.6.1　绘制图像

要在画布 canvas 上绘制图像，首先需要有一张图片。这个图片可以是已经存在的 <img> 元素，或者通过 JavaScript 创建。无论采用哪种方式，都需要在绘制 canvas 之前，完全加载这张图片。浏览器通常会在页面脚本执行的同时异步加载图片。如果试图在图片未完全加载之前就将其呈现到 canvas 上，那么 canvas 将不会显示任何图片。

捕获和绘制图形完全是通过 drawImage 方法完成的，它可以接收不同的 HTML 参数，具体含义如表 8-8 所示。

表 8-8　绘制图像的方法

方　　法	说　　明
drawImage(image,dx,dy)	接收一张图片，并将之画到 canvas 中。给出的坐标（dx,dy）代表图片的左上角。例如，坐标（0,0）将把图片画到 canvas 的左上角
drawImage(image,dx,dy,dw,dh)	接收一张图片，将其缩放为宽度 dw 和高度 dh，然后把它画到 canvas 上的（dx,dy）位置
drawImage(image,sx,sy,sw,sh,dx,dy,dw,dh)	接收一张图片，通过参数（sx,sy,sw,sh）指定图片裁剪的范围，缩放到（dw,dh）的大小，最后把它画到 canvas 上的（dx,dy）位置

【例 8.13】绘制图像。（实例文件：ch08\8.13.html）

```
<!DOCTYPE html>
<html>
<head><title>绘制图像</title></head>
<body>
<canvas id="canvas"width="300"height="200"style="border:1px solid blue">
Your browser does not support the canvas element.
</canvas>
<script type="text/javascript">
window.onload=function(){
    var ctx=document.getElementById("canvas").getContext("2d");
    var img=new Image();
    img.src="01.jpg";
    img.onload=function(){
        ctx.drawImage(img,0,0);
    }
}
</script>
</body>
</html>
```

在上面的代码中，使用窗口的 onload 加载事件，即页面被加载时执行函数。在函数中，创建上下文对象 ctx，并创建 Image 对象 img；下面使用 img 对象的属性 src 设置图片来源，最后使用 drawImage 画出当前的图像。

在 IE 浏览器中预览效果如图 8-13 所示，在显示页面上绘制了一张图像，并在画布中显示。

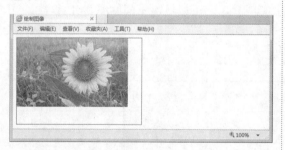

图 8-13　绘制图像

8.6.2　图像平铺

使用画布 canvas 绘制图像，有很多种用处，其中一个用处就是将绘制的图像作为背景图片使用。在做背景图片时，如果显示图片的区域大小不能直接设定，通常将图片以平铺的方式显示。

HTML5 Canvas API 支持图片平铺，此时需要调用 createPattern 函数，即调用 createPattern 函数来替代之前的 drawImage 函数。函数 createPattern 的语法格式如下。

```
createPattern(image,type)
```

其中，image 表示要绘制的图像，type 表示平铺的类型，其具体含义如表 8-9 所示。

表 8-9　图像平铺的类型

参 数 值	说　　明
no-repeat	不平铺
repeat-x	横方向平铺
repeat-y	纵方向平铺
repeat	全方向平铺

【例 8.14】图像平铺。（实例文件：ch08\8.14.html）

```
<!DOCTYPE html>
<html>
<head>
<title>绘制图像平铺</title>
</head>
<body onload="draw('canvas');">
<h1>图形平铺</h1>
<canvas id="canvas"width="400"height="300"></canvas>
<script>
    function draw(id){
        var canvas=document.getElementById(id);
        if(canvas==null){
            return false;
        }
        var context=canvas.getContext('2d');
        context.fillStyle="#eeeeff";
        context.fillRect(0,0,400,300);
        image=new Image();
        image.src="01.jpg";
        image.onload=function(){
            var ptrn=context.createPattern(image,'repeat');
            context.fillStyle=ptrn;
            context.fillRect(0,0,400,300);
        }
    }
</script>
</body>
</html>
```

  上面的代码中，使用 fillRect 创建了一个宽度为 400 像素，高度为 300 像素，左上角坐标位置为（0,0）的矩形，下面创建了一个 Image 对象，src 表示连接一个图像源，然后使用 createPattern 绘制一张图像，其方式是完全平铺，并将这个图像作为一个模式填充到矩形中。最后绘制这个矩形，此矩形大小完全覆盖原来的图形。

  在 IE 浏览器中预览效果如图 8-14 所示，在显示页面上绘制了一张图像，其图像以平铺的方式充满整个矩形。

图 8-14 图像平铺

8.6.3 图像裁剪

  在处理图像时经常会遇到裁剪这种需求，即在画布上裁剪出一块区域，这块区域是在裁剪动作 clip 之前，由绘图路径设定的，可以是方形、圆形、五星形和其他任何可以绘制的轮廓形状。所以，裁剪路径其实就是绘图路径，只不过这个路径不是拿来绘图的，而是设定显示区域和遮挡区域的一个分界线。

完成对图像的裁剪，可能要用到 clip 方法。clip 方法表示给 canvas 设置一个剪辑区域，在调用 clip 方法之后的代码只对这个设定的剪辑区域有效，不会影响其他地方，这个方法在进行局部更新时很有用。默认情况下，剪辑区域是一个左上角在（0，0）坐标，宽和高分别等于 canvas 元素的宽和高的矩形。

【例 8.15】图像裁剪。（实例文件：ch08\8.15.html）

```
<!DOCTYPE html>
<html>
<head>
<title>绘制图像裁剪</title>
<script type="text/JavaScript"src="script.js"></script>
</head>
<body onload="draw('canvas');">
<h1>图像裁剪实例</h1>
<canvas id="canvas"width="400"height="300"></canvas>
<script>
    function draw(id){
        var canvas=document.getElementById(id);
        if(canvas==null){
            return false;
        }
        var context=canvas.getContext('2d');
        var gr=context.createLinearGradient(0,400,300,0);
        gr.addColorStop(0,'rgb(255,255,0)');
        gr.addColorStop(1,'rgb(0,255,255)');
        context.fillStyle=gr;
        context.fillRect(0,0,400,300);
        image=new Image();
        image.onload=function(){
            drawImg(context,image);
        };
        image.src="01.jpg";
    }
    function drawImg(context,image){
        create8StarClip(context);
        context.drawImage(image,-50,-150,300,300);
    }
    function create8StarClip(context){
        var n=0;
        var dx=100;
        var dy=0;
        var s=150;
        context.beginPath();
        context.translate(100,150);
        var x=Math.sin(0);
```

```
            var y=Math.cos(0);
            var dig=Math.PI/5*4;
            for(var i=0;i<8;i++){
                var x=Math.sin(i*dig);
                var y=Math.cos(i*dig);
                context.lineTo(dx+x*s,dy+y*s);
            }
            context.clip();
        }
</script>
</body>
</html>
```

上面的代码中，创建了三个 JavaScript 函数，其中 create8StarClip 函数完成了多边的图形创建，其中以此图形作为裁剪的依据。drawImg 函数表示绘制一个图形，其图形带有裁剪区域。draw 函数完成对画布对象的获取，并定义一个线性渐变，然后创建了一个 Image 对象。

在 IE 浏览器中预览效果如图 8-15 所示，在显示页面上绘制了一个五边形，图像作为五边形的背景显示，从而实现对象图像的裁剪。

图 8-15　图像裁剪

8.6.4　像素处理

在电脑屏幕上可以看到色彩斑斓的图像，其实这些图像都是由一个个像素点组成的。一像素对应着内存中的一组连续的二进制位，由于是二进制位，每个位上的取值当然只能

是 0 或者 1 了。这样，这组连续的二进制位就可以由 0 和 1 排列组合出很多种情况，而每一种排列组合就决定了此像素的一种颜色。因此，每个像素点由四个字节组成。

这四个字节代表的含义分别是：第一个字节决定像素的红色值；第二个字节决定像素的绿色值；第三个字节决定像素的蓝色值；第四个字节决定像素的透明度值。

在画布中，可以使用 ImageData 对象保存图像像素值，它有 width、height 和 data 三个属性，其中 data 属性就是一个连续数组，图像的所有像素值其实是保存在 data 里面的。

data 属性保存像素值的方法如下。

```
imageData.data[index*4+0]
imageData.data[index*4+1]
imageData.data[index*4+2]
imageData.data[index*4+3]
```

上面取出了 data 数组中连续相邻的四个值，这四个值分别代表了图像中第 index+1 像素的红色、绿色、蓝色和透明度值的大小。需要注意的是 index 从 0 开始，图像中总共有 width × height 像素，数组中总共保存了 width × height × 4 个数值。

画布对象有三种方法用来创建、读取和设置 ImageData 对象，如表 8-10 所示。

表 8-10　图像像素处理的方法

方　　法	说　　明
createImageData(width, height)	在内存中创建一个指定大小的 ImageData 对象（即像素数组），对象中的像素点都是黑色透明的，即 rgba（0,0,0,0）
getImageData(x, y, width, height)	返回一个 ImageData 对象，这个 IamgeData 对象中包含了指定区域的像素数组
putImageData(data, x, y)	将 ImageData 对象绘制到屏幕的指定区域上

【例 8.16】图像像素处理。（实例文件：ch08\8.16.html）

```html
<!DOCTYPE html>
<html>
<head>
<title>图像像素处理</title>
<script type="text/JavaScript"src="script.js"></script>
</head>
<body onload="draw('canvas');">
<h1>像素处理示例</h1>
<canvas id="canvas"width="400"height="300"></canvas>
<script>
    function draw(id){
        var canvas=document.getElementById(id);
        if(canvas==null){
            return false;
        }
        var context=canvas.getContext('2d');
        image=new Image();
        image.src="01.jpg";
        image.onload=function(){
            context.drawImage(image,0,0);
            var imagedata=context.getImageData(0,0,image.width,image.
height);
            for(var i=0,n=imagedata.data.length;i<n;i+=4){
                imagedata.data[i+0]=255-imagedata.data[i+0];
                imagedata.data[i+1]=255-imagedata.data[i+2];
                imagedata.data[i+2]=255-imagedata.data[i+1];
            }
            context.putImageData(imagedata,0,0);
        };
    }
</script>
</body>
</html>
```

在上面的代码中，使用 getImageData 方法获取一个 ImageData 对象，并包含相关的像素
数组。在 for 循环中，对像素值重新赋值，最后使用 putImageData 将处理过的图像在画布上

绘制出来。

在 IE 浏览器中预览效果如图 8-16 所示，在页面上显示了一张图像，其图像明显经过像素处理，显示没有原来的清晰。

图 8-16 像素处理

8.7 图形的保存与恢复

在画布对象中绘制图形或图像时，可以将这些图形或者图形的状态进行改变，即永久保存图形或图像。

8.7.1 保存与恢复图形状态

在画布对象中，有两种方法管理绘制状态的当前栈：save 方法把当前状态压入栈中，而 restore 方法从栈顶弹出状态。绘制状态不会覆盖对画布所做的每件事情。其中 save 方法用来保存 canvas 的状态。save 之后，可以调用 canvas 的平移、放缩、旋转、错切、裁剪等操作。restore 方法用来恢复 canvas 之前保存的状态，防止 save 后对出 canvas 执行的操作对后续的绘制有影响。save 和 restore 要配对使用（restore 可以比 save 调用次数少，但不能多），如果 restore 调用次数比 save 多，会引发 Error。

【例 8.17】保存与恢复图像的状态。（实例文件：ch08\8.17.html）

```
<!DOCTYPE html>
<html>
<head><title>保存与恢复</title></head>
<body>
<canvas id="myCanvas"width="500"height="400"style="border:1px solid blue">
Your browser does not support the canvas element.
</canvas>
<script type="text/JavaScript">
var c=document.getElementById("myCanvas");
var ctx=c.getContext("2d");
ctx.fillStyle="rgb(0,0,255)";
ctx.save();
```

```
ctx.fillRect(50,50,100,100);
ctx.fillStyle="rgb(255,0,0)";
ctx.save();
ctx.fillRect(200,50,100,100);
ctx.restore()
ctx.fillRect(350,50,100,100);
ctx.restore();
ctx.fillRect(50, 200, 100, 100);
</script>
</body>
</html>
```

在上面的代码中，绘制了四个矩形。在第一个矩形绘制之前，定义当前矩形的显示颜色，并将此样式加入到栈中，然后创建了一个矩形。第二个矩形绘制之前，重新定义了矩形的显示颜色，并使用 save 将此样式压入到栈中，然后创建了一个矩形。在第三个矩形绘制之前，使用 restore 恢复当前显示颜色，即调用栈中的最上层颜色，绘制矩形。第四个矩形绘制之前，继续使用 restore 方法，调用最后一个栈中元素定义矩形颜色。

在 IE 浏览器中预览效果如图 8-17 所示，在显示页面上绘制了四个矩形，第一个和第四个矩形显示为蓝色，第二个和第三个矩形

显示为红色。

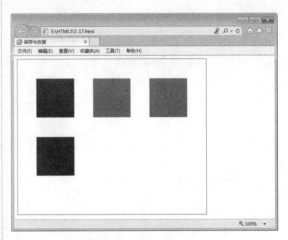

图 8-17　恢复和保存图形状态

8.7.2　保存文件

当绘制出漂亮的图形时，有时需要保存这些劳动成果。这时可以将当前画布元素（而不是 2D 环境）的当前状态导出到数据 URL。导出很简单，可以利用 toDataURL 方法完成，它可以不同的图片格式来调用。目前只有 PNG 格式才是规范定义的格式。

目前 Firefox 和 Opera 浏览器只支持 PNG 格式，Safari 浏览器支持 GIF、PNG 和 JPG 格式。大多数浏览器支持读取 base64 编码内容，例如一张图像。URL 的格式如下。

```
data:image/png;base64,iVBORw0KGgoAAAANSUhEUgAAAfQAAAH0CAYAAADL1t
```

它以一个 data 开始，然后是 MINE 类型，之后是编码和 base64，最后是原始数据。这些原始数据就是画布元素所要导出的内容，并且浏览器能够将数据编码为真正的资源。

【例 8.18】保存图像文件。（实例文件：ch08\8.18.html）

```
<!DOCTYPE html>
<html>
<body>
<canvas id="myCanvas"width="500"height="500"style="border:1px solid blue">
Your browser does not support the canvas element.
</canvas>
<script type="text/JavaScript">
var c=document.getElementById("myCanvas");
```

```
var cxt=c.getContext("2d");
cxt.fillStyle='rgb(0,0,255)';
cxt.fillRect(0,0,cxt.canvas.width,cxt.canvas.height);
cxt.fillStyle="rgb(0,255,0)";
cxt.fillRect(10,20,50,50);
window.location=cxt.canvas.toDataURL(image/png ');
</script>
</body>
</html>
```

在上面的代码中，使用 canvas.toDataURL 语句将当前绘制的图像保存到 URL 数据中。

在 IE 浏览器中预览效果如图 8-18 所示，在显示页面中无任何数据，并且提示无法显示该页面。此时需要注意的是鼠标指针指向的位置，即地址栏中的 URL 数据。

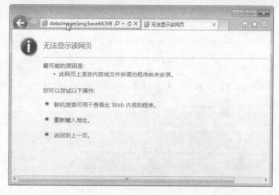

图 8-18　保存图形

8.8　绘制火柴棒人物

漫画中最常见的一种图形就是火柴棒人，通过简单的几个笔画，就可以绘制一个传神的动漫人物。使用 canvas 和 JavaScript 同样可以绘制一个火柴棒人物，具体步骤如下。

步骤 1　分析需求。

一个火柴棒人由脸部和身躯组成。脸部是一个圆形，其中包括眼睛和嘴；身躯由几条直线组成，包括手和腿等。实际上此案例就是绘制圆形、弧度和直线的组合。实例完成后的效果如图 8-19 所示。

步骤 2　实现 HTML 页面，定义画布 canvas。

```
<!DOCTYPE html>
<html>
<title>绘制火柴棒人</title>
<body>
<canvas id="myCanvas"width="500"height="300"style="border:1px solid blue">
Your browser does not support the canvas element.
</canvas>
</body>
</html>
```

HTML+CSS+JavaScript 网页设计实战

图 8-19   火柴棒人

在 IE 9.0 浏览器中预览效果如图 8-20 所示，页面显示了一个画布边框。

图 8-20   定义画布边框

步骤 **3** 实现头部轮廓绘制。

```
<script type="text/JavaScript">
var c=document.getElementById("myCanvas");
var cxt=c.getContext("2d");
cxt.beginPath();
cxt.arc(100,50,30,0,Math.PI*2,true);
cxt.fill();
</script>
```

这会产生一个实心的、填充的头部，即圆形。在 arc 函数中，x 和 y 的坐标为（100,50），半径为 30 像素，另外两个参数为弧度的开始和结束，第 6 个参数表示绘制弧形的方向，即顺时针和逆时针。

在 IE 9.0 浏览器中预览效果如图 8-21 所

示，页面显示了实心圆，其颜色为黑色。

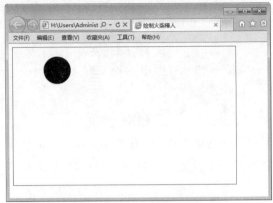

图 8-21   绘制头部轮廓

步骤 **4** 用 JavaScript 绘制笑脸。

```
cxt.beginPath();
cxt.strokeStyle='#c00';
cxt.lineWidth=3;
cxt.arc(100,50,20,0,Math.PI,false);
cxt.stroke();
```

此处使用 beginPath 方法，表示重新绘制，并设定线条宽度，然后绘制了一个弧形，这个弧形是嘴部。

在 IE 9.0 浏览器中预览效果如图 8-22 所示，页面中显示了一个微笑的嘴巴。

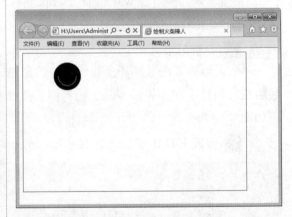

图 8-22   绘制的笑脸

步骤 **5** 用 JavaScript 绘制眼睛。

```
cxt.beginPath();
cxt.fillStyle="#c00";
```

```
cxt.arc(90,45,3,0,Math.PI*2,true);
cxt.fill();
cxt.moveTo(113,45);
cxt.arc(110,45,3,0,Math.PI*2,true);
cxt.fill();
cxt.stroke();
```

首先填充弧线，创建了一双实体样式的眼睛，使用 arc 绘制左眼，然后使用 moveTo 绘制右眼。在 IE 9.0 浏览器中预览效果如图 8-23 所示，页面显示了一双眼睛。

图 8-23　绘制的眼睛

步骤 **6**　绘制身躯。

```
cxt.moveTo(100,80);
cxt.lineTo(100,150);
cxt.moveTo(100,100),
```

```
cxt.lineTo(60,120);
cxt.moveTo(100,100);
cxt.lineTo(140,120);
cxt.moveTo(100,150);
cxt.lineTo(80,190);
cxt.moveTo(100,150);
cxt.lineTo(140,190);
cxt.stroke();
```

上面的代码以 moveTo 作为开始坐标，以 lineTo 为终点，绘制不同的直线。这些直线的坐标位置需要在不同地方汇集，两只手在坐标位置（100,100）交叉，两只脚在坐标位置（100,150）交叉。

在 IE 9.0 浏览器中预览效果如图 8-24 所示，页面显示了一个火柴棒人，相比较上一个图形，多了一个身躯。

图 8-24　定义的身躯

8.9　绘制商标

绘制商标是 canvas 画布的用途之一，可以绘制 adidas 和 Nike 商标。Nike 的图标比 adidas 的复杂得多，adidas 都是由直线组成，而 Nike 的多了曲线。实现本实例的步骤如下。

步骤 **1**　分析需求。

要绘制两条曲线，需要找到曲线的参考点（参考点决定了曲线的曲率），这需要慢慢地移动，然后再看效果，反反复复操作。quadraticCurveTo（30,79,99,78）函数有两组坐标，第一组坐标为控制点，决定曲线的曲率，第二组坐标为终点。

步骤 2 构建 HTML，实现 canvas 画布。

```
<!DOCTYPE html>
<html>
<head>
<title>绘制商标</title>
</head>
<body>
<canvas id="Nike"width="375px"height="132px"style="border:1px solid
 #000;"></canvas>
</body>
</html>
```

在 IE 9.0 浏览器中预览效果如图 8-25 所
示，此时只显示一个画布边框，其内容还没
有绘制。

图 8-25　定义画布边框

步骤 3 用 JavaScript 实现基本图形。

```
<script>
function drawAdidas(){
     //取得convas元素及其绘图上下文
     var canvas=document.getElementById('Nike');
     var context=canvas.getContext('2d');
     //保存当前绘图状态
     context.save();
     //开始绘制打钩的轮廓
     context.beginPath();
     context.moveTo(53,0);
     //绘制上半部分曲线，第一组坐标为控制点，决定曲线的曲率，第二组坐标为终点
     context.quadraticCurveTo(30,79,99,78);
     context.lineTo(371,2);
     context.lineTo(74,134);
     context.quadraticCurveTo(-55,124,53,0);
     //用红色填充
     context.fillStyle="#da251c";
     context.fill();
     //用3像素深红线条描边
     context.lineWidth=3;
     //连接处平滑
     context.lineJoin='round';
```

```
        context.strokeStyle="#d40000";
        context.stroke();
        //恢复原有绘图状态
        context.restore();
}
window.addEventListener("load",drawNike,true);
</script>
```

在 IE 9.0 浏览器中预览效果如图 8-26 所示，显示了一个商标图案，颜色为红色。

图 8-26　绘制的商标

8.10　大神解惑

小白：canvas 的宽度和高度是否可以在 CSS 属性中定义？

大神：在添加一个 canvas 标记的时候，会在 canvas 的属性里填写要初始化的 canvas 的高度和宽度：

```
<canvas width="500"height="400">Not Supported!</canvas>
```

如果把高度和宽度写在 CSS 里面，在绘图的时候坐标获取会出现差异，canvas.width 和 canvas.height 分别是 300 和 150，和预期的不一样。这是因为 canvas 要求这两个属性必须同 canvas 标记一起出现。

小白：画布中 stroke 和 fill 二者的区别是什么？

大神：HTML5 中将图形分为两大类：第一类称作 Stroke，就是轮廓、勾勒或者线条，总之，图形是由线条组成的；第二类称作 Fill，就是填充区域。上下文对象中有两个绘制矩形的方法，可以让我们很好地理解这两大类图形的区别：一个是 strokeRect，另一个是 fillRect。

8.11 跟我练练手

练习 1：绘制基本形状。

练习 2：绘制渐变图形。

练习 3：绘制其他样式的图形。

练习 4：练习使用图像。

练习 5：练习图形的保存与恢复。

练习 6：绘制火柴棒人物。

练习 7：绘制商标。

第**3**篇

用CSS美化网页

△ 第 9 章　CSS 概述与基本语法

△ 第 10 章　美化网页字体与段落

△ 第 11 章　美化网页图片

△ 第 12 章　美化网页背景与边框

△ 第 13 章　美化表格和表单样式

△ 第 14 章　美化超链接和鼠标指针

△ 第 15 章　控制网页导航菜单的样式

第**9**章

CSS 概述与基本语法

一个美观大方简约的页面以及高访问量的网站，是网页设计者的追求。然而仅通过 HTML 实现是非常困难的，HTML 仅仅定义了网页结构，对于文本样式没有过多涉及。这就需要一种技术对页面布局、字体、颜色、背景和其他图文效果的实现提供更加精确的控制，这种技术就是 CSS。

● **本章要点（已掌握的在方框中打钩）**

- ☐ 了解什么是 CSS
- ☐ 掌握编辑和浏览 CSS 的方法
- ☐ 掌握在 HTML 中使用 CSS 的方法
- ☐ 掌握使用 CSS 标记选择器的方法
- ☐ 掌握选择器声明的方法
- ☐ 掌握制作炫彩网站 Logo 的方法
- ☐ 掌握制作学生信息统计表的方法

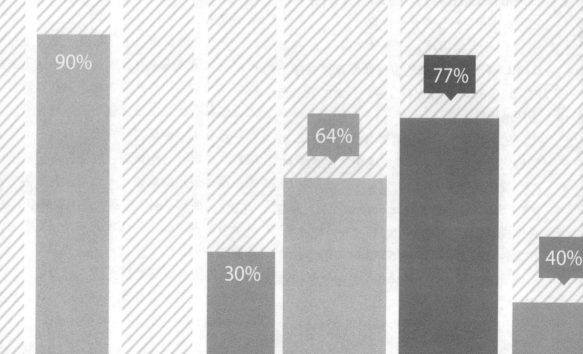

9.1 CSS概述

使用 CSS 最大的优势是，在后期维护中如果一些外观样式需要修改，只修改相应的代码即可。

9.1.1 CSS 功能

随着 Internet 的不断发展，对页面效果诉求越来越强烈，只依赖 HTML 这种结构化标记实现样式已经不能满足网页设计者的需要。其表现有以下几方面。

（1）维护困难，为了修改某个特殊标记格式，需要花费很长时间，尤其对整个网站而言，后期修改和维护成本较高。

（2）标记不足，HTML 本身标记十分少，很多标记都是为网页内容服务的，而关于内容样式标记，例如文字间距、段落缩进很难在 HTML 中找到。

（3）网页过于臃肿，由于没有统一对各种风格样式进行控制，HTML 页面往往体积过大，占用了很多宝贵的空间。

（4）定位困难，在整体布局页面时，HTML 对于各个模块的位置调整显得捉襟见肘，过多的 table 标记将会导致页面的复杂和后期维护的困难。

在这种情况下，就需要寻找一种可以将结构化标记与丰富的页面表现相结合的技术。CSS 技术就产生了。

CSS（Cascading Style Sheets），称为层叠样式表，也可以称为 CSS 样式表或样式表，其文件扩展名为 .css。CSS 是用于增强或控制网页样式，并允许将样式信息与网页内容分离的一种标记性语言。

引用样式表的目的是将"网页结构代码"和"网页样式风格代码"分离开，从而使网页设计者可以对网页布局进行更多的控制。利用样式表，可以将整个站点上所有网页都指向某个 CSS 文件，设计者只需要修改 CSS 文件中的某一行，整个网页上对应的样式都会随之发生改变。

9.1.2 浏览器与 CSS 的兼容性

CSS 制定完成之后，具有了很多新功能，即新样式，但这些新样式在浏览器中不能获得完全支持，这主要在于各个浏览器对 CSS 很多细节处理上存在差异，例如一种标记的某个属性被一种浏览器支持，而另外一种浏览器不支持，或者两个浏览器都支持，但其显示效果不一样。

各主流浏览器为了自己的产品利益和推广，定义了很多私有属性，以便加强页面显示样式和效果，导致现在每个浏览器都存在大量的私有属性。虽然使用私有属性可以快速构建效果，但是对网页设计者是一个很大的麻烦，设计一个页面，就需要考虑在不同浏览器上显示的效果，一个不注意就会导致同一个页面在不同浏览器上显示效果不一致。甚至有的浏览器不同版本之间，也具有不同的属性。

如果所有浏览器都支持 CSS 样式，那么网页设计者只需要使用一种统一标记，就会在不同浏览器上显示统一样式效果。

当 CSS 被所有浏览器接受和支持的时候，整个网页设计将会变得非常容易，其布局更加合理，样式更加美观，到那个时候，整个 Web 页面显示会焕然一新。虽然现在 CSS 还没有完全普及，各个浏览器对 CSS 的支持还处于发展阶段，但 CSS 是一个新的、具有很大发展潜力的技术，在样式修饰方面，是其他技术无可替代的。此时学习 CSS 技术，这样才能保证技术不落伍。

9.1.3　CSS 基础语法

CSS 样式表由若干样式规则组成，这些样式规则可以应用到不同的元素或文档来定义它们显示的外观。每一条样式规则由三部分构成：选择符（selector）、属性（property）和属性值（value），基本格式如下。

```
selector{property: value}
```

（1）selector 选择符可以采用多种形式，可以为文档中的 HTML 标记，例如 <body>、<table>、<p> 等，也可以是 XML 文档中的标记。

（2）property 属性则是选择符指定的标记所包含的属性。

（3）value 指定了属性的值。如果定义选择符的多个属性，则属性和属性值为一组，组与组之间用分号（;）隔开，基本格式如下。

```
selector{property1: value1; property2: value2;...}
```

下面就给出一条样式规则：

```
p{color:red}
```

该样式规则为选择符 p，为段落标记 <p> 提供样式，color 为指定文字颜色属性，red 为属性值。此样式表示标记 <p> 指定的段落文字为红色。

如果要为段落设置多种样式，则可以使用下列语句。

```
p{font-family:"隶书"; color:red; font-size:40px; font-weight:bold}
```

9.1.4　CSS 常用单位

CSS 中常用的单位包括颜色单位与长度单位两种，利用这些单位可以完成网页元素的搭配与网页布局的设定，如网页图片颜色的搭配、网页表格长度的设定等。

 颜色单位

通常使用颜色单位设定字体以及背景的颜色。在 CSS 中设置颜色的方法很多，有命名颜色、RGB 颜色、十六进制颜色、网络安全色。相较以前版本，CSS 新增了 HSL、HSLA、RGBA

色彩模式。

（1）命名颜色。

CSS 中可以直接用英文单词命名与之相应的颜色，这种方法的优点是简单、直接、容易掌握。此处预设了 16 种颜色以及这 16 种颜色的衍生色，这 16 种颜色是 CSS 规范推荐的，而且一些主流的浏览器都能够识别它们，如表 9-1 所示。

表 9-1　CSS 推荐颜色

颜　色	名　称	颜　色	名　称
aqua	水绿	black	黑
blue	蓝	fuchsia	紫红
gray	灰	green	绿
lime	浅绿	maroon	褐
navy	深蓝	olive	橄榄
purple	紫	red	红
silver	银	teal	深青
white	白	yellow	黄

这些颜色最初来源于基本的 Windows VGA 颜色，而且浏览器还可以识别这些颜色。例如，在 CSS 定义字体颜色时，便可以直接使用这些颜色的名称。

```
p{color:red}
```

直接使用颜色的名称，简单、直接而且不容易忘记。但是，除了这 16 种颜色外，还可以使用其他 CSS 预定义颜色。多数浏览器大约能够识别 140 多种颜色名，其中包括这 16 种颜色，例如，orange、PaleGreen 等。

> **提示**　在不同的浏览器中，命名颜色种类也是不同的，即使使用了相同的颜色名，它们颜色也有可能存在差异，所以，虽然每一个浏览器都命名了大量的颜色，但是这些颜色大多数在其他浏览器上是不能识别的，而真正通用的标准颜色只有 16 种。

（2）RGB 颜色。

如果要使用十进制表示颜色，则需要使用 RGB 颜色。十进制表示颜色，最大值为 255，最小值为 0。要使用 RGB 颜色，必须使用 rgb（R,G,B），其中 R、G、B 分别表示红、绿、蓝的十进制值，通过这三个值的变化结合，便可以形成不同的颜色。例如，rgb（255,0,0）表示红色，rgb（0,255,0）表示绿色，rgb（0,0,255）则表示蓝色。黑色表示为 rgb（0,0,0），白色则表示为 rgb（255,255,255）。

RGB 颜色设置方法一般分为两种：百分比设置和直接用数值设置。例如将 p 标记设置颜色，有两种方法：

```
p{color:rgb(123,0,25)}
p{color:rgb(45%,0%,25%)}
```

这两种方法都是用三个值表示"红""绿"和"蓝"三种颜色。这三种基本色的取值范围都是 0 ~ 255。通过定义这三种基本色分量，可以定义出各种各样的颜色。

（3）十六进制颜色。

除了 CSS 预定义的颜色外，设计者为了使页面色彩更加丰富，可以使用十六进制颜色和 RGB 颜色。十六进制颜色的基本格式为 #RRGGBB，其中 R 表示红色，G 表示绿色，B 表示蓝色。而 RR、GG、BB 最大值为 FF，表示十进制中的 255；最小值为 00，表示十进制中的 0。例如，#FF0000 表示红色，#00FF00 表示绿色，#0000FF 表示蓝色。#000000 表示黑色，那么白色的表示就是 #FFFFFF，而其他颜色分别通过这三种基本色的结合而形成。例如，#FFFF00 表示黄色，#FF00FF 表示紫红色。

对于浏览器不能识别的颜色名称，就可以使用需要颜色的十六进制值或 RGB 值。表 9-2 列出了几种常见的预定义颜色值的十六进制值和 RGB 值。

表 9-2　颜色对照表

颜 色 名	十六进制值	RGB 值
红色	#FF0000	rgb（255,0,0）
橙色	#FF6600	rgb（255,102,0）
黄色	#FFFF00	rgb（255,255,0）
绿色	#00FF00	rgb（0,255,0）
蓝色	#0000FF	rgb（0,0,255）
紫色	#800080	rgb（128,0,128）
紫红色	#FF00FF	rgb（255,0,255）
水绿色	#00FFFF	rgb（0,255,255）
灰色	#808080	rgb（128,128,128）
褐色	#800000	rgb（128,0,0）
橄榄色	#808000	rgb（128,128,0）
深蓝色	#000080	rgb（0,0,128）

颜 色 名	十六进制值	RGB 值
银色	#C0C0C0	rgb（192,192,192）
深青色	#008080	rgb（0,128,128）
白色	#FFFFFF	rgb（255,255,255）
黑色	#000000	rgb（0,0,0）

（4）HSL 色彩模式。

CSS 新增加了 HSL 颜色表现方式。HSL 色彩模式是工业界的一种颜色标准，它通过对色调（H）、饱和度（S）、亮度（L）三个颜色通道的改变以及它们相互之间的叠加来获得各种颜色。这个标准几乎包括了人类视力可以感知的所有颜色，在屏幕上可以重现 16 777 216 种颜色，是目前运用最广泛的颜色系统之一。

在 CSS 中，HSL 色彩模式的表示语法如下。

```
hsl(<length> , <percentage> , <percentage>)
```

hsl() 函数的三个参数说明如表 9-3 所示。

表 9-3　HSL 函数属性说明

属性名称	说　　明
length	表示色调（Hue），它衍生于色盘，取值可以为任意数值，其中 0（或 360，或 −360）表示红色，60 表示黄色，120 表示绿色，180 表示青色，240 表示蓝色，300 表示洋红。可以设置其他数值来确定不同的颜色
percentage	表示饱和度（Saturation），说明该色彩被使用了多少，即颜色的深浅程度和鲜艳程度。取值为 0% 到 100% 之间的值，其中 0% 表示灰度，即没有使用该颜色；100% 的饱和度最高，即颜色最鲜艳
percentage	表示亮度（Lightness），取值为 0% 到 100% 之间的值，其中 0% 最暗，显示为黑色，50% 表示均值，100% 最亮，显示为白色

其使用示例如下：

```
p{color:hsl(0,80%,80%);}
p{color:hsl(80,80%,80%);}
```

（5）HSLA 色彩模式。

HSLA 也是 CSS 新增颜色模式，它是 HSL 色彩模式的扩展，在色相、饱和度、亮度三要素的基础上增加了不透明度参数。使用 HSLA 色彩模式，设计师能够更灵活地设计不同的透明效果。其语法格式如下。

```
hsla(<length> , <percentage> , <percentage> , <opacity>)
```

其中，前 3 个参数与 hsl() 函数的参数意义和用法相同，第 4 个参数 <opacity> 表示不透明度，取值在 0 到 1 之间。

使用示例如下。

```
p{color:hsla(0,80%,80%,0.9);}
```

（6）RGBA 色彩模式。

RGBA 也是 CSS 新增颜色模式，它是 RGB 色彩模式的扩展，在红、绿、蓝三原色的基础上增加了不透明度参数。其语法格式如下。

```
rgba(r,g,b, <opacity>)
```

其中，r、g、b 分别表示红色、绿色和蓝色三种原色所占的比重。r、g、b 的值可以是正整数或者百分数，正整数的取值范围为 0 ~ 255，百分数的取值范围为 0.0 ~ 100.0%，超出范围的数值将被截至其最接近的取值极限。注意，并非所有浏览器都支持使用百分数值。第四个参数 <opacity> 表示不透明度，取值在 0 到 1 之间。

使用示例如下。

```
p{color:rgba(0,23,123,0.9);}
```

（7）网络安全色。

网络安全色由 216 种颜色组成，被认为在任何操作系统和浏览器中都是相对稳定的，也就是说显示的颜色是相同的，因此，这 216 种颜色被称为"网络安全色"。这 216 种颜色都是由红、绿、蓝三种基本色从 0、51、102、153、204、255 这六个数值中取值，组成的 6×6×6 种颜色。

2. 长度单位

为保证页面元素能够在浏览器中完全显示，以及布局合理，就需要设定元素的间距，及元素本身的边界等，这都离不开长度单位的使用。在 CSS 中，长度单位可以被分为两类：绝对单位和相对单位。

（1）绝对单位。

绝对单位用于设定绝对位置，主要有下列五种。

① 英寸（in）。

英寸对于中国设计而言，使用比较少，它是国外常用的量度单位。1 英寸等于 2.54 厘米，而 1 厘米等于 0.394 英寸。

② 厘米（cm）。

厘米是常用的长度单位。它可以用来设定距离比较大的页面元素框。

③ 毫米（mm）。

毫米用来比较精确地设定页面元素距离或大小。10 毫米等于 1 厘米。

④ 磅（pt）。

磅一般用来设定文字的大小。它是标准的印刷量度，广泛应用于打印机、文字程序等。72 磅等于 1 英寸，也就是说等于 2.54 厘米。另外，英寸、厘米和毫米也可以用来设定文字的大小。

⑤ pica（pc）。

pica 是另一种印刷量度。1pica 等于 12 磅，该单位也不被经常使用。

（2）相对单位。

相对单位是指在量度时需要参照其他页面元素的单位值。使用相对单位所量度的实际距离可能会随着这些单位值的改变而改变。CSS 提供了三种相对单位：em、ex 和 px。

① em。

在 CSS 中，em 用于给定字体的 font-size 值，例如，一个元素字体大小为 12pt，那么 1em 就是 12pt；如果该元素字体大小改为 15pt，则 1em 就是 15pt。简单来说，无论字体大小是多少，1em 总是字体的大小值。em

的值总是随着字体大小的变化而变化。

例如，分别设定页面元素 h1、h2 和 p 的字体大小为 20pt、15pt 和 10pt，各元素的左边距为 1em，样式规则如下。

```
h1{font-size:20pt}
h2{font-size:15pt}
p{font-size:10pt}
h1,h2,p{margin-left:1em}
```

对于 h1，1em 等于 20pt；对于 h2，1em 等于 15pt；对于 p，1em 等于 10pt，所以 em 的值会随着相应元素字体大小的变化而变化。

另外，em 值有时还相对于其上级元素的字体大小。例如，上级元素字体大小为 20pt，设定其子元素字体大小为 0.5em，则子元素显示出的字体大小为 10pt。

② ex。

ex 是以给定字体的小写字母"x"高度作为基准，对于不同的字体来说，小写字母"x"的高度是不同的，所有 ex 单位的基准也不同。

③ px。

px 也叫像素，这是目前使用最为广泛的一种单位，1 像素也就是屏幕上的一个小方格，这个通常是看不出来的。由于显示器有多种不同的尺寸规格，它的每个小方格大小是有差异的，所以像素单位的标准也不都是一样的。在 CSS 的规范中假设 90px=1 英寸，但是在通常情况下，浏览器都会使用显示器的像素值来做标准。

9.2 编辑和浏览CSS

CSS 文件是纯文本格式文件，在编辑 CSS 时，就有了多种选择，可以使用一些简单纯文本编辑工具，例如记事本等，也可以选择专业的 CSS 编辑工具，例如 Dreamweaver 等。记事本编辑工具适合初学者，不适合大项目编辑，但专业工具软件通常占用空间较大，打开不太方便。

9.2.1 手工编写 CSS

【例 9.1】使用记事本编写 CSS，和使用记事本编写 HTML 文档基本一样。首先需要打开一个记事本，然后在里面输入相应的 CSS 代码即可，具体步骤如下。

步骤 1 打开记事本，输入 HTML 代码，如图 9-1 所示。

步骤 2 添加 CSS 代码，修饰 HTML 元素。在 head 标记中间，添加 CSS 样式代码，如图 9-2 所示。从窗口中可以看出，在 head 标记中间，添加了一个 style 标记，即 CSS 样式标记。在 style 标记中间，对 p 样式进行了设定，设置段落居中显示并且颜色为红色。

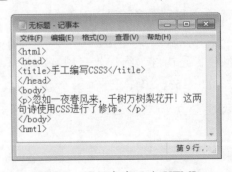

图 9-1 用记事本开发 HTML

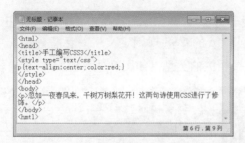

图 9-2　添加样式

步骤 3 运行网页文件。网页编辑完成后，

使用 IE 浏览器打开，如图 9-3 所示，可以看到段落在页面中间以红色字体显示。

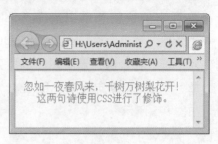

图 9-3　CSS 样式显示窗口

9.2.2　用 Dreamweaver 编写 CSS

【例 9.2】除了使用记事本手工编写 CSS 代码外，还可以使用专用的 CSS 编辑器，例如 Dreamweaver 的 CSS 编辑器和 Visual Studio 的 CSS 编辑器，这些编辑器有语法着色，带输入提示，甚至有自动创建 CSS 的功能，因此深受开发人员喜爱。

使用 Dreamweaver 创建 CSS 的步骤如下。

步骤 1 创建 HTML 文档。使用 Dreamweaver CC 创建 HTML 文档，此处创建了一个名称为 9.2.html 的文档，如图 9-4 所示。

图 9-4　网页显示窗口

步骤 2 添加 CSS 样式。在设计模式中，选中"忽如一夜春风来……"段落后，右击鼠标并在弹出的快捷菜单中选择"CSS 样式"→"新建"菜单命令，弹出"新建 CSS 规则"对话框。在"选择器类型"下拉列表中，选择"标签（重新定义 HTML 元素）"选项，如图 9-5 所示。

步骤 3 选择完成后，单击"确定"按钮，打开"p 的 CSS 规则定义"对话框，在其中设置相关的类型，如图 9-6 所示。

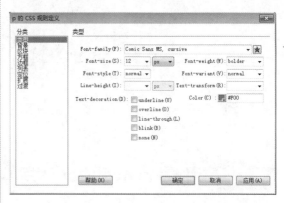

图 9-6 "p 的 CSS 规则定义"对话框

步骤 4 单击"确定"按钮，即可完成 p 样式的设置。设置完成后，HTML 文档内容发生变化，如图 9-7 所示。从代码模式窗口中，可以看到在 head 标记中，增加了一个 style 标记，用来放置 CSS 样式。其样式用来修饰段落 p。

图 9-5 "新建 CSS 规则"对话框

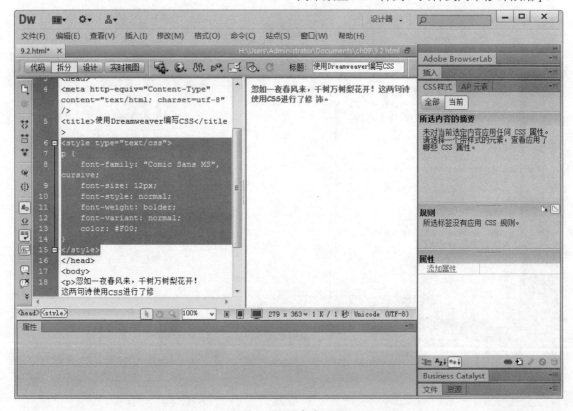

图 9-7 设置完成显示

步骤 **5** 运行 HTML 文档。在 IE 浏览器中预览该网页，其显示结果如图 9-8 所示，可以看到文本颜色设置为浅红色，大小为 12px，字体较粗。

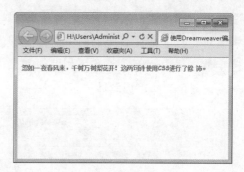

图 9-8　CSS 样式显示

9.3　在HTML中使用CSS的方法

CSS 样式表能很好地控制页面显示，以分离网页内容和样式代码。CSS 样式表控制 HTML 页面达到好的样式效果，其方式通常包括行内样式、内嵌样式、链接样式和导入样式。

9.3.1　行内样式

行内样式是所有样式中比较简单、直观的方法，就是直接把 CSS 代码添加到 HTML 的标记中，即作为 HTML 标记的属性标记存在。通过这种方法，可以很简单地对某个元素单独定义样式。

使用行内样式的方法是直接在 HTML 标记中使用 style 属性，该属性的内容就是 CSS 的属性和值，例如：

```
<p style="color:red">段落样式</p>
```

【例 9.3】（实例文件：ch09\9.3.html）

```
<!DOCTYPE html>
<html>
<head>
<title>行内样式</title>
</head>
<body>
<p style="color:red;font-size:20px;text-decoration:underline;text-align:
center">此段落使用行内样式修饰</p>
<p style="color:blue;font-style:italic">正文内容</p>
</body>
</html>
```

在 IE 浏览器中预览效果如图 9-9 所示，可以看到两个 p 标记中都使用了 style 属性，并且设置了 CSS 样式，各个样式之间互不影响，分别显示自己的样式效果。第一个段落设置红色字体，居中显示，带有下划线。第二个段落设置蓝色字体，以斜体显示。

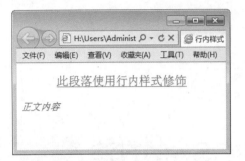

图 9-9　行内样式显示

> **注意**　尽管行内样式简单，但这种方法不常使用，因为这样添加无法完全发挥样式表"内容结构和样式控制代码"分离的优势。而且这种方式也不利于样式的重用，如果需要为每一个标记都设置 style 属性，后期维护成本高，网页容易过胖，故不推荐使用。

9.3.2　内嵌样式

内嵌样式就是将 CSS 样式代码添加到 <head> 与 </head> 之间，并且用 <style> 和 </style> 标记进行声明。这种写法虽然没有完全实现页面内容和样式控制代码完全分离，但可以设置一些比较简单的样式，并统一页面样式。其格式如下。

```
<head>
  <style type="text/css">
    p
    {
      color:red;
      font-size:12px;
    }
  </style>
</head>
```

> **技巧**　有些较低版本的浏览器不能识别 <style> 标记，因而不能正确地将样式应用到页面显示上，而是直接将标记中的内容以文本的形式显示。为了解决此类问题，可以使用 HMTL 注释将标记中的内容隐藏。如果浏览器能够识别 <style> 标记，则标记内被注释的 CSS 样式定义代码依旧能够发挥作用。例如：

```
<head>
  <style type="text/css">
  <!--
    p
    {
      color:red;
      font-size:12px;
    }
  -->
  </style>
</head>
```

【例 9.4】（实例文件：ch09\9.4.html）

```
<!DOCTYPE html>
<html>
<head>
<title>内嵌样式</title>
<style type="text/css">
p{
    color:orange;
    text-align:center;
    font-weight:bolder;
    font-size:25px;
}
</style>
</head><body>
<p>此段落使用内嵌样式修饰</p>
<p>正文内容</p>
</body>
</html>
```

在 IE 浏览器中预览效果如图 9-10 所示，可以看到两个 p 标记中都被 CSS 样式修饰，其样式保持一致，段落居中、加粗并以橙色字体显示。

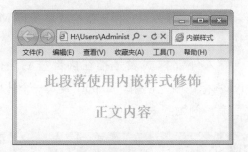

图 9-10　内嵌样式显示

> **注意**　在上面的例子中，所有 CSS 编码都在 style 标记中，方便了后期维护，页面相较行内样式大大瘦身了。但如果一个网站拥有很多页面，对于不同页面 p 标记都希望采用同样风格时，内嵌方式就显得有点麻烦。此种方法只适用于特殊页面设置单独的样式风格。

9.3.3　链接样式

链接样式是 CSS 中使用频率最高，也是最实用的方法。它很好地将"页面内容"和"样式风格代码"分离成两个文件或多个文件，实现了页面框架 HTML 代码和 CSS 代码的完全分离，使前期制作和后期维护都十分方便。

链接样式是指在外部定义 CSS 样式表并形成以 .css 为扩展名的文件，然后在页面中通过 <link> 链接标记链接到页面中，而且该链接语句必须放在页面的 <head> 标记区，如下所示。

```
<link rel="stylesheet"type="text/css"href="1.css"/>
```

（1）rel 指定链接到样式表，其值为 stylesheet。

（2）type 表示样式表类型为 CSS 样式表。

（3）href 指定了 CSS 样式表所在位置，此处表示当前路径下名称为 1.css 的文件。

这里使用的是相对路径。如果 HTML 文档与 CSS 样式表没有在同一路径下，则需要指定样式表的绝对路径或引用位置。

【例 9.5】（实例文件：ch09\9.5.html）

```
<!DOCTYPE html>
<html>
<head>
<title>链接样式</title>
<link rel="stylesheet"type="text/css"href="9.5.css"/>
</head><body>
<h1>CSS的学习</h1>
<p>此段落使用链接样式修饰</p>
</body>
</html>
```

（实例文件：ch09\9.5.css）

```
h1{text-align:center;}
p{font-weight:29px;text-align:center;font-style:italic;}
```

在 IE 浏览器中预览效果如图 9-11 所示，可以看到标题和段落以不同样式显示，标题居中显示，段落以斜体居中显示。

图 9-11　链接样式显示

链接样式最大的优势就是将 CSS 代码和 HTML 代码完全分离，并且同一个 CSS 文件能被不同的 HTML 所链接使用。

> **提示**
>
> 在设计整个网站时，可以将所有页面链接到同一个 CSS 文件，使用相同的样式风格。如果整个网站需要修改样式，只修改 CSS 文件即可。

9.3.4　导入样式

导入样式和链接样式基本相同，都是创建一个单独的 CSS 文件，然后再引入到 HTML 文件中，只不过语法和运作方式有差别。采用导入样式的样式表，在 HTML 文件初始化时，会被导入到 HTML 文件内，作为文件的一部分，类似于内嵌效果。而链接样式是在 HTML 标记需要样式风格时才以链接方式引入。

导入外部样式表是指在内部样式表的 `<style>` 标记中，使用 @import 导入一个外部样式表，例如：

```
<head>
 <style type="text/css">
 <!--
 @import"1.css"
 -->  </style>
</head>
```

导入外部样式表相当于将样式表导入到内部样式表中，其方式更有优势。导入外部样式表必须在样式表的开始，其他内部样式表上面。

【例 9.6】（实例文件：ch09\9.6.html）

```
<!DOCTYPE html>
<html>
<head>
<title>导入样式</title>
<style>
@import"9.6.css"
</style>
</head>
<body>
<h1>CSS学习</h1>
<p>此段落使用导入样式修饰</p>
</body>
</html>
```

```
h1{text-align:center;color:#0000ff}
p{font-weight:bolder;text-decoration:underline;font-size:20px;}
```

在 IE 浏览器中预览效果如图 9-12 所示，可以看到标题和段落以不同样式显示，标题居中显示，颜色为蓝色，段落以大小 20px 并加粗、加下划线显示。

图 9-12　导入样式显示

导入样式与链接样式相比，最大的优点是可以一次导入多个 CSS 文件，其格式如下。

```
<style>
@import"9.6.css"
@import"test.css"
</style>
```

 9.3.5 优先级问题

如果同一个页面采用了多种 CSS 使用方式，例如，使用行内样式、链接样式和内嵌样式，这几种样式共同作用于同一个标记，就会出现优先级问题，即究竟哪种样式设置有效果。例如，内嵌设置字体为宋体，链接样式设置为红色，那么二者会同时生效。例如，都设置字体颜色，情况就会复杂。

1. 行内样式和内嵌样式比较

例如，有这样一种情况：

```
<style>
.p{color:red}
</style>
<p style="color:blue">段落应用样式</p>
```

在样式定义中，段落标记 `<p>` 匹配了两种样式规则，一种使用内嵌样式定义颜色为红色，另一种使用 p 行内样式定义颜色为蓝色，而在页面代码中，该标记使用了类选择符。

```
<!DOCTYPE html>
<html>
<head>
<title>优先级比较</title>
<link href="9.8.css"type="text/css"rel="stylesheet">
<style>p{color:red}
</style></head>
<body>
<p>优先级测试</p>
</body>
</html>
```

但是，标记内容最终会以哪种样式显示呢？

【例 9.7】（实例文件：ch09\9.7.html）

```
<!DOCTYPE html>
<html>
<head>
<title>优先级比较</title>
<style>
.p{color:red}
</style>
</head>
<body>
<p style="color:blue">优先级测试
</p>
</body>
</html>
```

在 IE 浏览器中预览效果如图 9-13 所示，段落以蓝色字体显示，可以知道行内优先级高于内嵌优先级。

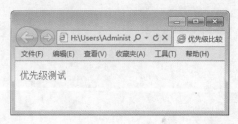

图 9-13 优先级显示

 2. 内嵌样式和链接样式比较

以相同例子测试内嵌样式和链接样式优先级，将设置颜色样式代码单独放在一个 CSS 文件中，使用链接样式引入。

【例 9.8】（实例文件：ch09\9.8.html）

（实例文件：ch09\9.8.css）

```
p{color:yellow}
```

在 IE 浏览器中预览效果如图 9-14 所示，段落以红色字体显示。

从上面的代码中可以看出，内嵌样式和链接样式同时对段落 p 修饰，段落显示红色字体。可以知道，内嵌样式优先级高于链接样式。

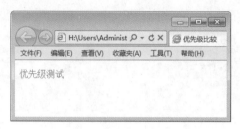

图 9-14　优先级测试

3. 链接样式和导入样式比较

现在进行链接样式和导入样式优先级测试，分别创建两个 CSS 文件，一个作为链接，另一个作为导入。

【例 9.9】（实例文件：ch09\9.9.html）

```
<!DOCTYPE html>
<html>
<head>
<title>优先级比较</title>
<style>
@import"9.9_2.css"
</style>
<link href="9.9_1.css"type="text/css"rel="stylesheet">
</head><body>
<p>优先级测试</p>
</body>
</html>
```

（实例文件：ch09\9.9_1.css）

```
p{color:green}
```

（实例文件：ch09\9.9_2.css）

```
p{color:purple}
```

在 IE 浏览器中预览效果如图 9-15 所示，段落以绿色显示。从结果中可以看出，链接样式优先级高于导入样式。

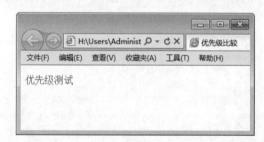

图 9-15　优先级比较

9.4　CSS的常用选择器

选择器（selector）也被称为选择符，所有 HTML 中的标记都是通过不同的 CSS 选择器进行控制的。选择器不只是 HTML 文档中的元素标记，它还可以是类、ID 或元素的某种状态。根据 CSS 选择符用途可以把选择器分为标记选择器、类选择器、全局选择器、ID 选择器和伪类选择器等。

9.4.1 标记选择器

HTML 文档由多个不同标记组成，而 CSS 选择器就是声明哪些标记采用样式。例如 p 选择器，就是用于声明页面中所有 `<p>` 标记的样式风格。同样也可以通过 h1 选择器来声明页面中所有 `<h1>` 标记的 CSS 风格。

标记选择器最基本的形式如下。

```
tagName{property:value}
```

其中，tagName 表示标记名称，例如 p、h1 等 HTML 标记；property 表示 CSS 属性；value 表示 CSS 属性值。

【例 9.10】（实例文件：ch09\9.10.html）

```
<!DOCTYPE html>
<html>
<head>
<title>标记选择器</title>
<style>
p{color:blue;font-size:20px;}
</style>
</head>
<body>
<p>此处使用标记选择器控制段落样式</p>
</body>
</html>
```

在 IE 浏览器中预览效果如图 9-16 所示，可以看到段落以蓝色字体显示，大小为 20px。

如果在后期维护中，需要调整段落颜色，只需要修改 color 属性值即可。

图 9-16 标记选择器显示

提示 CSS 语句对于所有属性和值都有相对严格的要求，如果声明的属性在 CSS 规范中没有，或者某个属性值不符合属性要求，都不能使 CSS 语句生效。

9.4.2 类选择器

在一个页面中，使用标记选择器，会控制该页面中所有此标记的显示样式。如果需要为此类标记中其中一个标记重新设定，此时仅使用标记选择器是不能达到效果的，还需要使用类（class）选择器。

类选择器用来为一系列标记定义相同的呈现方式，常用语法格式如下。

```
.classValue {property:value}
```

classValue 是选择器的名称，具体名称由 CSS 制定者自己命名。

【例 9.11】（实例文件：ch09\9.11.html）

```
<!DOCTYPE html>
<html>
<head><title>类选择器</title>
<style>
.aa{
   color:blue;
   font-size:20px;
}
.bb{
   color:red;
   font-size:22px;
```

```
}
</style></head><body>
<h3  class=bb>学习类选择器</h3>
<p class="aa">此处使用类选择器aa控制段落样式</p>
<p class="bb">此处使用类选择器bb控制段落样式</p>
</body>
</html>
```

在 IE 浏览器中预览效果如图 9-17 所示，可以看到第一个段落以蓝色字体显示，大小为 20px；第二个段落以红色字体显示，大小为 22px；标题同样以红色字体显示，大小为 22px。

图 9-17　类选择器显示

9.4.3　ID 选择器

ID 选择器和类选择器类似，都是针对特定属性的属性值进行匹配。ID 选择器定义的是某一个特定的 HTML 元素，一个网页文件中只能有一个元素使用某一 ID 的属性值。

定义 ID 选择器的基本语法格式如下。

```
#idValue{property:value}
```

在上述语法格式中，idValue 是选择器名称，可以由 CSS 定义者自己命名。

【例 9.12】（实例文件：ch09\9.12.html）

```
<!DOCTYPE html>
<html>
<head>
<title>ID选择器</title>
<style>
#fontstyle{
    color:blue;
    font-weight:bold;
}
#textstyle{
    color:red;
    font-size:22px;
}
</style>
</head>
<body>
<h3  id=textstyle>学习ID选择器</h3>
<p id=textstyle>此处使用ID选择器textstyle控制段落样式</p>
<p id=fontstyle>此处使用ID选择器fontstyle控制段落样式</p>
```

```
</body>
</html>
```

在 IE 浏览器中预览效果如图 9-18 所示，可以看到第一个段落以红色字体显示，大小为 22px；第二个段落以蓝色字体显示，字体以粗体显示；标题以红色字体显示，大小为 22px。

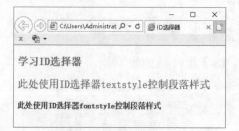

图 9-18　ID 选择器显示

9.4.4　全局选择器

如果想要一个页面中所有 HTML 标记使用同一种样式，可以使用全局选择器。全局选择器，顾名思义就是对所有 HTML 元素起作用。其语法格式为：

```
*{property:value}
```

其中，"*"表示对所有元素起作用，property 表示 CSS 属性名称，value 表示属性值。使用示例如下。

```
*{margin:0; padding:0;}
```

【例 9.13】（实例文件：ch09\9.13.html）

```
<!DOCTYPE html>
<html>
<head><title>全局选择器</title>
<style>
*{
  color:red;
  font-size:30px
}
</style></head>
<body>
```

```
<p>使用全局选择器修饰</p>
<p>第一段</p>
<h1>第一段标题</h1>
</body>
</html>
```

在 IE 浏览器中预览效果如图 9-19 所示，可以看到两个段落和标题都是以红色字体显示，大小为 30px。

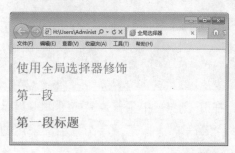

图 9-19　全局选择器

9.4.5　组合选择器

将多种选择器进行搭配，可以构成一种复合选择器，也称为组合选择器。组合选择器只是一种组合形式，并不算是一种真正的选择器，但在实际中经常使用。使用示例如下。

```
.orderlist li {xxxx}
.tableset td {}
```

在使用的时候一般用在重复出现并且样式相同的一些标记里，例如 li 列表、td 单元格和 dd 自定义列表等。例如：

```
h1.red {color: red}
<h1  class="red"></h1>
```

【例 9.14】（实例文件：ch09\9.14.html）

```
<!DOCTYPE html>
<html>
<head>
<title>组合选择器</title>
<style>
```

```
p{
  color:red
}
p .firstPar{
  color:blue
}
.firstPar{
  color:green
}
</style></head><body>
<p>这是普通段落</p>
<p class="firstPar">此处使用组合选择器</p>
<h1 class="firstPar">我是一个标题</h1>
</body>
</html>
```

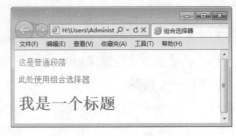

图 9-20　组合选择器显示

在 IE 浏览器中预览效果如图 9-20 所示，可以看到第一个段落颜色为红色，采用的是 p 标记选择器；第二个段落显示的是蓝色，采用的是 p 和类选择器二者组合的选择器；标题 h1 以绿色字体显示，采用的是类选择器。

9.4.6　继承选择器

继承选择器的规则是，子标记在没有定义的情况下所有的样式是继承父标记的，当子标记重复定义了父标记已经定义过的声明时，子标记就执行后面的声明；与父标记不冲突的地方仍然沿用父标记的声明。CSS 的继承是指子孙元素继承祖先元素的某些属性。使用示例如下。

```
<div class="test">
<span><img src="xxx"alt="示例图片"/></span>
</div>
```

对于上面的层而言，如果其修饰样式为下列代码：

```
.test span img {border:1px blue solid;}
```

则表示该选择器先找到 class 为 test 的标记，再从它的子标记里查找 span 标记，然后从 span 的子标记中找到 img 标记。也可以采用下面的形式：

```
div span img {border:1px blue solid;}
```

可以看出其规律是从左往右依次细化，最后锁定要控制的标记。

【例 9.15】（实例文件：ch09\9.15.html）

```
<!DOCTYPE html>
<html>
<head>
<title>继承选择器</title>
<style type="text/css">
h1{color:red; text-decoration:underline;}
h1  strong{color:#004400; font-size:40px;}
</style>
</head>
<body>
```

```
<h1>测试CSS的<strong>继承</strong>效果</h1>
<h1>此处使用继承<font>选择器</font>了么？</h1>
</body>
</html>
```

在 IE 浏览器中预览效果如图 9-21 所示，可以看到第一个段落颜色为红色，但是"继承"两个字使用绿色显示，并且大小为 40px，除了这两个设置外，其他 CSS 样式都是继承父标记 <h1> 的样式，例如下划线设置。第二个标题中，虽然使用了 font 标记修饰选择器，但其样式都是继承于父类标记 h1。

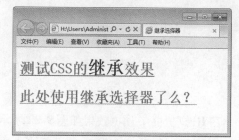

图 9-21　继承选择器显示

9.4.7　伪类选择器

伪类选择器也是选择器的一种，伪类选择器定义的样式最常应用在标记 <a> 上，它表示链接 4 种不同的状态：未访问链接（link）、已访问链接（visited）、激活链接（active）和鼠标指针停留在链接上（hover）。

> **提示**　标记 <a> 可以只具有一种状态（link），或者同时具有两种或者三种状态。例如，任何一个有 href 属性的 a 标记，在未有任何操作时都已经具备了 link 的条件，也就是满足了有链接属性这个条件；访问过的 a 标记，同时会具备 link 和 visited 两种状态。把鼠标指针移到访问过的 a 标记上的时候，a 标记就同时具备了 link、visited 和 hover 三种状态。

使用示例如下。

```
a:link{color:#FF0000; text-decoration:none}
a:visited{color:#00FF00; text-decoration:none}
a:hover{color:#0000FF; text-decoration:underline}
a:active{color:#FF00FF; text-decoration:underline}
```

> **提示**　上面的样式表示该链接未访问时颜色为红色且无下划线，访问后是绿色且无下划线，激活链接时为蓝色且有下划线，鼠标指针放在链接上时为紫色且有下划线。

【例 9.16】（实例文件：ch09\9.16.html）

```
<!DOCTYPE html>
<html>
<head>
<title>伪类</title>
```

```
<style>
a:link {color: red}           /* 未访问的链接  */
a:visited {color: green}      /* 已访问的链接  */
a:hover {color: blue}         /* 鼠标指针移动到链接上  */
a:active {color: orange}      /* 选定的链接  */
</style>
</head>
<body>
<a href="">链接到本页</a>
<a href="http://www.sohu.com">搜狐</a>
</body>
</html>
```

在 IE 浏览器中预览效果如图 9-22 所示，可以看到两个超链接，第一个超链接是鼠标指针停留在上方时，显示颜色为蓝色；第二个是访问过后，显示颜色为绿色。

图 9-22　伪类选择器显示

9.5　选择器声明

使用 CSS 选择器可以控制 HTML 标记样式，其中每个选择器属性可以一次声明多个，即创建多个 CSS 属性修饰 HTML 标记，实际上也可以将选择器声明多个，并且任何形式的选择器（如标记选择器、class 类别选择器、ID 选择器等）都是合法的。

9.5.1　集体声明

在一个页面中，有时需要不同种类的标记样式保持一致，例如需要 p 标记和 h1 字体保持一致，此时可以使 p 标记和 h1 标记共同使用类选择器，除了这个方法之外，还可以使用集体声明方法。集体声明就是在声明各种 CSS 选择器时，如果某些选择器的风格是完全相同的，或者部分相同，可以将风格相同的 CSS 选择器同时声明。

【例 9.17】（实例文件：ch09\9.17.html）

```
<!DOCTYPE html>
<html>
<head>
<title>集体声明</title>
<style type="text/css">
 h1,h2,p{
 color:red;
font-size:20px;
font-weight:bolder;
}
</style>
</head>
<body>
<h1>此处使用集体声明</h1>
<h2>此处使用集体声明</h2>
<p>此处使用集体声明</p>
```

```
</body>
</html>
```

在 IE 浏览器中预览效果如图 9-23 示，可以看到网页上标题 1、标题 2 和段落都以红色字体加粗显示，并且大小为 20px。

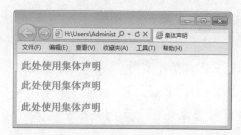

图 9-23　集体声明显示

9.5.2　多重嵌套声明

在 CSS 控制 HTML 标记样式时，还可以使用层层递进的方式，即嵌套方式，对指定位置的 HTML 标记进行修饰，例如当 <p> 与 </p> 之间包含 <a></a> 标记时，就可以使用这种方式对 HTML 标记修饰。

【例 9.18】（实例文件：ch09\9.18.html）

```
<!DOCTYPE html>
<html>
<head>
<title>多重嵌套声明</title>
<style>
p{font-size:20px;}
p a{color:red;font-size:30px;font-weight:bolder;}
</style></head><body>
<p>这是一个多重嵌套<a href="">测试</a></p>
</body>
</html>
```

在 IE 浏览器中预览效果如图 9-24 所示，可以看到在段落中，超链接显示红色字体，大小为 30px，其原因是使用嵌套声明。

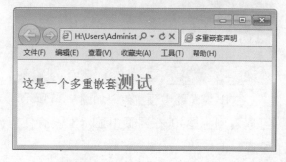

图 9-24　多重嵌套声明显示

9.6　制作炫彩网站Logo

使用 CSS 可以给网页中的文字设置不同的字体样式，下面就来制作一个网站的文字 Logo。具体步骤如下。

步骤 1 分析需求。

本实例要求简单，使用标记 h1 创建一个标题文字，然后使用 CSS 样式对标题文字进行修饰，可以从颜色、尺寸、字体、背景、边框等方面入手。实例完成后，其效果如图 9-25 所示。

图 9-25　五彩标题显示

步骤 2 构建 HTML 页面。

创建 HTML 页面，完成基本框架并创建标题。其代码如下。

```
<html>
<head>
<title>炫彩Logo</title>
</head>
<body>
<h1>
<span class=c1>缤</span>
<span class=c2>纷</span>
<span class=c3>夏</span>
<span class=c4>衣</span></h1>
</body>
</html>
```

在 IE 浏览器中预览效果如图 9-26 所示，可以看到标题 h1 在网页中显示，没有任何修饰。

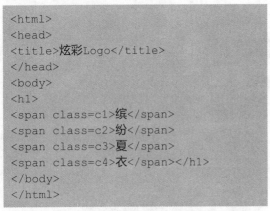

图 9-26　标题显示

步骤 3 使用内嵌样式。

如果要对 h1 标题修饰，需要添加 CSS，此处使用内嵌样式，在 <head> 标记中添加 CSS，其代码如下。

```
<style>
h1  {}
</style>
```

在 IE 浏览器中预览效果如图 9-27 所示，可以看到此时没有任何变化，只是在代码中引入了 <style> 标记。

图 9-27　引入 style 标记

步骤 4 改变颜色、字体和尺寸。

添加 CSS 代码，改变标题样式，其样式在颜色、字体和尺寸方面设置。其代码如下。

```
h1  {
font-family: Arial, sans-serif;
font-size: 50px;
color: #369;
}
```

在 IE 浏览器中预览效果如图 9-28 所示，可以看到字体大小为 50 像素，颜色为浅蓝色，字形为 Arial。

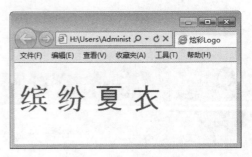

图 9-28　添加文本修饰标记

步骤 5 加入灰色底线。

为 h1 标题加上底线，其代码如下。

```
padding-bottom: 4px;
border-bottom: 2px solid #ccc;
```

在 IE 浏览器中预览效果如图 9-29 所示，可以看到"缤纷夏衣"文字下面添加了一条灰色底线，它和文字的距离是 4 像素。

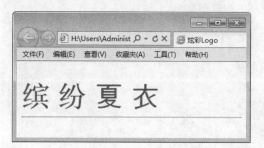

图 9-29　添加灰色底线

步骤 6 增加背景图。

使用 CSS 样式为标记 <h1> 添加背景图片，其代码如下。

```
background: url(01.jpg) repeat-x bottom;
```

在 IE 浏览器中预览效果如图 9-30 所示，可以看到"缤纷夏衣"文字下面添加了一个背景图片，图片在水平（X）轴方向平铺。

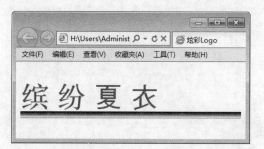

图 9-30　添加背景图

步骤 7 定义背景图宽度。

使用 CSS 属性将背景图变小，使其正好符合四个文字的宽度。其代码如下。

```
width:250px;
```

在 IE 浏览器中预览效果如图 9-31 所示，可以看到"缤纷夏衣"文字下面的背景图缩短，正好和字体宽度相同。

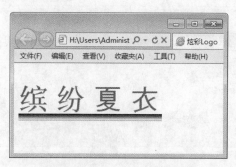

图 9-31　定义背景图宽度

步骤 8 定义字体颜色。

在 CSS 样式中，为每个字定义颜色，其代码如下。

```
.c1{
    color: #B3EE3A;
}
.c2{
    color: #71C671;
}
.c3{
    color: #00F5FF;
}
.c4{
    color: #00EE00;
}
```

在 IE 浏览器中预览效果如图 9-32 所示，可以看到每个字体显示不同颜色。

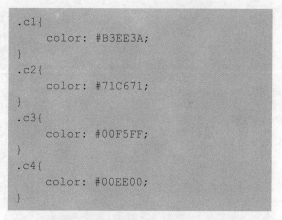

图 9-32　定义字体颜色

9.7 制作学生信息统计表

本实例制作一个学生信息统计表。具体的操作步骤如下。

步骤 1 打开记事本，在其中输入如下代码。

```
<!DOCTYPE html>
<html>
<head>
<title>学生信息统计表</title>
<style type="text/css">
<!--
     #dataTb
     {
       font-family:宋体, sans-serif;
       font-size:20px;
       background-color:#66CCCC;
       border-top:1px solid #000000;
       border-left:1px solid #FF00BB;
       border-bottom:1px solid #FF0000;
       border-right:1px solid #FF0000;
     }
     table
     {
       font-family:楷体_GB2312, sans-serif;
       font-size:20px;
       background-color:#EEEEEF;
       border-top:1px solid #FFFF00;
       border-left:1px solid #FFFF00;
       border-bottom:1px solid #FFFF00;
       border-right:1px solid #FFFF00;
     }
        .tbStyle
     {
       font-family:隶书, sans-serif;
       font-size:16px;
       background-color:#EEEEEF;
       border-top:1px solid #000FFF;
       border-left:1px solid #FF0000;
       border-bottom:1px solid #0000FF;
       border-right:1px solid #000000;
     }
//-->
</style>
</head>
<body>
  <form name="frmCSS"method="post"action="#">
```

```
        <table width="400"align="center"border="1"cellspacing="0"id=
"dataTb"class="tbStyle">
        <tr>
            <th>学号</th>
            <th>姓名</th>
            <th>班级</th>
        </tr>
        <tr>
            <td>001</td>
            <td>张三</td>
            <td>信科0401</td>
                        </tr>
        <tr>
            <td>002</td>
            <td>李四</td>
            <td>电科0402</td>
                </tr>
        <tr>
            <td>003</td>
            <td>王五</td>
            <td>计科0405</td>

        </tr>
    </table>
  </form>
</body>
</html>
```

步骤 2 保存网页，在 IE 浏览器中预览效果如图 9-33 所示。

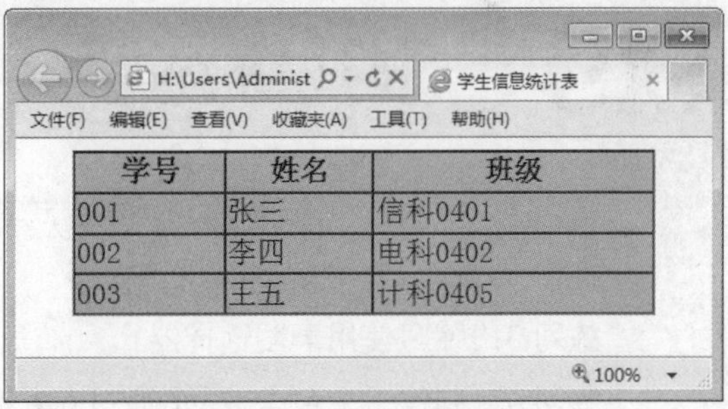

学号	姓名	班级
001	张三	信科0401
002	李四	电科0402
003	王五	计科0405

图 9-33　网页最终效果

9.8 大神解惑

小白：CSS 定义的字体在不同浏览器中大小不一样吗？

大神：例如使用 font-size:14px 定义的宋体文字，在 IE 浏览器下实际的高是 16px，下空白是 3px；Firefox 浏览器中实际的高是 17px、上空 1px、下空 3px。其解决办法是在文字定义时设定 line-height，并确保所有文字都有默认的 line-height 值。

小白：CSS 在网页制作中一般有四种方式的用法，那么具体在使用时该采用哪种用法？

大神：有多个网页要用到的 CSS，采用外连 CSS 文件的方式，这样网页的代码大大减少，修改起来非常方便；只在单个网页中使用的 CSS，采用文档头部方式；只在一个网页一两个地方才用到的 CSS，采用行内插入方式。

小白：CSS 的行内样式、内嵌样式和链接样式可以在一个网页中混用吗？

大神：三种用法可以混用，且不会造成混乱。这就是它为什么称为"层叠样式表"的原因，浏览器在显示网页时是这样处理的：先检查有没有行内插入式 CSS，有就执行了，针对本句的其他 CSS 就不去管它了；其次检查内嵌方式的 CSS，有就执行了；在前两者都没有的情况下再检查外连文件方式的 CSS。因此可以看出，三种 CSS 的执行优先级是：行内样式、内嵌样式、链接样式。

小白：如何下载网页中的 CSS 文件？

大神：选择网页上面的"查看"→"源文件"菜单命令，如果有 CSS，可以直接复制下来，如果没有，可以找找有没有类似于这种链接的代码，例如：

```
<link href="/index.css"rel="stylesheet"type="text/css">
```

这个 CSS 文件就可以通过在打开的网址后面直接加 "/index.css"，然后按 Enter 键打开CSS 文件，以便保存下载。

9.9 跟我练练手

练习 1：使用两种方法编写 CCS 样式表。

练习 2：练习使用 CSS 常用选择器。

练习 3：练习使用声明选择器。

练习 4：制作一个包含炫彩网站 Logo 的网页。

练习 5：制作一个学生信息统计表页面。

第10章 美化网页字体与段落

常见的网站、博客是使用文字或图片来阐述自己的观点，其中文字是传递信息的主要手段。而美观大方的网站或者博客，需要使用 CSS 样式修饰。设置文本样式是 CSS 技术的基本功能，通过 CSS 文本标记语言，可以设置文本的样式和粗细等。

本章要点（已掌握的在方框中打钩）

- ☐ 掌握美化网页文字的方法
- ☐ 掌握设置文本高级样式的方法
- ☐ 掌握美化文本段落的方法
- ☐ 掌握设置网页标题的方法
- ☐ 掌握制作新闻页面的方法

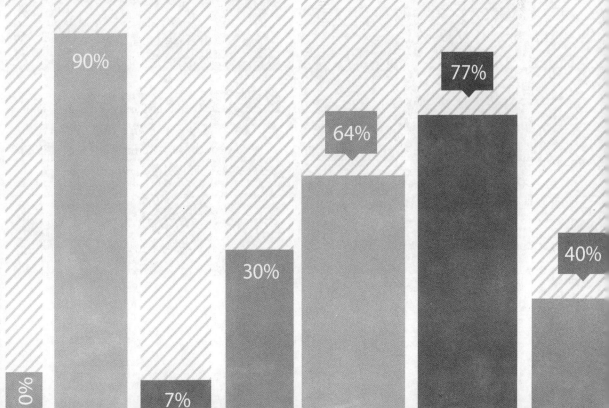

10.1 美化网页文字

在 HTML 中，CSS 字体属性用于定义文字的字体、大小、粗细等。常见的字体属性包括字体、字号、字体风格、字体颜色等。

10.1.1 设置文字的字体

font-family 属性用于指定文字字体类型，例如宋体、黑体、隶书、Times New Roman 等，即在网页中展示字体不同的形状。具体的语法如下。

```
{font-family : name}
{font-family : cursive | fantasy | monospace | serif | sans-serif}
```

从语法格式可以看出，font-family 有两种声明方式。第一种方式使用 name 字体名称，按优先顺序排列，以逗号隔开，如果字体名称包含空格，则应使用引号引起，在 CSS3 中比较常用的是第一种声明方式。第二种声明方式使用所列出的字体序列名称。如果使用 fantasy 序列，将提供默认字体序列。

【例 10.1】（实例文件：ch10\10.1.html）

```
<!DOCTYPE html>
<html>
<style type=text/css>
p{font-family:黑体}
</style>
<body>
<p align=center>天行健，君子应自强不息。</p>
</body>
</html>
```

在 IE 浏览器中预览效果如图 10-1 所示，可以看到文字居中并以黑体显示。

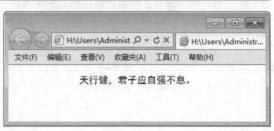

图 10-1　字形显示

其样式设置如下。

```
p
{
  font-family:华文彩云,黑体,宋体
}
```

> **提示**　在设计页面时，一定要考虑字体的显示问题，为了保证页面达到预计的效果，最好提供多种字体类型，而且最好以最基本的字体类型作为最后一个。

> **注意**　当 font-family 属性值中的字体类型由多个字符串和空格组成，例如 Times New Roman，那么，该值就需要使用双引号引起来。

```
p
{
  font-family:"Times New Roman"
}
```

10.1.2　设置文字的字号

在 CSS3 新规定中，通常使用 font-size 设置文字大小。其语法格式如下。

```
{font-size: 数值| inherit | xx-small | x-small | small | medium | large |
x-large | xx-large | larger | smaller | length}
```

其中，通过数值来定义字体大小，例如，用 font-size:10px 的方式定义字体大小为 10 像素。此外，还可以通过 medium 之类的参数定义字体的大小，其参数含义如表 10-1 所示。

表 10-1　font-size 参数列表

参　　数	说　　明
xx-small	绝对字体尺寸。根据对象字体进行调整。最小
x-small	绝对字体尺寸。根据对象字体进行调整。较小
small	绝对字体尺寸。根据对象字体进行调整。小
medium	默认值。绝对字体尺寸。根据对象字体进行调整。正常
large	绝对字体尺寸。根据对象字体进行调整。大
x-large	绝对字体尺寸。根据对象字体进行调整。较大
xx-large	绝对字体尺寸。根据对象字体进行调整。最大
larger	相对字体尺寸。相对于父对象中字体尺寸进行相对增大。使用成比例的 em 单位计算
smaller	相对字体尺寸。相对于父对象中字体尺寸进行相对减小。使用成比例的 em 单位计算
length	百分数或由浮点数字和单位标识符组成的长度值，不可为负值。其百分比取值是基于父对象中字体的尺寸

【例 10.2】（实例文件：ch10\10.2.html）

```
<!DOCTYPE html>
<html>
<body>
<div style="font-size:10pt">停车坐爱枫林晚，霜叶红于二月花。
  <p style="font-size:small">小</p>
  <p style="font-size:larger">大</p>
    <p style="font-size:x-small">小</p>
  <p style="font-size:x-larger">大</p>
    <p style="font-size:50%">子标记</p>
    <p style="font-size:25pt">子标记</p>
</div>
</body>
</html>
```

在 IE 浏览器中预览效果如图 10-2 所示，可以看到网页中的文字被设置成不同的大小，其设置方式采用了绝对数值、关键字和百分比等形式。

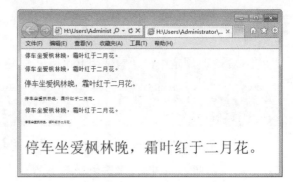

图 10-2　字体大小显示

在上面的例子中，font-size 字体大小为 50% 时，其比较对象是上一级标记中的 10pt。同样，还可以使用 inherit 值，直接继承上级标记的字体大小。例如：

```
<div style="font-size:50pt">上级标记
  <p style="font-size: inherit">继承</p>
</div>
```

10.1.3　设置字体风格

font-style 通常用来定义字体风格，即字体的显示样式。在 CSS3 新规定中，语法格式如下。

```
font-style : normal | italic | oblique | inherit
```

其属性值有四个，具体含义如表 10-2 所示。

表 10-2　font-style 参数表

属性值	含　义
normal	默认值。浏览器显示一个标准的字体样式
italic	浏览器会显示一个斜体的字体样式
oblique	将没有斜体变量的特殊字体显示为倾斜的字体样式
inherit	规定应该从父元素继承字体样式

【例 10.3】（实例文件：ch10\10.3.html）

```
<!DOCTYPE html>
<html>
<body>
  <p style="font-style:italic">梅花香自苦寒来</p>
  <p style="font-style:normal">梅花香自苦寒来</p>
  <p style="font-style:oblique">梅花香自苦寒来</p>
</body>
```

```
</html>
```

在 IE 浏览器中预览效果如图 10-3 所示，可以看到文字分别显示不同的样式，例如斜体。

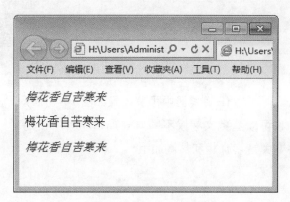

图 10-3　字体风格显示

10.1.4　设置加粗字体

通过 CSS3 中的 font-weight 属性可以定义字体的粗细程度，其语法格式如下。

```
{font-weight:100-900|bold|bolder|lighter|normal;}
```

font-weight 属性有 13 个有效值，分别是 bold、bolder、lighter、normal、100 ～ 900 9 个级别。如果没有设置该属性，则使用其默认值 normal。属性值设置为 100 ～ 900，值越大，加粗的程度就越高。其具体含义如表 10-3 所示。

表 10-3　font-weight 属性表

值	描　　述
bold	定义粗体字体
bolder	定义更粗的字体，相对值
lighter	定义更细的字体，相对值
normal	默认，标准字体

浏览器默认的字体粗细是 400，另外，也可以通过参数 lighter 和 bolder 使字体在原有基础上显得更细或更粗。

【例 10.4】（实例文件：ch10\10.4.html）

```
<!DOCTYPE html>
<html>
<body>
  <p style="font-weight:bold">梅花香自苦寒来(bold)</p>
  <p style="font-weight:bolder">梅花香自苦寒来(bolder)</p>
  <p style="font-weight:lighter">梅花香自苦寒来(lighter)</p>
  <p style="font-weight:normal">梅花香自苦寒来(normal)</p>
  <p style="font-weight:100">梅花香自苦寒来(100)</p>
```

```
    <p style="font-weight:400">梅花香自苦寒来(400)</p>
    <p style="font-weight:900">梅花香自苦寒来(900)</p>
</body>
</html>
```

在 IE 浏览器中预览效果如图 10-4 所示，可以看到文字以不同方式加粗，其中使用了关键字加粗和数值加粗。

图 10-4　字体粗细显示

10.1.5　将小写字母转换为大写字母

font-variant 属性设置大写字母的字体显示文本，这意味着所有的小写字母均会被转换为大写，但是所有使用大写字体的字母与其余文本相比，其字体尺寸更小。在 CSS3 中，其语法格式如下。

```
font-variant : normal | small-caps | inherit
```

font-variant 有三个属性值，分别是 normal、small-caps 和 inherit。其具体含义如表 10-4 所示。

表 10-4　font-variant 属性表

属 性 值	说　　明
normal	默认值。浏览器会显示一个标准的字体
small-caps	浏览器会显示小型大写字母的字体
inherit	规定应该从父元素继承 font-variant 属性的值

【例 10.5】（实例文件：ch10\10.5.html）

```
<!DOCTYPE html>
<html>
<body>
<p style="font-variant:normal">Happy BirthDay to You</p>
<p style="font-variant:small-caps">Happy BirthDay to You</p>
</body>
</html>
```

在 IE 浏览器中预览效果如图 10-5 所示，可以看到字母以大写形式显示。

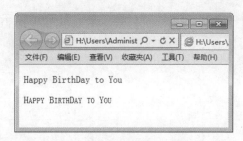

图 10-5　字母大小写转换

图 10-5 中通过对两个属性值产生的效果进行比较可以看到，设置为 normal 属性值的文本以正常文本显示，而设置为 small-caps 属性值的文本中有稍大的大写字母，也有小的大写字母，也就是说，使用了 small-caps 属性值的段落文本全部变成了大写，只是大写字母的尺寸不同。

10.1.6　设置字体的复合属性

在设计网页时，为了使网页布局合理且文本规范，对字体设计需要使用多种属性，例如定义字体粗细，并定义字体大小。但是，分别书写多个属性相对比较麻烦，CSS3 样式表提供的 font 属性就解决了这一问题。

font 属性可以一次性使用多个属性的属性值定义文本字体。其语法格式如下。

```
{font:font-style font-variant font-weight font-size font-family}
```

font 属性中的属性排列顺序是 font-style、font-variant、font-weight、font-size 和 font-family，各属性的属性值之间使用空格隔开，但是，如果 font-family 属性要定义多个属性值，则须使用逗号（,）隔开。

> **注意**
>
> 属性排列中，font-style、font-variant 和 font-weight 这三个属性值是可以自由调换的。而 font-size 和 font-family 则必须按照固定的顺序出现，而且还必须都出现在 font 属性中。如果这两者顺序不对，或缺少一个，那么，整条样式规则可能就会被忽略。

【例 10.6】实例文件：ch10\10.6.html）

```
<!DOCTYPE html>
<html>
<style type=text/css>
p{
    font:normal small-caps bolder 20pt"Cambria","Times New Roman",宋体
}
</style>
<body>
<p>
众里寻他千百度，蓦然回首，那人却在灯火阑珊处。
</p>
</body>
</html>
```

在 IE 浏览器中预览效果如图 10-6 所示，可以看到文字被设置成宋体并加粗。

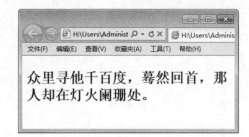

图 10-6　复合属性 font 显示

10.1.7　设置字体颜色

在 CSS3 样式中，通常使用 color 属性来设置颜色。其属性值通常使用下面的方式设定，如表 10-5 所示。

表 10-5　color 属性值

属性值	说　　明
color_name	规定颜色值为颜色名称的颜色（例如 red）
hex_number	规定颜色值为十六进制值的颜色（例如 #ff0000）
rgb_number	规定颜色值为 RGB 代码的颜色（例如 rgb（255,0,0））
inherit	规定应该从父元素继承颜色
hsl_number	规定颜色值为 HSL 代码的颜色（例如 hsl（0,75%,50%）），此为 CSS3 新增加的颜色表现方式
hsla_number	规定颜色只为 HSLA 代码的颜色（例如 hsla（120,50%,50%,1）），此为 CSS3 新增加的颜色表现方式
rgba_number	规定颜色值为 RGBA 代码的颜色（例如 rgba（125,10,45,0.5）），此为 CSS3 新增加的颜色表现方式

【例 10.7】（实例文件：ch10\10.7.html）

```
<!DOCTYPE html>
<html>
<head>
<style type="text/css">
body {color:red}
h1  {color:#00ff00}
p.ex {color:rgb(0,0,255)}
p.hs{color:hsl(0,75%,50%)}
p.ha{color:hsla(120,50%,50%,1)}
p.ra{color:rgba(125,10,45,0.5)}
</style>
</head>
<body>
```

```
<h1>《青玉案 元夕》</h1>
<p>众里寻他千百度，蓦然回首，那人却在灯火阑珊处。
</p>
<p class="ex">众里寻他千百度，蓦然回首，那人却在灯火阑珊处。该段落定义了 class="ex"。
该段落中的文本是蓝色的。)</p>
<p class="hs">众里寻他千百度，蓦然回首，那人却在灯火阑珊处。(此处使用了CSS3中的新增加的
HSL函数，构建颜色。)</p>
<p class="ha">众里寻他千百度，蓦然回首，那人却在灯火阑珊处。(此处使用了CSS3中的新增加的
HSLA函数，构建颜色。)</p>
<p class="ra">众里寻他千百度，蓦然回首，那人却在灯火阑珊处。(此处使用了CSS3中的新增加的
RGBA函数，构建颜色。)</p>
</body>
</html>
```

在 IE 浏览器中预览效果如图 10-7 所示，可以看到文字以不同颜色显示，并采用了不同的颜色取值方式。

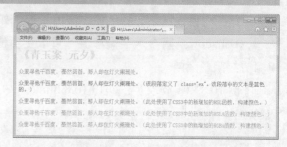

图 10-7　color 属性显示

10.2　设置文本的高级样式

对于一些特殊要求的文本，例如文字存在阴影、字体种类发生变化，如果再使用上面所介绍的 CSS 样式进行定义，其结果就不会得到正确显示，这时就需要一些特定的 CSS 标记来完成这些要求。

10.2.1　设置文本阴影效果

在显示字体时，有时根据需求，需要给出文字的阴影效果，以增强网页整体的吸引力，并且为文字阴影添加颜色。这时就需要用到 CSS3 样式中的 text-shadow 属性。实际上，在 CSS 2.1 中，W3C 就已经定义了 text-shadow 属性，但在 CSS3 中又重新定义了它，并增加了不透明度效果。其语法格式如下。

```
text-shadow : none | <length> none | [<shadow>, ] * <opacity>
```

或

```
none | <color> [, <color> ]*
```

其属性值如表 10-6 所示。

表 10-6　text-shadow 属性值

属 性 值	说　　明
<color>	指定颜色
<length>	由浮点数字和单位标识符组成的长度值。可为负值。指定阴影的水平延伸距离
<opacity>	由浮点数字和单位标识符组成的长度值。不可为负值。 指定模糊效果的作用距离。如果仅仅需要模糊效果，将 length 全部设定为 0

　　text-shadow 属性有四个属性值，最后两个是可选的，第一个属性值表示阴影的水平位移，可取正负值；第二个值表示阴影垂直位移，可取正负值；第三个值表示阴影模糊半径，该值可选；第四个值表示阴影颜色值，该值可选，如下所示。

　　text-shadow：阴影水平偏移值（可取正负值）；阴影垂直偏移值（可取正负值）；阴影模糊值；阴影颜色

　　【例 10.8】（实例文件：ch10\10.8.html）

```
<!DOCTYPE html>
<html>
<body>
<p align=center style="text-shadow:0.1em 2px 6px blue;font-size:80px;">这是
TextShadow的阴影效果</p>
</body>
</html>
```

　　在 Firefox 10.0 浏览器中预览效果如图 10-8 所示，可以看到文字居中并带有阴影特效。

　　通过上面的实例，可以看出阴影偏移由两个 length 值指定到文本的距离。第一个长度值指定到文本右边的水平距离，负值会把阴影放置在文本左边。第二个长度值指定到文本下边的垂直距离，负值会把阴影放置在文本上方。在阴影偏移之后，可以指定一个模糊半径。

图 10-8　阴影显示结果

10.2.2　设置文本溢出效果

　　text-overflow 属性用来定义当文本溢出时是否显示省略标记，即定义省略文本的处理方式，并不具备其他样式属性定义。要实现溢出时产生省略号的效果还须定义：强制文本在一行内显示（white-space:nowrap）及溢出内容为隐藏（overflow:hidden），只有这样才能实现溢出文本显示省略号的效果。

　　text-overflow 语法如下。

```
text-overflow : clip | ellipsis
```

其属性值含义如表 10-7 所示。

表 10-7 text-overflow 属性表

属 性 值	说 明
clip	不显示省略标记（...），而是简单的裁切条
ellipsis	当对象内文本溢出时显示省略标记（...）

【例 10.9】（实例文件：ch10\10.9.html）

```
<!DOCTYPE html>
<html>
<body>
<style type="text/css">
 .test_demo_clip{text-overflow:clip; overflow:hidden; white-space:nowrap;
 width:200px; background:#ccc;}
 .test_demo_ellipsis{text-overflow:ellipsis; overflow:hidden; white-
space:nowrap; width:200px;
background:#ccc;}
</style>
<h2>text-overflow : clip </h2>
 <div class="test_demo_clip">
 不显示省略标记，而是简单的裁切条
</div>
<h2>text-overflow : ellipsis </h2>
 <div class="test_demo_ellipsis">
 显示省略标记，不是简单的裁切条
</div>
</body>
</html>
```

在 IE 浏览器中预览效果如图 10-9 所示，可以看到 ellipsis 属性，以省略号形式出现。

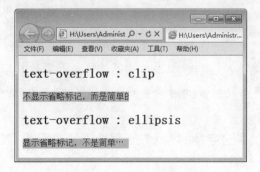

图 10-9　文本省略处理

10.2.3 设置文本的控制换行

当在一个指定区域显示一整行文字时，如果文字在一行显示不完时，需要进行换行。如果不进行换行，则会超出指定区域范围，此时可以采用 CSS3 中新增加的 word-wrap 文本样式，来控制文本换行。

word-wrap 语法格式如下。

```
word-wrap : normal | break-word
```

其属性值含义比较简单，如表 10-8 所示。

表 10-8 word-wrap **属性表**

属性值	说　　明
normal	控制连续文本换行
break-word	内容将在边界内换行。如果需要，词内换行（word-break）也会发生

【例 10.10】(实例文件：ch10\10.10.html)

```
<!DOCTYPE html>
<html>
<body>
<style type="text/css">
    div{ width:300px;word-wrap:break-word;border:1px solid #999999;}
</style>
<div>wordwrapbreakwordwordwrapbreakwordwordwrapbreakwordwordwrapbreakword
</div><br>
        <div>全中文的情况，全中文的情况，全中文的情况全中文的情况全中文的情况
</div><br>
        <div>This is all English,This is all English,This is all English,
This is all English,</div>
</body>
</html>
```

在 IE 浏览器中预览效果如图 10-10 所示，可以看到文字在指定位置被控制换行。

可以看出，word-wrap 属性可以控制换行，当属性取值 break-word 时，将强制换行，中文文本没有任何问题，英文语句也没有任何问题。但是对于长串的英文就不起作用，也就是说，break-word 属性用于控制是否断词，而不是断字符。

图 10-10　文本强制换行

10.2.4　保持字体尺寸不变

有时候在同一行的文字，由于所采用字体种类不一样或者修饰样式不一样，而导致其字体尺寸即显示大小不一样，使整行文字看起来显得杂乱。此时需要 CSS3 的属性标记 font-size-adjust 进行处理。

font-size-adjust 标记用来控制整个字体序列中，所有字体的大小是否保持同一个尺寸。其语法格式如下。

```
font-size-adjust : none | number
```

其属性值含义如表 10-9 所示。

表 10-9　font-size-adjust 属性表

属 性 值	说　　明
none	默认值。允许字体序列中每一字体显示其自己的尺寸
number	为字体序列中所有字体强制指定同一尺寸

【例 10.11】（实例文件：ch10\10.11.html）

```
<!DOCTYPE html>
<html>
 <style>
  .big { font-family: sans-serif; font-size: 40pt; }
  .a { font-family: sans-serif; font-size: 15pt; font-size-adjust: 1; }
  .b { font-family: sans-serif; font-size: 30pt; font-size-adjust: 0.5; }
 </style>
 <body>
  <p class="big"><span class="b">厚德载物</span></p>
  <p class="big"><span class="a">厚德载物</span></p>
</body>
</html>
```

　　在 IE 浏览器中预览效果如图 10-11 所示，可以看到同一行的字体大小相同。

图 10-11　尺寸一致显示

10.3　美化网页中的段落

　　网页由文字组成，而用来表达同一个意思的多个文字组合，称为段落。段落是文章的基本单位，同样也是网页的基本单位。段落的放置与效果的显示会直接影响到页面的布局及风格。CSS 样式表提供了文本属性来实现对页面中段落文本的控制。

10.3.1　设置单词之间的间隔

　　单词之间的间隔如果设置合理，一是会给整个网页布局节省空间，二是给人以赏心悦目的感觉，提高阅读效果。在 CSS 中，可以使用 word-spacing 属性直接定义指定区域或者段落中单词之间的间隔。

　　word-spacing 属性用于设定词与词之间的间距，即增加或者减少词与词之间的间隔。其语法格式如下。

```
word-spacing : normal | length
```

　　其中属性值 normal 和 length 的含义如表 10-10 所示。

表 10-10　单词间隔属性表

属 性 值	说　　明
normal	默认值，定义单词之间的标准间隔
length	定义单词之间的固定宽度，可以接受正值或负值

　　【例 10.12】（实例文件：ch10\10.12.html）

```
<!DOCTYPE html>
<html>
<body>
<p style="word-spacing:normal">Welcome to my home</p>
<p style="word-spacing:15px">Welcome to my home</p>
<p style="word-spacing:15px">欢迎来到我家</p>
</body>
</html>
```

　　在 IE 浏览器中预览效果如图 10-12 所示，可以看到段落中单词以不同间隔显示。

　　注意　从上面的显示结果可以看出，word-spacing 属性不能用于设定文字之间的间隔。

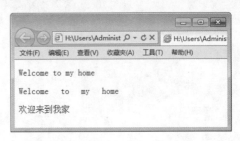

图 10-12　设定词间隔显示

10.3.2　设置字符之间的间隔

　　在一个网页中，词与词之间的距离可以通过 word-spacing 进行设置，那么字符之间使用什么设置呢？在 CSS3 中，可以使用 letter-spacing 来设置字符文本之间的距离。即在文本字符之间插入多少空间，这里允许使用负值，这会让字母之间更加紧凑。其语法格式如下。

```
letter-spacing : normal | length
```

　　其属性值含义如表 10-11 所示。

表 10-11　字符间隔属性表

属 性 值	说　明
normal	默认间隔，即以字符之间的标准间隔显示
length	由浮点数字和单位标识符组成的长度值，允许为负值

【例 10.13】（实例文件：ch10\10.13.html）

```
<!DOCTYPE html>
<html>
<body>
<p style="letter-spacing:normal">Welcome to my home</p>
<p style="letter-spacing:5px">Welcome to my home</p>
<p style="letter-spacing:1ex">这里的字间距是1ex</p>
<p style="letter-spacing:-1ex">这里的字间距是-1ex</p>
<p style="letter-spacing:1em">这里的字间距是1em</p>
</body>
</html>
```

在 IE 浏览器中预览效果如图 10-13 所示，可以看到文字间距以不同大小显示。

> **注意**　从上述代码中可以看出，利用来 letter-spacing 定义了多个字间距的效果，特别注意，当设置的字间距是 -1ex，文字就会叠压到一起。

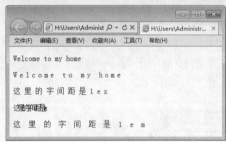

图 10-13　字间距效果

10.3.3　设置文字的修饰效果

在 CSS3 中，text-decoration 属性是文本修饰属性，该属性可以为页面提供多种文本的修饰效果，例如下划线、删除线、闪烁等。

text-decoration 属性语法格式如下。

```
text-decoration:none|underline|blink|overline|line-through
```

其属性值含义如表 10-12 所示。

表 10-12　text-decoration 属性值

属 性 值	描　述
none	默认值，对文本不进行任何修饰
underline	下划线

续表

属 性 值	描　　述
overline	上划线
line-through	删除线
blink	闪烁

【例 10.14】（实例文件：ch10\10.14.html）

```
<!DOCTYPE html>
<html>
<body>
  <p style="text-decoration:none">明明知道相思苦，偏偏对你牵肠挂肚！</p>
  <p style="text-decoration:underline">明明知道相思苦，偏偏对你牵肠挂肚！</p>
  <p style="text-decoration:overline">明明知道相思苦，偏偏对你牵肠挂肚！</p>
  <p style="text-decoration:line-through">明明知道相思苦，偏偏对你牵肠挂肚！</p>
  <p style="text-decoration:blink">明明知道相思苦，偏偏对你牵肠挂肚！</p>
</body>
</html>
```

在 IE 浏览器中预览效果如图 10-14 所示。可以看到段落中出现了下划线、上划线和删除线等。

> **注意**　这里需要注意的是：blink 闪烁效果只有 Mozilla 和 Netscape 浏览器支持，而 IE 浏览器和其他浏览器（如 Opera）都不支持该效果。

图 10-14　文本修饰显示

10.3.4　设置垂直对齐方式

在 CSS 中，可以直接使用 vertical-align 属性设定垂直对齐方式。该属性定义行内元素的基线相对于该元素所在行的基线的垂直对齐。允许指定负长度值和百分比值，这会使元素降低而不是升高。在表单元格中，这个属性会设置单元格框中的单元格内容的对齐方式。

vertical-align 属性语法格式如下。

```
{vertical-align:属性值}
```

vertical-align 属性值有 8 个预设值可使用，也可以使用百分比数值。这 8 个预设值如表 10-13 所示。

表 10-13 vertical-align 属性值

属性值	说　明
baseline	默认值，元素放置在父元素的基线上
sub	垂直对齐文本的下标
super	垂直对齐文本的上标
top	把元素的顶端与行中最高元素的顶端对齐
text-top	把元素的顶端与父元素字体的顶端对齐
middle	把此元素放置在父元素的中部
bottom	把元素的顶端与行中最低的元素的顶端对齐
text-bottom	把元素的底端与父元素字体的底端对齐
length	设置元素的堆叠顺序
%	使用 line-height 属性的百分比值来排列此元素。允许使用负值

【例 10.15】(实例文件：ch10\10.15.html)

```
<!DOCTYPE html>
<html>
<body>
<p>
    世界杯<b style="font-size:8pt;vertical-align:super">2014</b>!
    中国队<b style="font-size: 8pt;vertical-align: sub">[注]</b>!
    加油! <img src="1.gif"style="vertical-align: baseline">
</p>
<p><img src="2.gif"style="vertical-align:middle"/>
    世界杯! 中国队! 加油! <img src="1.gif"style="vertical-align:top">
</p>
<hr/>
<p><img src="2.gif"style="vertical-align:middle"/>
    世界杯! 中国队! 加油! <img src="1.gif"style="vertical-align:text-top">
</p>
<p><img src="2.gif"style="vertical-align:middle"/>
    世界杯! 中国队! 加油! <img src="1.gif"style="vertical-align:bottom">
</p>
<hr/>
<p><img src="2.gif"style="vertical-align:middle"/>
    世界杯! 中国队! 加油! <img src="1.gif"style="vertical-align:text-bottom">
</p>
<p>
    世界杯<b style="font-size:8pt;vertical-align:100%">2008</b>!
    中国队<b style="font-size: 8pt;vertical-align: -100%">[注]</b>!
```

```
    加油! <img src="1.gif"style="vertical-align: baseline">
</p>
</body>
</html>
```

在 IE 浏览器中预览效果如图 10-15 所示，可以看到文字在垂直方向以不同的对齐方式显示。

从上面的实例中，可以看出上下标在页面中的数学运算或注释标号使用得比较多。顶端对齐有两种参照方式，一种是参照整个文本块，另一种是参照文本。底部对齐同顶端对齐方式相同，分别参照文本块和文本块中包含的文本。

图 10-15　垂直对齐显示

> **注意**　vertical-align 属性值还能使用百分比数值来设定垂直高度，该高度具有相对性，它是基于行高的值来计算的。而且百分比数值还能使用正负号，正百分比数值使文本上升，负百分比数值使文本下降。

10.3.5　转换文本的大小写

根据需要，将小写字母转换为大写字母，或者将大写字母转换为小写字母，在文本编辑中都是很常见的。在 CSS 样式中，text-transform 属性用于设定文本字体的大小写转换。text-transform 属性的语法格式如下。

```
text-transform : none | capitalize | uppercase | lowercase
```

其属性值含义如表 10-14 所示。

表 10-14　text-transform 的属性值

属　性　值	说　　　明
none	无转换发生
capitalize	将每个单词的第一个字母转换成大写，其余无转换发生
uppercase	转换成大写字母
lowercase	转换成小写字母

因为文本转换属性仅作用于字母型文本，相对来说比较简单。

【例 10.16】（实例文件：ch10\10.16.html）

```html
<!DOCTYPE html>
<html>
<body style="font-size:15pt; font-weight:bold">
  <p style="text-transform:none">welcome to home</p>
  <p style="text-transform:capitalize">welcome to home</p>
  <p style="text-transform:lowercase">WELCOME TO HOME</p>
  <p style="text-transform:uppercase">welcome to home</p>
</body>
</html>
```

在 IE 浏览器中预览效果如图 10-16 所示，可以看到字母大小写转换的效果。

图 10-16　大小写字母转换显示

10.3.6　设置文本的水平对齐方式

一般情况下，居中对齐适用于标题类文本，其他对齐方式可以根据页面布局来选择使用。根据需要，可以设置多种对齐，例如水平方向上的居中、左对齐、右对齐或者两端对齐等。在 CSS 中，可以利用 text-align 属性进行设置。

text-align 属性用于定义对象文本的对齐方式，与 CSS 2.1 相比，CSS3 增加了 start、end 和 string 属性值。text-align 语法格式如下。

```
{ text-align: sTextAlign }
```

其属性值含义如表 10-15 所示。

表 10-15　text-align 属性表

属 性 值	说　　明
start	文本向行的开始边缘对齐
end	文本向行的结束边缘对齐
left	文本向行的左边缘对齐。在垂直方向的文本中，文本在 left-to-right 模式下向开始边缘对齐

续表

属性值	说 明
right	文本向行的右边缘对齐。在垂直方向的文本中，文本在 left-to-right 模式下向结束边缘对齐
center	文本在行内居中对齐
justify	文本根据 text-justify 的属性设置方法分散对齐。即两端对齐，均匀分布
match-parent	继承父元素的对齐方式，但有个例外：继承的 start 或者 end 值是根据父元素的 direction 值进行计算的，因此计算的结果可能是 left 或者 right
<string>	string 是一个单个的字符，否则，就忽略此设置。按指定的字符进行对齐。此属性可以跟其他关键字同时使用，如果没有设置字符，则默认值是 end 方式
inherit	继承父元素的对齐方式

在新增加的属性值中，start 和 end 属性值主要是针对行内元素的，即在包含元素的头部或尾部显示；而 <string> 属性值主要用于表格单元格中，将根据某个指定的字符对齐。

【例 10.17】（实例文件：ch10\10.17.html）

```
<!DOCTYPE html>
<html>
<body>
<h1  style="text-align:center">登幽州台歌</h1>
<h3  style="text-align:left">选自：</h3>
<h3  style="text-align:right">
  <img src="1.gif"/>
  唐诗三百首</h3>
<p style="text-align:justify">
  前不见古人
  后不见来者
  （这是一个测试，这是一个测试，这是一个测试，）
</p>
<p style="text-align:strat">念天地之悠悠</p>
<p style="text-align:end">独怆然而涕下</p>
</body>
</html>
```

在 IE 浏览器中预览效果如图 10-17 所示，可以看到文字在水平方向上以不同的对齐方式显示。

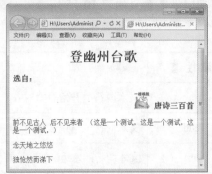

图 10-17　对齐效果

text-align 属性只能用于文本块，而不能直接应用到图像标记 <img>。如果要使图像同文本一样应用对齐方式，那么就必须将图像包含在文本块中。如上例，由于向右对齐方式作用于 <h3> 标记定义的文本块，图像包含在文本块中，所以图像能够同文本一样向右对齐。

CSS 只能定义两端对齐方式，并按要求显示，但对于具体的两端对齐文本如何分配字体空间以实现文本左右两边均对齐，CSS 并没规定。这就需要设计者自行定义了。

10.3.7　设置文本的缩进效果

在普通段落中，通常首行缩进两个字符，用来表示这是一个段落的开始。同样在网页的文本编辑中可以通过指定属性，来控制文本缩进。CSS 的 text-indent 属性就是用来设定文本块中首行缩进的。

text-indent 属性语法格式如下。

```
text-indent : length
```

其中，length 属性值表示由百分比数字或由浮点数字和单位标识符组成的长度值，允许为负值。可以这样认为，text-indent 属性可以定义两种缩进方式，一种是直接定义缩进的长度，另一种是定义缩进百分比。使用该属性，HTML 的任何标记都可以让首行以给定的长度或百分比缩进。

【例 10.18】（实例文件：ch10\10.18.html）

```
<!DOCTYPE html>
```

```
<html>
<body>
<p style="text-indent:10mm">
    此处直接定义长度，直接缩进。
</p>
<p style="text-indent:10%">
    此处使用百分比，进行缩进。
</p>
</body>
</html>
```

在 IE 浏览器中预览效果如图 10-18 所示，可以看到文字以首行缩进方式显示。

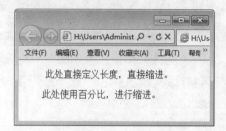

图 10-18　缩进显示窗口

如果上级标记定义了 text-indent 属性，那么子标记可以继承其上级标记的缩进长度。

10.3.8　设置文本的行高

在 CSS 中，line-height 属性用来设置行间距，即行高。其语法格式如下。

```
line-height : normal | length
```

其属性值的具体含义如表 10-16 所示。

表 10-16　行高属性值

属性值	说　　明
normal	默认行高，即网页文本的标准行高
length	百分比数字或由浮点数字和单位标识符组成的长度值，允许为负值。其百分比取值基于字体的高度尺寸

【例 10.19】（实例文件：ch10\10.19.html）

```html
<!DOCTYPE html>
<html>
<body>
  <div style="text-indent:10mm;">
    <p style="line-height:50px">
        世界杯(World Cup,FIFA World Cup)，国际足联世界杯，世界足球锦标赛)是世界上最高水
平的足球比赛，与奥运会、F1并称为全球三大顶级赛事。
    </p>      <p style="line-height:50%">
        世界杯(World Cup,FIFA World Cup)，国际足联世界杯，世界足球锦标赛)是世界上最高水平
的足球比赛，与奥运会、F1并称为全球三大顶级赛事。
    </p>
  </div>
</body>
</html>
```

在 IE 浏览器中预览效果如图 10-19 所示，可以看到有段文字重叠在一起，即行高设置较小。

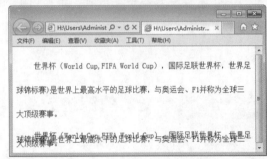

图 10-19　设定文本行高显示

10.3.9　文本的空白处理

在 CSS 中，white-space 属性用于设置对象内空格字符的处理方式。与 CSS 2.1 相比，CSS3 新增了两个属性值。white-space 属性对文本的显示有着重要的影响。在标记上应用 white-space 属性可以影响浏览器对字符串或文本间空白的处理方式。

white-space 属性语法格式如下。

```
white-space :normal | pre | nowrap | pre-wrap | pre-line | inherit
```

其属性值含义如表 10-17 所示。

表 10-17　空白属性表

属 性 值	说　　明
normal	默认值，空白会被浏览器忽略
pre	空白会被浏览器保留。其行为方式类似 HTML 中的 <pre> 标记
nowrap	文本不会换行，文本会在同一行上继续显示，直到遇到 标记为止

续表

属 性 值	说　　　明
pre-wrap	保留空白符序列，但是正常地进行换行
pre-line	合并空白符序列，但是保留换行符
inherit	规定应该从父元素继承 white-space 属性的值

【例 10.20】（实例文件：ch10\10.20.html）

```
<!DOCTYPE html>
<html>
<body>
  <h1 style="color:red; text-align:center;white-space:pre">蜂 蜜 的 功 效 与 作 用! </h1>
  <div>
    <p style="white-space:nowrap;text-indent:10mm">
        蜂蜜，是昆虫蜜蜂从开花植物的花中采得的花蜜在蜂巢中酿制的蜜。<br>
蜂蜜的成分除了葡萄糖、果糖之外还含有各种维生素、矿物质和氨基酸。1千克的蜂蜜含有2940卡的热
量。蜂蜜是糖的过饱和溶液，低温时会产生结晶，生成结晶的是葡萄糖，不产生结晶的部分主要是果糖。
    </p>
    <p style="white-space:pre-wrap;text-indent:10mm">
        蜂蜜的成分除了葡萄糖、果糖之外还含有各种维生素、矿物质和氨基酸。
        1千克的蜂蜜含有2940卡的热量。<br/>
        蜂蜜是糖的过饱和溶液，低温时会产生结晶，生成结晶的是葡萄糖，不产生结晶的部分主要是果糖。
    </p>
    <p style="white-space:pre-line;text-indent:10mm">
        蜂蜜的成分除了葡萄糖、果糖之外还含有各种维生素、矿物质和氨基酸。
        1千克的蜂蜜含有2940卡的热量。<br/>
        蜂蜜是糖的过饱和溶液，低温时会产生结晶，生成结晶的是葡萄糖，不产生结晶的部分主要是果糖。

    </p>
  </div>
</body>
</html>
```

在 IE 浏览器中预览效果如图 10-20 所示，可以看到文字处理空白的不同方式。

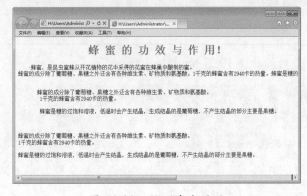

图 10-20　处理空白显示

10.3.10 文本的反排

在网页文本编辑中，通常英语文档的基本方向是从左至右。如果文档中某一段的多个部分包含从右至左阅读的语言，则该语言的方向将正确地显示为从右至左。此时可以通过 CSS 提供的 unicode-bidi 和 direction 属性解决这个文本反排的问题。

unicode-bidi 属性的语法格式如下。

```
unicode-bidi : normal | bidi-override | embed
```

其属性值含义如表 10-18 所示。

表 10-18　unicode-bidi 属性表

属 性 值	说　　明
normal	默认值。元素不会打开一个额外的嵌入级别。对于内联元素，隐式的重新排序将跨元素边界起作用
bidi-override	与 embed 值相同，但除了这一点外，在元素内，重新排序依照 direction 属性严格按顺序进行。此值替代隐式双向算法
embed	元素将打开一个额外的嵌入级别。 direction 属性的值指定嵌入级别。重新排序在元素内是隐式进行的

direction 属性用于设定文本流的方向，其语法格式如下。

```
direction : ltr | rtl | inherit
```

其属性值含义如表 10-19 所示。

表 10-19　direction 属性值

属 性 值	说　　明
ltr	文本流从左到右
rtl	文本流从右到左
inherit	文本流的值不可继承

【例 10.21】（实例文件：ch10\10.21.html）

```
<!DOCTYPE html>
<html>
<head>
<style type="text/css">
a {color:#000;}
</style>
</head>
```

```
<body>
<h3>文本的反排</h3>
<div style="direction:rtl; unicode-bidi:bidi-override; text-align:left">秋风
吹不尽，总是玉关情。
</div>
</body>
</html>
```

在 IE 浏览器中预览效果如
图 10-21 所示，可以看到文字
以反排形式显示。

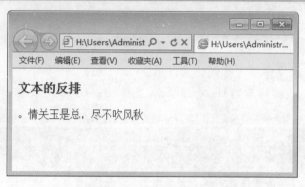

图 10-21　文本反排显示

10.4　设置网页标题

本节创建一个网站的网页标题，主要利用了文字和段落方面的 CSS 属性。具体的操作步骤如下。

步骤 1 分析需求。

本综合实例要求在网页的
最上方显示出标题，标题下方
是正文，其中正文部分是文字
段落部分。在设计这个网页标
题时，需要将网页标题加粗，
并居中显示。用大号字体显示
标题，以便和下面正文区分。
上述要求使用 CSS 样式属性实
现。实例效果如图 10-22 所示。

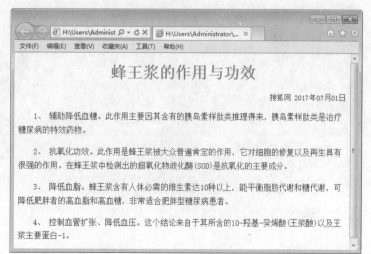

图 10-22　网页标题显示

步骤 2 分析布局并构建 HTML。

创建一个 HTML 页面，并用 div 将页面划分为两个层，一个是网页标题层，另一个是正文部分。

步骤 3 导入 CSS 文件。

将 CSS 文件使用 link 方式导入到 HTML 页面中。此 CSS 页面定义了这个页面的所有样式，其导入代码如下。

```
<link href="index.css"rel="stylesheet"type="text/css"/>
```

步骤 4 完成标题样式设置。

设置标题的 HTML 代码，此处使用 div 构建，其代码如下。

```
<div>
    <h1>蜂王浆的作用与功效</h1>
 <div  class="ar">搜狐网    2014年03月01日<span></div>
 </div>
```

步骤 5 使用 CSS 代码对其进行修饰，其代码如下。

```
h1{text-align:center;color:red}
.ar{text-align:right;font-size:15px;}
```

步骤 6 开发正文部分代码和样式。

使用 HTML 代码完成网页正文部分，此处使用 div 构建，其代码如下。

```
    <div>
     <P>
1．辅助降低血糖。此作用主要因其含有的胰岛素样肽类推理得来，胰岛素样肽类是治疗糖尿病的特效
药物。
 </P>
 <P>
2．抗氧化功效。此作用是蜂王浆被大众普遍肯定的作用，它对细胞的修复以及再生具有很强的作用。在
蜂王浆中检测出的超氧化物歧化酶(SOD)是抗氧化的主要成分。
 </P>
 <P>
3．降低血脂。蜂王浆含有人体必需的维生素达10种以上，能平衡脂肪代谢和糖代谢，可降低肥胖者的高
血脂和高血糖，非常适合肥胖型糖尿病患者。
 </P>
 <P>
4．控制血管扩张、降低血压。这个结论来自于其所含的12-羟基-癸烯酸(王浆酸)以及王浆主要蛋白-1。
 </P>
 </div>
```

步骤 7 使用 CSS 代码进行修饰，其代码如下。

```
p{text-indent:8mm;line-height:7mm;}
```

10.5 制作新闻页面

本实例制作一个新闻页面，具体的操作步骤如下。

步骤 **1** 创建一个 HTML 页面，在其中输入如下代码。

```
<!DOCTYPE html>
<html>
<head>
<title>新闻页面</title>
<style type="text/css">
<!--
h1{font-family:黑体;
text-decoration:underline overline;
text-align:center;
    }
p{ font-family: Arial,"Times New Roman";
    font-size:20px;
    margin:5px 0px;
    text-align:justify;
    }
#p1{
        font-style:italic;
        text-transform:capitalize;
        word-spacing:15px;
```

```
        letter-spacing:-1px;
        text-indent:2em;
        }
#p2{
        text-transform:lowercase;
        text-indent:2em;
        line-height:2;
        }
#firstLetter{
        font-size:3em;
        float:left;
        }
h1{
        background:#678;
        color:white;
        }
-->
</style>
</head>
```

```
<body>
<h1>英国现两个多世纪来最多雨冬天</h1>
<p id="p1">在3月的第一天，阳光"重返"英国大地，也预示着春天的到来。</p>
<p id="p2">英国气象局发言人表示："今天的阳光很充足，这才像春天的感觉。这是春天的一个非常好
的开局。"前几天英国气象局发布的数据显示，刚刚过去的这个冬天是过去近250年来最多雨的冬天。</p>
</body>
</html>
```

步骤 **2** 保存网页，在 IE 浏览器中预览效果，如图 10-23 所示。

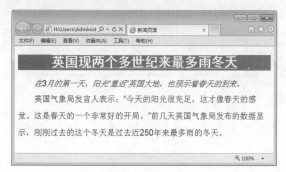

图 10-23 预览效果

10.6 大神解惑

小白：字体为什么在别的电脑上不显示？

大神：楷体很漂亮，草书也不逊色于宋体，但不是所有人的电脑都安装了这些字体，所以在设计网页时，不要为了追求漂亮美观而采用一些比较新奇的字体。有时这样往往达不到效果。用最基本的字体，是最好的选择。

不要使用难于阅读的花哨字体。当然，某些字体可以让网站精彩纷呈。不过它们容易阅读吗？网页主要用于传递信息并让读者阅读，我们应该让读者的阅读过程舒服些。 不要用小字体。虽然 Firefox 浏览器有放大功能，但如果必须放大才能看清一个网站的话，以后读者就再也不会去访问它了。

小白：网页中的空白怎么处理？

大神：注意不要留空白。不要用图像、文本和不必要的 GIF 动画来充斥网页，即使有足够的空间，在设计时也应该避免使用。

小白：文字和图片导航速度谁快？

大神：使用文字作导航栏。文字导航不仅速度快，而且布局更稳定。例如，有些用户上网时会关闭图片。在处理文本时，不要在普通文本上添加下划线或者颜色。除非特别需要，否则不要为普通文字添加下划线。因为用户需要识别哪些内容能点击，有可能将本不能点击的文字误认为能够点击。

10.7 跟我练练手

练习 1：制作一个使用 CSS3 美化网页文字的例子。

练习 2：制作一个包括文本阴影、溢出和保持字体尺寸不变的例子。

练习 3：制作一个美化网页段落的例子。

练习 4：制作一个包含五彩标题的网页。

练习 5：制作一个新闻页面。

第11章

美化网页图片

一个网页如果都是文字，时间长了会给浏览者枯燥的感觉，而一张恰如其分的图片，会给网页带来许多生趣。图片是直观、形象的，一张好的图片会给网页带来很高的点击率。在 CSS 中，定义了很多属性用来美化和设置图片。

● **本章要点（已掌握的在方框中打钩）**

☐ 掌握图片缩放的方法
☐ 掌握图片对齐的方法
☐ 掌握图文混排的方法
☐ 掌握制作学校宣传单的方法

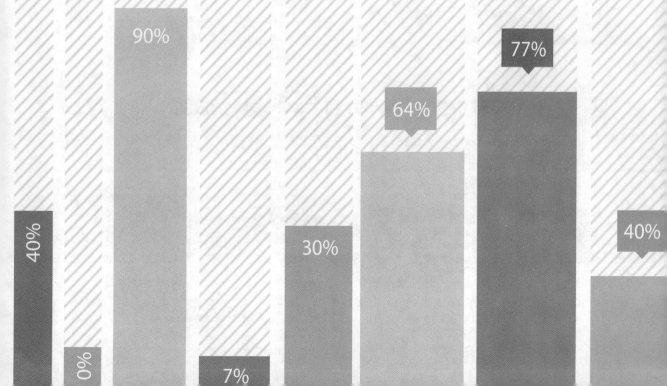

11.1 图片缩放

网页上显示一张图片时，默认情况下都是以图片的原始大小显示。如果要对网页进行排版，通常情况下，还需要对图片大小进行重新设定。如果对图片设置不恰当，会造成图片的变形和失真，所以一定要保持图片宽度和高度的比例适中。对图片大小的设定，可以采用三种方式完成。

11.1.1 通过描述标记 width 和 height 缩放图片

在 HTML 中，通过 img 的描述标记 height 和 width 可以设置图片大小。width 和 height 分别表示图片的宽度和高度，二者值可以是数值或百分比，单位可以是 px。需要注意的是，高度属性 heigth 和宽度属性 width 设置要求相同。

【例 11.1】（实例文件：ch11\11.1.html）

```
<!DOCTYPE html>
<html>
<head>
<title>缩放图片</title>
</head>
<body>
<img src="01.jpg"width=200  height=120>
</body>
```

```
</html>
```

在 IE 浏览器中预览效果如图 11-1 所示，可以看到网页中显示了一张图片，其宽度为 200 像素，高度为 120 像素。

图 11-1　使用标记缩放图片

11.1.2 使用 CSS 中的 max-width 和 max-height 缩放图片

max-width 和 max-height 分别用来设置图片宽度最大值和高度最大值。在定义图片大小时，如果图片默认尺寸超过了定义的大小，那么就以 max-width 所定义的宽度值显示，而图片高度将同比例变化；如果定义的是 max-height，以此类推。但是如果图片的尺寸小于最大宽度或者高度，那么图片就按原尺寸大小显示。max-width 和 max-height 的值一般是数值类型。

其语法格式如下。

```
img{
    max-height:180px;
}
```

【例 11.2】（实例文件：ch11\11.2.html）

```
<!DOCTYPE html>
<html>
```

```
<head>
<title>缩放图片</title>
<style>
img{
    max-height:300px;
}
</style>
</head>
<body>
<img src="01.jpg">
</body>
</html>
```

图 11-2　同比例缩放图片

在 IE 浏览器中预览效果如图 11-2 所示，可以看到网页中显示了一张图片，其显示高度为 300 像素，宽度将作同比例缩放。

在本例中，也可以只设置 max-width 来定义图片最大宽度，而让高度自动缩放。

11.1.3　使用 CSS 中的 width 和 height 缩放图片

在 CSS 中，可以使用属性 width 和 height 来设置图片的宽度和高度，从而达到对图片的缩放效果。

【例 11.3】（实例文件：ch11\11.3.html）

```
<!DOCTYPE html>
<html>
<head>
<title>缩放图片</title>
</head>
<body>
<img src="01.jpg">
<img src="01.jpg"  style="width:150px;height:100px">
</body>
</html>
```

在 IE 浏览器中预览效果如图 11-3 所示，可以看到网页中显示了两张图片，第一张图片以原大小显示，第二张图片以指定大小显示。

图 11-3　CSS 指定图片大小

> **提示** 需要注意的是，当仅仅设置了图片的 width 属性，而没有设置 height 属性时，图片本身会自动等纵横比例缩放，如果只设定 height 属性也是一样的道理。只有当同时设定 width 和 height 属性时才会非等比例缩放。

11.2 设置图片的对齐方式

一个凌乱的图文网页，是每一位浏览者都不喜欢看的。而一个图文并茂、排版格式整洁简约的页面，更容易让网页浏览者接受。可见图片的对齐方式是非常重要的。本节将介绍使用 CSS 属性定义图片对齐方式。

11.2.1 设置图片横向对齐

所谓图片横向对齐，就是在水平方向上进行对齐，其对齐样式和文字对齐比较相似，都有三种对齐方式，分别为"左""右"和"中"。

如果要定义图片对齐方式，不能在样式表中直接定义图片样式，而是需要在图片的上一个标记级别，即父标记定义对齐方式，让图片继承父标记的对齐方式。之所以这样定义父标记对齐方式，是因为 img（图片）本身没有对齐属性，需要使用 CSS 继承父标记的 text-align 来定义对齐方式。

【例 11.4】（实例文件：ch11\11.4.html）

```
<!DOCTYPE html>
<html>
<head>
<title>图片横向对齐</title>
</head>
<body>
<p style="text-align:left"><img src="02.jpg"style="max-width:140px;">图片左
对齐</p>
<p style="text-align:center"><img src="02.jpg"style="max-width:140px;">图片
居中对齐</p>
<p style="text-align:right"><img src="02.jpg"style="max-width:140px;">图片右
对齐</p>
</body>
</html>
```

在 IE 浏览器中预览效果如图 11-4 所示，可以看到网页上显示了三张图片，大小一样，但对齐方式分别是左对齐、居中对齐和右对齐。

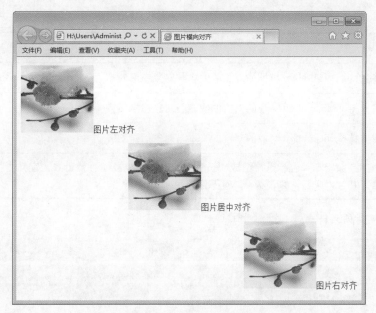

图 11-4 图片横向对齐

11.2.2 设置图片纵向对齐

纵向对齐就是垂直对齐，即在垂直方向上和文字进行搭配使用。通过对图片垂直方向上的设置，可以设定图片和文字的高度一致。在 CSS 中，对于图片纵向设置，通常使用 vertical-align 属性来定义。

vertical-align 属性设置元素的垂直对齐方式，即定义行内元素的基线相对于该元素所在行的基线的垂直对齐。允许指定负长度值和百分比值，这会使元素降低而不是升高。在表单元格中，这个属性会设置单元格框中单元格内容的对齐方式。其语法格式为：

```
vertical-align : baseline ! sub | super | top | text-top | middle | bottom |
 text-bottom |length
```

其参数含义如表 11-1 所示。

表 11-1 vertical-align 参数的含义

参数名称	说　　明
baseline	将支持 vertical-align 特性的对象的内容与基线对齐
sub	垂直对齐文本的下标
super	垂直对齐文本的上标
top	将支持 vertical-align 特性的对象的内容与对象顶端对齐
text-top	将支持 vertical-align 特性的对象的文本与对象顶端对齐

参数名称	说　　明
middle	将支持 vertical-align 特性的对象的内容与对象中部对齐
bottom	将支持 vertical-align 特性的对象的内容与对象底端对齐
text-bottom	将支持 vertical-align 特性的对象的文本与对象底端对齐
length	由浮点数字和单位标识符组成的长度值，或者百分数，可为负数。定义由基线算起的偏移量。基线对于数值来说为 0，对于百分数来说就是 0%

【例 11.5】（实例文件：ch11\11.5.html）

```html
<!DOCTYPE html>
<html>
<head>
<title>图片纵向对齐</title>
<style>
img{
max-width:100px;
}
</style>
</head>
<body>
<p>纵向对齐方式:baseline<img src=02.jpg style="vertical-align:baseline"></p>
<p>纵向对齐方式:bottom<img src=02.jpg style="vertical-align:bottom"></p>
<p>纵向对齐方式:middle<img src=02.jpg style="vertical-align:middle"></p>
<p>纵向对齐方式:sub<img src=02.jpg style="vertical-align:sub"></p>
<p>纵向对齐方式:super<img src=02.jpg style="vertical-align:super"></p>
<p>纵向对齐方式:数值定义<img src=02.jpg style="vertical-align:20px"></p>
</body>
</html>
```

在 IE 浏览器中预览效果如图 11-5 所示，可以看到网页中显示了 6 张图片，垂直方向上分别是 baseline、bottom、middle、sub、super 和数值定义对齐。

▶ 注意　读者仔细观察图片和文字的不同对齐方式，即可深刻理解各种纵向对齐的不同之处。

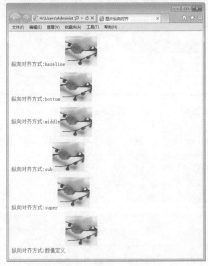

图 11-5　图片纵向对齐

11.3 图文混排

一个普通的网页，最常见的呈现方式就是图文混排，用文字说明主题，图像显示出新闻情境，二者结合起来相得益彰。本节将介绍图片和文字的排版方式。

11.3.1 设置文字环绕效果

在网页中进行排版时，可以将文字设置成环绕图片的形式，即文字环绕。文字环绕应用非常广泛，如果再配合背景可以达到绚丽的效果。

在 CSS 中，可以使用 float 属性定义该效果。float 属性主要定义元素在哪个方向浮动。一般情况下这个属性总应用于图像，使文本围绕在图像周围，有时它也可以定义其他元素浮动。浮动元素会生成一个块级框，而不论它本身是何种元素。

float 语法格式如下。

```
float : none | left |right
```

其中，none 表示默认值对象不漂浮；left 表示文本流向对象的右边；right 表示文本流向对象的左边。

【例 11.6】（实例文件：ch11\11.6.html）

```
<!DOCTYPE html>
<html>
<head>
<title>文字环绕</title>
<style>
img{
max-width:120px;
float:left;
}
</style>
</head>
<body>
<p>
可爱的向日葵。
<img src="03.jpg">
向日葵，别名太阳花，是菊科向日葵属的植物。因花序随太阳转动而得名。一年生植物，高1～3米，茎直立，粗壮，圆形多棱角，被白色粗硬毛，性喜温暖，耐旱，能产果实葵花籽。原产北美洲，主要分布在我国东北、西北和华北地区，世界各地均有栽培！
向日葵，1年生草本，高1.0～3.5米，对于杂交品种也有半米高的。茎直立，粗壮，圆形多棱角，为白色粗硬毛。叶通常互生，心状卵形或卵圆形，先端锐突或渐尖，有基出3脉，边缘具粗锯齿，两面粗糙，被毛，有长柄。头状花序，极大，直径10～30厘米，单生于茎顶或枝端，常下倾。总苞片多层，叶质，覆瓦
```

状排列，被长硬毛，夏季开花，花序边缘生黄色的舌状花，不结实。花序中部为两性的管状花，棕色或紫色，结实。瘦果，倒卵形或卵状长圆形，稍扁压，果皮木质化，灰色或黑色，俗称葵花籽。性喜温暖，耐旱。
```
</p>
</body>
</html>
```

在 IE 浏览器中预览效果如图 11-6 所示，可以看到图片被文字所环绕，并在文字的左方向显示。如果将 float 属性的值设置为 right，其图片会在文字右方显示并环绕。

图 11-6　文字环绕效果

11.3.2　设置图片与文字的间距

如果需要设置图片和文字之间的距离，即让文字之间存在一定间距，不是紧紧地环绕，可以使用 CSS 中的 padding 属性来设置。

padding 属性主要用于在一个声明中设置所有内边距属性，即可以设置元素所有内边距的宽度，或者设置各边上内边距的宽度。如果一个元素既有内边距又有背景，从视觉上看可能会延伸到其他行，有可能还会与其他内容重叠。元素的背景会延伸穿过内边距。不允许指定负边距值。

其语法格式如下。

```
padding : padding-top | padding-right | padding-bottom | padding-left
```

其参数值 padding-top 用来设置距离顶部的内边距；padding-right 用来设置距离右部的内边距；padding-bottom 用来设置距离底部的内边距；padding-left 用来设置距离左部的内边距。

【例 11.7】（实例文件：ch11\11.7.html）

```
<!DOCTYPE html>
<html>
<head>
<title>文字环绕</title>
<style>
img{
max-width:120px;
float:left;
```

```
padding-top:10px;
padding-right:50px;
padding-bottom:10px;
}
</style>
</head>
<body>
<p>
可爱的向日葵。
<img src="03.jpg">
向日葵，别名太阳花，是菊科向日葵属的植物。因花序随太阳转动而得名。一年生植物，高1～3米，茎直
立，粗壮，圆形多棱角，被白色粗硬毛，性喜温暖，耐旱，能产果实葵花籽。原产北美洲，主要分布在我
国东北、西北和华北地区，世界各地均有栽培！
向日葵，1年生草本，高1.0～3.5米，对于杂交品种也有半米高的。茎直立，粗壮，圆形多棱角，为白色
粗硬毛。叶通常互生，心状卵形或卵圆形，先端锐突或渐尖，有基出3脉，边缘具粗锯齿，两面粗糙，被
毛，有长柄。头状花序，极大，直径10～30厘米，单生于茎顶或枝端，常下倾。总苞片多层，叶质，覆瓦
状排列，被长硬毛，夏季开花，花序边缘生黄色的舌状花，不结实。花序中部为两性的管状花，棕色或紫
色，结实。瘦果，倒卵形或卵状长圆形，稍扁压，果皮木质化，灰色或黑色，俗称葵花籽。性喜温暖，
耐旱。
</p>
</body>
</html>
```

在 IE 浏览器中预览效果如图 11-7 所示，可以看到图片被文字所环绕，并且文字和图片右边间距为 50 像素，上下各为 10 像素。

图 11-7 设置图片和文字边距

11.4 制作学校宣传单

每年暑假，高校招收学生的宣传页到处都是，本节就来制作一个学校宣传页，从而加固图文混排的相关 CSS 知识。具体步骤如下。

步骤 1 分析需求。

本实例包含两部分，一部分是图片信息，展现学校场景，另一部分是段落信息，介绍学校历史和办学理念。这两部分都放在一个 div 中。实例完成后，效果如图 11-8 所示。

步骤 2 构建 HTML 网页。

创建 HTML 页面，其中包含一个 div，div 中包含图片和两个段落信息。其代码如下。

图 11-8 宣传效果图

```
<html>
<head>
<title>学校宣传单</title>
</head>
<body>
<div>
    <img src="04.jpg"/><p>某大学风景优美</p><p> 学校发扬"百折不挠、艰苦创业"的办学
传统，坚持"质量立校、人才兴校、创新强校、文化铸校、和谐荣校"的办学理念，弘扬"爱国荣校、民
主和谐、求真务实、开放创新"的精神</p>
</div>
</body>
</html>
```

在 IE 浏览器中预览效果如图 11-9 所示，可以看到在网页中标题和内容被一条虚线隔开。

步骤 3 添加 CSS 代码，修饰 div。

```
<style>
big{
width:430px;
}
</style>
```

图 11-9 HTML 页面显示

在 HTML 代码中，将 big 代码引用到 div 中，代码如下。

```
<div class=big>
    <img src="xuexiao.jpg"/><p>某大学风景优美</p><p> 学校发扬"百折不挠、艰苦创业"
的办学传统，坚持"质量立校、人才兴校、创新强校、文化铸校、和谐荣校"的办学理念，弘扬"爱国荣
校、民主和谐、求真务实、开放创新"的精神</p>
</div>
```

在 IE 浏览器中预览效果如图 11-10 所示，可以看到在网页中段落以块的形式显示。

图 11-10　修饰 div 层

步骤 4 添加 CSS 代码，修饰图片。

```
img{
    width:260px;
    height:220px;
    border:#009900 2px solid;
    float:left;
    padding-right:0.5px;
    }
```

在 IE 浏览器中预览效果如图 11-11 所示，可以看到在网页中图片以指定大小显示，并且带有边框，在左面浮动。

步骤 5 添加 CSS 代码，修饰段落。

```
p{
font-family:"宋体";
```

```
font-size:14px;
line-height:20px;
}
```

图 11-11　修饰图片

在 IE 浏览器中预览效果如图 11-12 所示，可以看到在网页中段落以宋体显示，大小为 14 像素，行高为 20 像素。

图 11-12　修饰段落

11.5 制作简单图文混排网页

在一个网页中，出现最多的就是文字和图片，二者放在一起，图文并茂，能够生动地表达新闻主题。本实例创建一个图片与文字的简单混排。具体步骤如下。

步骤 1 分析需求。

本综合实例要求在网页的最上方显示出标题，标题下方是正文，在正文显示部分显示图片。

在设计这个网页标题时，其方法与上面的实例相同。上述要求使用 CSS 样式属性实现。实例效果如图 11-13 所示。

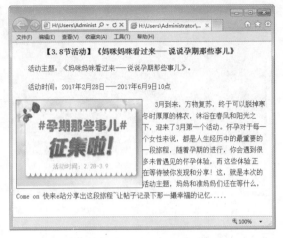

图 11-13　图文混排显示

步骤 2　分析布局并构建 HTML。

创建一个 HTML 页面，并用 div 将页面划分为两个层，一个是网页标题层，另一个是正文部分。

步骤 3　导入 CSS 文件。

将 CSS 文件使用 link 方式导入到 HTML 页面中。此 CSS 页面定义了这个页面的所有样式，其导入代码如下。

```
<link href="CSS.css"rel="stylesheet"type="text/css"/>
```

步骤 4　完成标题部分。

设置网页标题部分，创建一个 div，用来放置标题。其 HTML 代码如下。

```
<div>
<h1>【3.8节活动】《妈咪妈咪看过来——说说孕期那些事儿》
</h1>
</div>
```

在 CSS 样式文件中，修饰 HTML 元素，其 CSS 代码如下。

```
h1{text-align:center;text-shadow:0.1em 2px 6px blue;font-size:18px;}
```

步骤 5　完成正文和图片部分。

设置网页正文部分，正文中包含了一张图片。其 HTML 代码如下。

```
<div>
<p>活动主题：《妈咪妈咪看过来——说说孕期那些事儿》。
</p>
<p> 活动时间：2016年2月28日--2016年3月9日10点
</p>
<DIV class="im">
```

```
<img src="8.jpg"  width="300"height="200"/>
</DIV>
<p>3月到来，万物复苏，终于可以脱掉寒冬时厚厚的棉衣，沐浴在春风和阳光之下，迎来了3月第一个活
动。怀孕对于每一个女性来说，都是人生经历中的最重要的一段旅程，随着孕期的进行，你会遇到很多未
曾遇见的怀孕体验，而这些体验正在等待被你发现和分享！这，就是本次的活动主题，妈妈和准妈妈们
还在等什么，Come on 快来e站分享出这段旅程～让帖子记录下那一撮幸福的记忆……
</p>
</div>
```

CSS 样式代码如下。

```
p{text-indent:8mm;line-height:7mm;}
.im{width:300px; float:left; border:#000000  solid 1px;}
```

11.6 大神解惑

小白： 在网页中进行图文排版时，哪些是必须要做的？

大神： 在进行图文排版时，通常有以下 5 方面需要网页设计者考虑。

（1）首行缩进：段落的开头应该空两格，HTML 中空格键不起作用。可以用 "nbsp;"来代替一个空格，但这不是理想的方式，可以用 CSS 中的首行缩进属性，其大小为 2em。

（2）图文混排：在 CSS 中，可以用 float，来让文字在没有清理浮动的时候，显示在图片以外的空白处。

（3）设置背景色：设置网页背景，增加特殊效果。此内容会在后面章节介绍。

（4）文字居中：可以用 CSS 的 text-align 属性设置文字居中。

（5）显示边框：可以使用 border 属性为图片添加一个边框。

小白： 设置文字环绕时，float 元素为什么失去作用？

大神： 很多浏览器在显示未指定 width 的 float 元素时会有错误，所以不管 float 元素的内容如何，一定要为其指定 width 属性。

11.7 跟我练练手

练习 1：利用 width 和 height 属性控制网页中图片的大小。

练习 2：利用 max-width 和 max-height 属性控制网页中图片的大小。

练习 3：制作一个图片横向对齐的网页。

练习 4：制作一个图片纵向对齐的网页。

练习 5：制作一个文字环绕的网页。

练习 6：制作一个控制图片和文字间距的网页。

练习 7：制作一个学校宣传单的网页。

练习 8：制作一个图文混排的网页。

美化网页背景与边框

第 **12** 章

任何一个页面，首先映入眼帘的就是网页的背景色和基调，不同类型网站有不同的背景和基调。因此页面中的背景通常是网站设计时一个重要的步骤。对于单个 HTML 元素，可以通过 CSS 属性设置元素边框样式，包括宽度、显示风格和颜色等。本章将重点介绍网页背景设置和 HTML 元素边框样式。

● **本章要点（已掌握的在方框中打钩）**

☐ 掌握美化网页背景的方法
☐ 掌握美化网页边框的方法
☐ 掌握设置边框圆角效果的方法
☐ 掌握制作简单公司主页的方法
☐ 掌握制作简单生活咨讯主页的方法

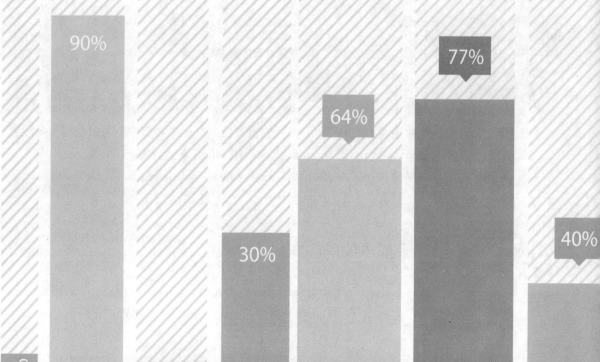

12.1 使用 CSS 美化背景

背景是网页设计的重要元素之一，一个背景优美的网页总能吸引不少访问者。例如，喜庆类网站都是以火红背景为主题，CSS 的强大表现功能在背景设计方面同样发挥得淋漓尽致。

12.1.1 设置背景颜色

background-color 属性用于设定网页背景色，同设置前景色的 color 属性一样，background-color 属性接受任何有效的颜色值，而对于没有设定背景色的标记，默认背景色为透明（transparent）。

其语法格式为：

```
{background-color : transparent | color}
```

关键字 transparent 是一个默认值，表示透明。背景颜色 color 的设定方法可以采用英文单词、十六进制数值、RGB、HSL、HSLA 和 GRBA。

【例 12.1】（实例文件：ch12\12.1.html）

```
<!DOCTYPE html>
<html>
<head>
<title>背景色设置</title>
<head>
<body style="background-color:PaleGreen; color:Blue">
  <p>
    background-color属性设置背景色，color属性设置字体颜色。
  </p>
</body>
</html>
```

在 IE 浏览器中预览效果如图 12-1 所示，可以看到网页背景色显示浅绿色，而字体颜色为蓝色。注意，在网页设计时，其背景色不要使用太艳的颜色，这会给人一种喧宾夺主的感觉。

background-color 不仅可以设置整个网页的背景颜色，还可以设置指定 HTML 元素的背景色，例如设置 h1 标题的背景色，设置段落 p

的背景色。在一个网页中，可以根据需要设置不同 HTML 元素的背景色。

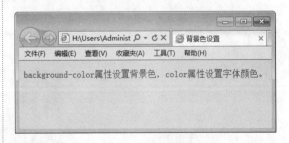

图 12-1　设置背景色

【例 12.2】（实例文件：ch12\12.2.html）

```
<!DOCTYPE html>
<html>
<head>
<title>背景色设置</title>
<style>
h1 {
    background-color: red;
    color: black;
    text-align:center;
}
p{
    background-color:gray;
    color:blue;
    text-indent:2em;
}
</style>
<head>
<body>
    <h1>颜色设置</h1>
  <p>
    background-color属性设置背景色，color属性设置字体颜色。
  </p>
</body>
</html>
```

在 IE 浏览器中预览效果如图 12-2 所示，可以看到网页中标题区域背景色为红色，段落区域背景色为灰色，并且分别为字体设置了不同的前景色。

图 12-2　设置 HTML元素的背景色

12.1.2　设置背景图片

网页中不但可以使用背景色来填充网页背景，同样也可以使用背景图片来填充网页。通过 CSS 属性可以对背景图片进行精确定位。

background-image 属性用于设定标记的背景图片，通常情况下，在 <body> 标记中应用，将图片用于整个主体中。

background-image 的语法格式如下。

```
background-image : none | url (url)
```

其默认属性是无背景图，当需要使用背景图时可以用 url 进行导入，url 可以使用绝对路径，也可以使用相对路径。

【例 12.3】（实例文件：ch12\12.3.html）

```
<!DOCTYPE html>
<html>
<head>
<title>背景色设置</title>
<style>
body{
    background-image:url(01.jpg)
    }
</style>
```

```
<head>
<body>
<p>夕阳无限好，只是近黄昏！</p>
</body>
</html>
```

在 IE 浏览器中预览效果如图 12-3 所示，可以看到网页中显示背景图，但如果图片尺寸小于整个网页大小时，为了填充网页背景色，会重复出现图片并铺满整个网页。

图 12-3　设置背景图片

在设定背景图片时，最好同时也设定背景色，这样当背景图片因某种原因无法正常显示时，可以使用背景色来代替。当然，如果正常显示，背景图片会覆盖背景色的。

12.1.3　背景图片重复

在进行网页设计时，通常都是一个网页使用一张背景图片，如果图片尺寸小于背景图片，会直接重复铺满整个网页，但这种方式不适用于大多数页面，在 CSS 中可以通过 background-repeat 属性设置图片的重复方式，包括水平重复、垂直重复和不重复等。

background-repeat 属性用于设定背景图片是否重复平铺。各属性值说明如表 12-1 所示。

表 12-1　background-repeat 属性

属 性 值	描　　述
repeat	背景图片水平和垂直方向都重复平铺
repeat-x	背景图片水平方向重复平铺
repeat-y	背景图片垂直方向重复平铺
no-repeat	背景图片不重复平铺

background-repeat 属性重复背景图片是从元素的左上角开始平铺，直到水平、垂直或全部页面都被背景图片覆盖。

【例 12.4】（实例文件：ch12\12.4.html）

```
<!DOCTYPE html>
<html>
<head>
<title>背景图片重复</title>
<style>
```

```
body{
    background-image:url(01.jpg);
    background-repeat:no-repeat;
    }
</style>
<head>
<body>
<p>夕阳无限好，只是近黄昏！</p>
</body>
</html>
```

在 IE 浏览器中预览效果如图 12-4 所示，

可以看到网页中显示背景图，但图片以默认大小显示，而没有对整个网页背景进行填充。这是因为代码中设置了背景图不重复平铺。

同样可以在上面的代码中，设置 background-repeat 的属性值为其他值，例如，可以设置值为 repeat-x，表示图片在水平方向平铺。此时，在 IE 浏览器中的效果如图 12-5 所示。

图 12-4　背景图不重复

图 12-5　背景图水平方向平铺

12.1.4　背景图片随文档滚动

对于一个文本较多，一屏显示不了的页面来说，如果使用的背景图片不能完全覆盖整个页面，而且只将背景图片应用在页面的一个位置上，那么在浏览页面时，肯定会出现看不到背景图片的情况；再者，还可能出现背景图片初始可见，而随着页面的滚动又不可见。也就是说，背景图片不能时刻随着页面的滚动而显示。

要解决上述问题，可使用 background-attachment 属性，该属性用来设定背景图片是否随文档一起滚动。该属性包含 scroll 和 fixed 两个属性值，并适用于所有元素，如表 12-2 所示。

表 12-2　background-attachment 属性值

属 性 值	描　　述
scroll	默认值，当页面滚动时，背景图片随页面一起滚动
fixed	背景图片固定在页面的可见区域里

使用 background-attachment 属性，可以使背景图片始终处于视野范围内，以避免出现因页面的滚动而消失的情况。

【例 12.5】（实例文件：ch12\12.5.html）

```
<!DOCTYPE html>
<html>
<head>
<title>背景显示方式</title>
```

```
<style>
body{
     background-image:url(01.jpg);
     background-repeat:no-repeat;
     background-attachment:fixed;
    }
p{
    text-indent:2em;
    line-height:30px;
    }
h1{
    text-align:center;
    }
</style>
<head>
<body>
<h1>兰亭序</h1>
<p>
永和九年，岁在癸（guǐ）丑，暮春之初，会于会稽（kuài jī）山阴之兰亭，修禊（xì）事也。群贤毕
至，少长咸集。此地有崇山峻岭，茂林修竹， 又有清流激湍（tuān），映带左右。引以为流觞（shāng）
曲（qū）水，列坐其次，虽无丝竹管弦之盛，一觞（shang）一咏，亦足以畅叙幽情。
</p>
<p>是日也，天朗气清，惠风和畅。仰观宇宙之大，俯察品类之盛，所以游目骋（chěng）怀，足以极视
听之娱，信可乐也。</p>
<p> 夫人之相与，俯仰一世。或取诸怀抱，晤言一室之内；或因寄所托，放浪形骸（hái）之外。虽趣
（qū）舍万殊，静躁不同，当其欣于所遇，暂得于己，快然自足，不知老之将至。及其所之既倦，情随
事迁，感慨系（xì）之矣。向之所欣，俯仰之间，已为陈迹，犹不能不以之兴怀。况修短随化，终期于
尽。古人云："死生亦大矣。"岂不痛哉！</p>
<p>每览昔人兴感之由，若合一契，未尝不临文嗟（jiē）悼，不能喻之于怀。固知一死生为虚诞，齐彭
殇（shāng）为妄作。后之视今，亦犹今之视昔，悲夫！故列叙时人，录其所述。虽世殊事异，所以兴
怀，其致一也。后之览者，亦将有感于斯文。</p>
</body>
</html>
```

在 IE 浏览器中预览效果如图 12-6 所示，可以看到网页 background-attachment 属性的值为 fixed 时，背景图片的位置固定并不是相对于页面的，而是相对于页面的可视范围。

图 12-6　图片显示方式

12.1.5 背景图片位置

背景图片位置是从设置了 background 属性的标记（例如 body 标记）的左上角开始出现，但在实际网页设计中，可以根据需要直接指定背景图片出现的位置。在 CSS3 中，可以通过 background-position 属性轻松调整背景图片的位置。

background-position 属性用于指定背景图片在页面中所处的位置。该属性值分为四类：绝对定义位置（length）、百分比定义位置（percentage）、垂直对齐值和水平对齐值。其中垂直对齐值包括 top、center 和 bottom，水平对齐值包括 left、center 和 right，如表 12-3 所示。

表 12-3 background-position 属性值

属 性 值	描　　述
length	设置图片与边距水平与垂直方向的距离长度，后跟长度单位（cm、mm、px 等）
percentage	以页面元素框的宽度或高度的百分比放置图片
top	背景图片顶部显示
center	背景图片居中显示
bottom	背景图片底部显示
left	背景图片左部显示
right	背景图片右部显示

垂直对齐值还可以与水平对齐值一起使用，从而决定图片的垂直位置和水平位置。

【例 12.6】（实例文件：ch12\12.6.html）

```
<!DOCTYPE html>
<html>
<head>
<title>背景位置设定</title>
<style>
body{
    background-image:url(01.jpg);
    background-repeat:no-repeat;
    background-position:top right;
}
</style>
<head>
<body>
</body>
</html>
```

在 IE 浏览器中预览效果如图 12-7 所示，

可以看到网页中的背景图片是从顶部和右边开始显示。

图 12-7 设置背景位置

使用垂直对齐值和水平对齐值只能格式化地放置图片，如果要在页面中自由地定义图片的位置，则需要使用确定数值或百分比。

可在上面的代码中，将

```
background-position:top right;
```

语句修改为

```
background-position:20px 30px
```

在 IE 浏览器中预览效果如图 12-8 所示，可以看到网页中的背景图片是从左上角开始显示，但并不是从（0,0）坐标位置开始，而是从（20,30）坐标位置开始。

图 12-8　指定背景位置

12.1.6　背景图片大小

在以前的网页设计中，背景图片的大小是不可以控制的，如果想要用图片填充整个背景，则需要事先设计一个较大的背景图片，否则只能让背景图片以平铺的方式来填充页面元素。在 CSS3 中，新增了一个 background-size 属性，用来控制背景图片大小，从而降低网页设计的开发成本。

background-size 属性的语法格式如下。

```
background-size : [ <length> | <percentage> | auto ]{1,2} | cover | contain
```

其参数值含义如表 12-4 所示。

表 12-4　background-size 属性参数表

参 数 值	说　　　明
<length>	由浮点数字和单位标识符组成的长度值。不可为负值
<percentage>	取值为 0% 到 100% 之间的值。不可为负值
cover	保持背景图像本身的宽高比例，将图片缩放到正好完全覆盖所定义的背景区域
contain	保持图像本身的宽高比例，将图片缩放到宽度或高度正好适应所定义的背景区域

【例 12.7】（实例文件：ch12\12.7.html）

```
<!DOCTYPE html>
<html>
<head>
<title>背景大小设定</title>
<style>
body{
      background-image:url(01.jpg);
```

```
      background-repeat:no-repeat;
      background-size:cover;
  }
</style>
<head>
<body>
</body>
</html>
```

在 IE 浏览器中预览效果如图 12-9 所示，可以看到网页中的背景图片填充了整个页面。

图 12-9　设定背景大小

同样也可以用像素或百分比指定背景大小显示。当指定为百分比时，大小会由所在区域的宽度、高度以及 background-origin 的位置决定。适应示例如下。

```
background-size:900 800;
```

此时 background-size 属性可以设置 1 个或 2 个值，1 个为必填，1 个为选填。其中第 1 个值用于指定图片宽度，第 2 个值用于指定图片高度，如果只设定一个值，则第 2 个值默认为 auto。

12.1.7　背景显示区域

在网页设计中，如果能改善背景图片的定位方式，使设计师能够更灵活地决定背景图应该显示的位置，会大大减少设计成本。在 CSS3 中，新增了一个 background-origin 属性，用来实现背景图片的定位。

默认情况下，background-position 属性总是以元素左上角原点作为背景图像定位，使用 background-origin 属性可以改变这种定位方式。

```
background-origin : border | padding | content
```

其参数含义如表 12-5 所示。

表 12-5　background-origin 参数值

参数值	说　　明
border	从 border 区域开始显示背景
padding	从 padding 区域开始显示背景
content	从 content 区域开始显示背景

【例 12.8】（实例文件：ch12\12.8.html）

```
<!DOCTYPE html>
<html>
<head>
<title>背景显示区域设定</title>
<style>
div{
    text-align:center;
    height:500px;
    width:416px;
```

```
        border:solid 1px red;
        padding:32px 2em 0;
        background-image:url(02.jpg);
        background-origin:padding;
    }
div h1{
        font-size:18px;
        font-family:"幼圆";
}
div  p{
        text-indent:2em;
        line-height:2em;
        font-family:"楷体";
    }
</style>
<head>
<body>
<div>
<h1>神笔马良的故事</h1>
<p>
从前，有个孩子名字叫马良。父亲母亲早就死了，靠他自己打柴、割草过日子。他从小喜欢学画，可是，他连一支笔也没有啊！
</p>
<p>
一天，他走过一个学馆门口，看见学馆里的教师，拿着一支笔，正在画画。他不自觉地走了进去，对教师说："我很想学画，借给我一支笔可以吗？"教师瞪了他一眼，"呸！"一口唾沫啐在他脸上，骂道："穷娃子想拿笔，还想学画？做梦啦！"说完，就将他撵出大门来。马良是个有志气的孩子，他说："偏不相信，怎么穷孩子连画也不能学了！"。
</p>
</div>
</body>
</html>
```

在 IE 浏览器中预览效果如图 12-10 所示，可以看到网页中的背景图片以指定大小在网页左侧显示，在背景图片上显示了相应的段落信息。

图 12-10 设置背景显示区域

12.1.8 背景图像裁剪区域

在 CSS3 中，新增了一个 background-clip 属性，用来定义背景图片的裁剪区域。background-clip 属性和 background-orgin 属性有几分相似，通俗地说，background-clip 属性用来判断背景是否包含边框区域，而 background-orgin 属性用来决定 background-position 属性定位的参考位置。

background-clip 的语法格式如下。

```
background-clip : border-box | padding-box | content-box | no-clip
```

其参数值含义如表 12-6 所示。

表 12-6　background-clip 参数值

参数值	说　　明
border	从 border 区域开始显示背景
padding	从 padding 区域开始显示背景
content	从 content 区域开始显示背景
no-clip	从边框区域外裁剪背景

【例 12.9】（实例文件：ch12\12.9.html）

```
<!DOCTYPE html>
<html>
<head>
<title>背景裁剪</title>
<style>
div{
    height:150px;
    width:200px;
    border:dotted 50px red;
    padding:50px;
    background-image:url(02.jpg);
    background-repeat:no-repeat;
    background-clip:content;
}
</style>
<head>
<body>
<div>
```

```
</div>
</body>
</html>
```

在 IE 浏览器中预览效果如图 12-11 所示，可以看到网页中的背景图像仅在内容区域内显示。

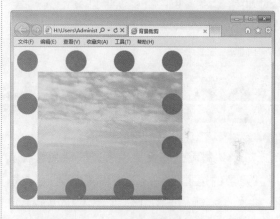

图 12-11　以内容边缘裁剪背景图

12.1.9 背景复合属性

在 CSS3 中，background 属性依然保持复合属性的用法，即综合了以上所有与背景有关的属性（即以 background- 开头的属性），可以一次性地设定背景样式，格式如下。

```
background:[background-color] [background-image] [background-repeat]
        [background-attachment] [background-position]
        [background-size] [background-clip] [background-origin]
```

其中的属性顺序可以自由调换，并且可以选择设定。没有设定的属性，系统会自行为该属性添加默认值。

【例 12.10】（实例文件：ch12\12.10.html）

```
<!DOCTYPE html>
<html>
<head>
<title>背景的复合属性</title>
<style>
body
{
    background-color:Black;
    background-image:url(01.jpg);
    background-position:center;
    background-repeat:repeat-x;
    background-attachment:fixed;
    background-size:900  800;
    background-origin:padding;
    background-clip:content;
}
```

```
</style>
<head>
<body>
</body>
</html>
```

在 IE 浏览器中预览效果如图 12-12 所示，可以看到网页中的背景以复合方式显示。

图 12-12　设置背景的复合属性

12.2　使用 CSS 美化边框

边框就是将元素内容及间隙包含在其中的边线，类似于表格的外边线。每一个页面元素的边框可以从三方面来描述：样式、颜色和宽度。这三方面决定了边框所显示出来的外观。CSS 中分别使用 border-style、border-color 和 border-width 这三个属性设定边框。

12.2.1　设置边框样式

border-style 属性用于设定边框的样式，也就是风格。边框样式是边框最重要的属性部分，它主要用于为页面元素添加边框。其语法格式如下。

```
border-style : none | hidden | dotted | dashed | solid | double | groove |
ridge | inset | outset
```

CSS 设定了 9 种边框样式，如表 12-7 所示。

表 12-7　边框样式

属性值	描　　述
none	无边框，无论边框宽度设为多大
dotted	点线式边框
dashed	破折线式边框
solid	直线式边框
double	双线式边框
groove	槽线式边框
ridge	脊线式边框
inset	内嵌效果的边框
outset	凸起效果的边框

【例 12.11】（实例文件：ch12\12.11.html）

```html
<!DOCTYPE html>
<html>
<head>
<title>边框样式</title>
<style>
h1  {
    border-style:dotted;
    color: black;
    text-align:center;
}
p{
    border-style:double;
    text-indent:2em;
}
</style>
<head>
<body>
    <h1>带有边框的标题</h1>
    <p>带有边框的段落</p>
</body>
</html>
```

在 IE 浏览器中预览效果如图 12-13 所示，可以看到网页中，标题 h1 显示的时候带有边框，其边框样式为点线式边框；同样段落也带有边框，其边框样式为双线式边框。

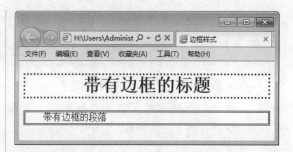

图 12-13　设置的边框

> **提示**　在没有设定边框颜色的情况下，groove、ridge、inset 和 outset 边框默认的颜色是灰色。dotted、dashed、solid 和 double 这四种边框的颜色基于页面元素的 color 值。

其实，这几种边框样式还可以分别定义在一个边框中，从上边框开始按照顺时针的方向分别定义边框的上、右、下、左边框样式，从而形成多样式边框。例如，有下面一条样式规则：

```
p{border-style:dotted solid dashed groove}
```

另外，如果需要单独定义边框的一条边的样式，则可以使用表 12-8 所列的属性来定义。

表 12-8　各边样式属性

属　　性	描　　述
border-top-style	设定上边框的样式
border-right-style	设定右边框的样式
border-bottom-style	设定下边框的样式
border-left-style	设定左边框的样式

12.2.2　设置边框颜色

border-color 属性用于设定边框颜色，如果不想与页面元素的颜色相同，则可以使用该属性为边框定义其他颜色。border-color 属性的语法格式如下。

```
border-color : color
```

color 表示指定颜色,其颜色值通过十六进制数值和 RGB 等方式获取。同边框样式属性一样,border-color 属性可以为边框设定一种颜色,也可以同时设定四个边的颜色。

【例 12.12】(实例文件:ch12\12.12.html)

```
<!DOCTYPE html>
<html>
<head>
<title>设置边框颜色</title>
<style>
p{
    border-style:double;
    border-color:red;
    text-indent:2em;
}
</style>
<head>
<body>
    <p>边框颜色设置</p>
    <p style="border-style:solid; border-color:red blue yellow green">
  分别定义边框颜色
 </p>
</body>
</html>
```

在 IE 浏览器中预览效果如图 12-14 所示,可以看到网页中,第一个段落边框颜色设置为红色,第二个段落边框颜色分别设置为红、蓝、黄和绿。

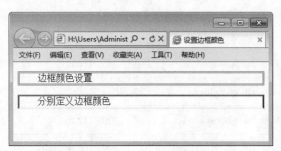

图 12-14　设置边框颜色

除了上面设置四个边框颜色的方法之外,还可以使用表 12-9 列出的属性单独为相应的边框设定颜色。

表 12-9　各边框颜色属性

属　　性	描　　述
border-top-color	设定上边框颜色
border-right-color	设定右边框颜色
border-bottom-color	设定下边框颜色
border-left-color	设定左边框颜色

12.2.3　设置边框线宽

在 CSS3 中,可以通过设定边框宽度,来增强边框效果。border-width 属性就是用来设定边框宽度,其语法格式如下。

```
border-width : medium | thin | thick | length
```

其中预设有三种属性值：medium、thin 和 thick，另外，还可以自行设置宽度（length），如表 12-10 所示。

表 12-10　border-width 属性

属性值	描　　述
medium	默认值，中等宽度
thin	比 medium 细
thick	比 medium 粗
length	自定义宽度

【例 12.13】（实例文件：ch12\12.13.html）

```
<!DOCTYPE html>
<html>
<head>
<title>设置边框宽度</title>
<head>
<body>
    <p style="border-style:dotted; border-width:medium;">边框颜色设置</p>
    <p style="border-style:dashed;border-width:thin;">边框颜色设置</p>
    <p style="border-style:solid; border-width:12px;">
  分别定义边框颜色
  </p>
</body>
</html>
```

在 IE 浏览器中预览效果如图 12-15 所示，可以看到网页中，三个段落边框以不同的粗细显示。

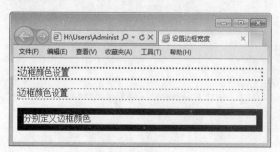

图 12-15　设置边框宽度

border-width 属性其实是 border-top-width、border-right-width、border-bottom-width 和 border-left-width 这四个属性的综合属性，分别用于设定上边框、右边框、下边框、左边框的宽度。

【例 12.14】（实例文件：ch12\12.14.html）

```
<!DOCTYPE html>
<html>
<head>
<title>边框宽度设置</title>
<style>
p{
border-style:solid;
border-color:#ff00ee;
border-top-width:medium;
border-right-width:thin;
border-bottom-width:thick;
border-left-width:15px;
}
</style>
<head>
<body>
    <p>边框宽度设置</p>
</body>
</html>
```

在 IE 浏览器中预览效果如图 12-16 所示，可以看到网页中，段落的四个边框以不同的宽度显示。

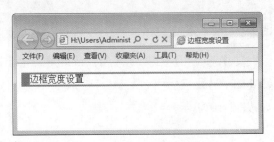

图 12-16　分别设置四个边框宽度

12.2.4　设置边框复合属性

border 属性集合了上述所介绍的三种属性，为页面元素设定边框的宽度、样式和颜色。语法格式如下。

```
border : border-width | border-style | border-color
```

其中，三个属性的顺序可以自由调换。

【例 12.15】（实例文件：ch12\12.15.html）

```
<!DOCTYPE html>
<html>
<head>
<title>设置边框复合属性</title>
<head>
<body>
    <p style="border:dashed red 12px">设置边框复合属性</p>
</body>
</html>
```

在 IE 浏览器中预览效果如图 12-17 所示，可以看到网页中，段落边框样式以破折线显示，颜色为红色，宽度为 12 像素。

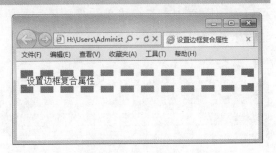

图 12-17　设置边框复合属性

12.3 设置边框圆角效果

在 CSS3 标准没有指定之前，如果想要实现圆角效果，需要花费很大的精力，但在 CSS3 标准推出之后，网页设计者可以使用 border-radius 轻松实现边框圆角效果。

12.3.1 设置圆角边框

在 CSS3 中，可以使用 border-radius 属性定义边框的圆角效果，从而大大降低圆角的开发成本。border-radius 的语法格式如下。

```
border-radius :  none | <length>{1,4}
[ / <length>{1,4} ]
```

其中，none 为默认值，表示元素没有圆角。<length> 表示由浮点数字和单位标识符组成的长度值，不可为负值。

【例 12.16】（实例文件：ch12\12.16.html）

```
<!DOCTYPE html>
<html>
<head>
<title>圆角边框设置</title>
<style>
p{
    text-align:center;
    border:15px solid red;
    width:100px;
    height:50px;
    border-radius:10px;
}
</style>
<head>
<body>
    <p>这是一个圆角边框</p>
</body>
</html>
```

在 IE 浏览器中预览效果如图 12-18 所示，可以看到网页中，段落边框以圆角显示，其半径为 10 像素。

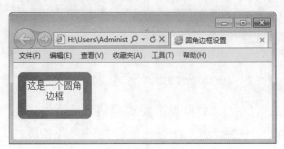

图 12-18　定义圆角边框

12.3.2 指定两个圆角半径

border-radius 属性可以包含两个参数值：第一个参数表示圆角的水平半径，第二个参数表示圆角的垂直半径，两个参数通过斜线"/"隔开。如果仅含一个参数值，则第二个值与第一个值相同，表示的是一个 1/4 的圆弧。如果参数值中包含 0，则这个值就是矩形，不会显示为圆角。

【例 12.17】（实例文件：ch12\12.17.html）

```
<!DOCTYPE html>
<html>
<head>
<title>圆角边框设置</title>
<style>
.p1{
    text-align:center;
    border:15px solid red;
    width:100px;
    height:50px;
    border-radius:5px/50px;
}
.p2{
    text-align:center;
    border:15px solid red;
    width:100px;
    height:50px;
    border-radius:50px/5px;
}
</style>
<head>
<body>
    <p class=p1>这是一个圆角边框A</p>
    <p class=p2>这也是一个圆角边框B</p>
</body>
</html>
```

在 IE 浏览器中预览效果如图 12-19 所示，可以看到网页中，显示了两个圆角边框，第一个段落圆角半径为 5px/50px，第二个段落圆角半径为 50px/5px。

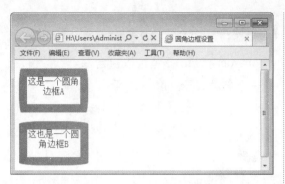

图 12-19　定义不同半径的圆角边框

12.3.3　绘制四个不同的圆角边框

在 CSS 中，实现四个不同的圆角边框的方法有两种：一种是 border-radius 属性，另一种是使用 border-radius 衍生属性。

 1. border-radius 属性

利用 border-radius 属性可以绘制四个不同的圆角边框，如果直接给 border-radius 属性赋四个值，这四个值将按照 top-left、top-right、bottom-right、bottom-left 的顺序来设置。如果 bottom-left 值省略，其圆角效果和 top-right 效果相同；如果 bottom-right 值省略，其圆角效果和 top-left 效果相同；如果 top-right 的值省略，其圆角效果和 top-left 效果相同。如果为 border-radius 属性设置四个值的集合参数，则每个值表示每个角的圆角半径。

【例 12.18】（实例文件：ch12\12.18.html）

```
<!DOCTYPE html>
<html>
<head>
<title>设置圆角边框</title>
<style>
.div1{
    border:15px solid blue;
    height:100px;
```

```
    border-radius:10px 30px 50px 70px;
}
.div2{
    border:15px solid blue;
    height:100px;
    border-radius:10px 50px 70px;
}
.div3{
    border:15px solid blue;
    height:100px;
    border-radius:10px 50px;
}
</style>
<head>
<body>
<div class=div1></div><br>
<div class=div2></div><br>
<div class=div3></div>
</body>
</html>
```

在 IE 浏览器中预览效果如图 12-20 所示，可以看到网页中，第一个 div 层设置了四个不同的圆角边框，第二个 div 层设置了三个不同的圆角边框，第三个 div 层设置了两个不同的圆角边框。

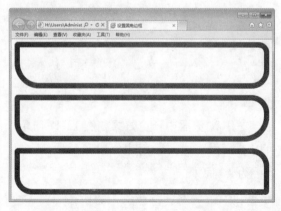

图 12-20　分别为三个 div 层设置四个圆角边框

 2. border-radius 衍生属性

除了上面设置圆角边框的方法之外，还可以使用表 12-11 列出的属性单独为相应的边框设置圆角。

表 12-11　定义不同的圆角

属　　性	描　　述
border-top-right-radius	定义右上角圆角
border-bottom-right-radius	定义右下角圆角
border-bottom-left-radius	定义左下角圆角
border-top-left-radius	定义左上角圆角

【例 12.19】（实例文件：ch12\12.19.html）

```
<!DOCTYPE html>
<html>
<head>
<title>圆角边框设置</title>
<style>
.div{
    border:15px solid blue;
    height:100px;
    border-top-left-radius:70px;
    border-bottom-right-radius:40px;
</style>
<head>
<body>
<div class=div></div><br>
</body>
</html>
```

在 IE 浏览器中预览效果如图 12-21 所示，可以看到网页中，两个圆角边框分别使用 border-top-left-radius 和 border-bottom-right-radius 指定。

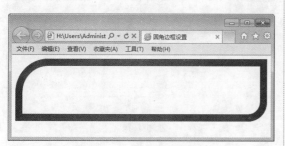

图 12-21　绘制指定圆角边框

12.3.4　绘制不同种类的边框

border-radius 属性可以根据不同的半径值，来绘制不同的圆角边框。同样也可以利用 border-radius 来定义边框内部的圆角，即内圆角。需要注意的是，外部圆角边框的半径称为外半径，内边半径等于外边半径减去对应边的宽度，即将边框内部的圆的半径称为内半径。

通过对外半径和边框宽度的不同设置，可以绘制出不同形状的内边框。例如绘制内直角、小内圆角、大内圆角和圆。

【例 12.20】（实例文件：ch12\12.20.html）

```
<!DOCTYPE html>
<html>
<head>
<title>圆角边框设置</title>
<style>
.div1{
    border:70px solid blue;
    height:50px;
    border-radius:40px;
    }
.div2{
    border:30px solid blue;
    height:50px;
    border-radius:40px;
    }
.div3{
    border:10px solid blue;
    height:50px;
    border-radius:60px;
    }
.div4{
    border:1px solid blue;
    height:100px;
    width:100px;
    border-radius:50px;
    }
</style>
<head>
<body>
<div class=div1></div><br>
<div class=div2></div><br>
<div class=div3></div><br>
<div class=div4></div><br>
</body>
</html>
```

在 IE 浏览器中预览效果如图 12-22 所示，可以看到网页中，第一个边框内角为直角，第二个边框内角为小圆角，第三个边框内角为大圆角，第四个边框为圆。

图 12-22　绘制不同种类的边框

提示　当边框宽度设置大于圆角外半径，即内半径为 0，则会显示内直角，而不是圆直角，所以内外边曲线的圆心是一致的，见上例中第一种边框设置。如果边框宽度小于圆角半径，即内半径小于 0，则会显示小幅圆角效果，见上例中第二个边框设置。如果边框宽度设置远远小于圆角半径，即内半径远远大于 0，则会显示大幅圆角效果，见上例中第三个边框设置。如果设置元素相同，同时设置圆角半径为元素大小的一半，则会显示圆，见上例中的第四个边框设置。

12.4　制作简单公司主页

打开各种类型的商业网站，最先映入眼帘的就是首页，也称为主页。作为一个网站的门户，主页一般要求版面整洁、美观大方。结合前面学习的设置背景和边框知识，创建一个简单的商业网站。具体步骤如下。

步骤 1 分析需求。

在本实例中，主页包括三部分，其一是网站 Logo，其二是导航栏，其三是主页显示内容。网站 Logo 使用了一张背景图来代替，导航栏使用表格实现，内容列表使用无序列表实现。实例完成后，效果如图 12-23 所示。

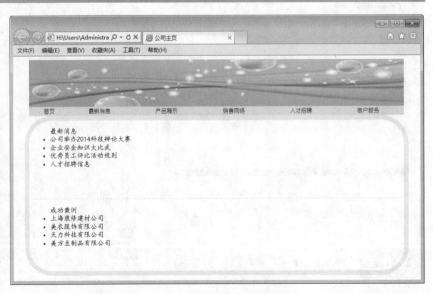

图 12-23　商业网站主页

步骤 2 构建基本 HTML。

为了划分不同的区域，HTML 页面需要包含不同的 div 层，每一层代表一个内容。一个 div 包含背景图，一个 div 包含导航栏，一个 div 包含整体内容，内容又可以划分为两个不同的层。其代码如下。

```
<!DOCTYPE html>
<html>
<head>
<title>公司主页</title>
</head>
<body>
<center>
<div>
<div class="div1"align=center></div>
<div class=div2>
<table width=99%><tr align=center><td>首页</td><td>最新消息</td><td>产品展示</td>
<td>销售网络</td><td>人才招聘</td><td>客户服务</td></tr></table>
</div>
<div class=div3>
<div class=div4>
<ul>最新消息
<li>公司举办2014科技辩论大赛</li>
<li>企业安全知识大比武</li>
<li>优秀员工评比活动规则</li>
<li>人才招聘信息</li>
</ul>
</div>
<div class=div5>
<ul>成功案例
<li>上海装修建材公司</li>
<li>美衣服饰有限公司</li>
<li>天力科技有限公司</li>
<li>美方豆制品有限公司</li>
</ul>
</div>
</div>
</div>
</center>
</body>
</html>
```

在 IE 浏览器中预览效果如图 12-24 所示，可以看到在网页中显示了导航栏和两个列表信息。

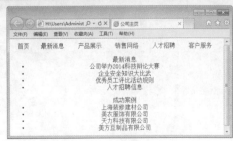

图 12-24 基本 HTML 结构

步骤 3 添加 CSS 代码，设置背景 Logo。

```
<style>
.div1{
        height:100px;
        width:820px;
        background-image:url(03.jpg);
        background-repeat:no-repeat;
        background-position:center;
        background-size:cover;
```

```
}
</style>
```

在 IE 浏览器中预览效果如图 12-25 所示，可以看到在网页顶部显示了一个背景图，此背景覆盖整个 div 层，并不重复，并且背景图片居中显示。

图 12-25　设置背景图

步骤 4 添加 CSS 代码，设置导航栏。

```
.div2{
    width:820px;
    background-color:#d2e7ff;

}
table{
```

```
        font-size:12px;
        font-family:"幼圆";
}
```

在 IE 浏览器中预览效果如图 12-26 所示，可以看到在网页中导航栏背景色为浅蓝色，表格中字体大小为 12 像素，字体类型是幼圆。

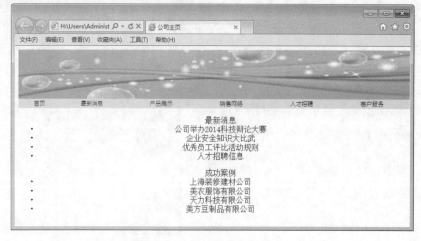

图 12-26　设置导航栏

步骤 5 添加 CSS 代码，设置内容样式。

```
.div3{
       width:820px;
       height:320px;
       border-style:solid;
       border-color:#ffeedd;
       border-width:10px;
       border-radius:60px;
}
.div4{
       width:810px;
       height:150px;
       text-align:left;
```

```
       border-bottom-width: 2px;
       border-bottom-style:dotted;
       border-bottom-color:#ffeedd;
}
.div5{
       width:810px;
       height:150px;
       text-align:left;
}
```

在 IE 浏览器中预览效果如图 12-27 所示，可以看到在网页中内容显示在一个圆角边框中，两个不同的内容块中间使用虚线隔开。

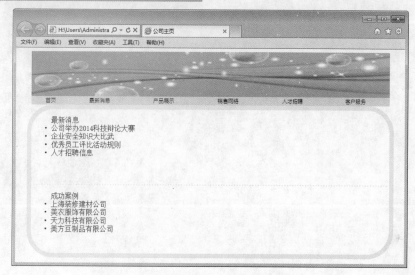

图 12-27 用 CSS 修饰边框

步骤 6 添加CSS 代码，设置列表样式。

```
ul{
   font-size:15px;
   font-family:"楷体";
}
```

在 IE 浏览器中预览效果如图 12-28 所示，可以看到在网页中列表字体大小为 15 像素，字形为楷体。

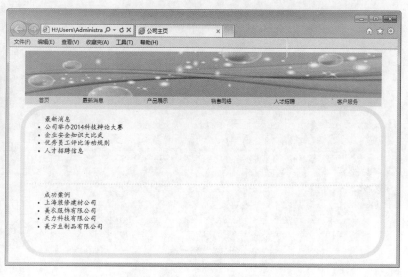

图 12-28 美化列表信息

12.5 制作简单生活资讯主页

本实例制作一个简单的生活资讯主页。具体操作步骤如下。

步骤 1 新建网页文件，在其中输入如下代码。

```
<html>
<head>
<title>生活资讯</title>
<style>
.da{border:#0033FF 1px solid;}
.title{color:blue;font-size:25px;text-align:center}
.xtitle{
        text-align:center;
        font-size:13px;
        color:gray;
        }
img{
     border-top-style:solid;
     border-right-style:dashed;
     border-bottom-style:solid;
     border-left-style:dashed;
    }
.xiao{border-bottom:#CCCCCC 1px dashed;}
</style>
</head>
<body>
<div class=da>
<div class=xiao>
<p class=title>做一碗喷香的煲仔饭，锅巴是它的灵魂</p>
<p class=xtitle>2014-01-25  09:38  来源：生活网</p>
</div>

<div>
<p align=center>
<img src=04.jpg border=1  width="200"height="150"/>
<p>
<p style="text-indent:10mm;font-size:15px;">
首先，把米泡好，然后在砂锅里抹上一层油，不要抹多，因为之后还要放。香喷喷的土猪油最好，没有的
话尽量用味道不大的油比如葵花籽油，色拉油什么的，如果用橄榄油花生油之类的话会有一股味道，这个
看个人接受能力了。之后就跟知友说的一样，放米放水。水一定不能多放。因为米已经吸饱了水。具体放
多少水看个人喜好了，如果不清楚的话就多做几次。总会成功的。</p>
<p>
<p style="text-indent:10mm;font-size:15px;">
然后盖上锅盖，大火，水开了之后换中火。等锅里的水变成类似于稀饭一样黏稠，没剩多少(请尽量少开
几次锅盖，这个也需要经验)的时候，放一勺油，这一勺油的用处是让米饭更香更亮更好吃，最重要的一
点是这样能！出！锅！巴！</p>
```

```
<p>
<p style="text-indent:10mm;font-size:15px;">
最后把配菜啥的放进去(青菜我习惯用水焯一遍就直接放到做好的饭里),淋上酱汁。然后火稍微调小一
点,盖上盖子再焖一会,等菜快熟了的时候关火,不开盖,焖5分钟左右,就搞定了。
</p>
</div>
</div>
</body>
</html>
```

步骤 2 保存网页,在 IE 浏览器
中预览效果,如图 12-29 所示。

图 12-29　网页效果

12.6 大神解惑

小白:为何我设置的背景图片不显示?是不是路径有问题?

大神:在一般情况下,设置图片路径的代码如下。

```
background-image:url(logo.jpg);
background-image:url(../logo.jpg);
background-image:url(../images/logo.jpg);
```

对于第一种情况 "url(logo.jpg)",要看此图片是不是与 CSS 文件在同一目录。

对于第二种与第三种情况,极力不推荐使用,因为网页文件可能存在于多级目录中,不
同级目录的文件位置其相对路径是不一样的。而这样就把问题复杂化了,很可能图片在这个
文件中显示正常,换了一级目录,图片就找不到影子了。

有一种方法可以轻松解决这一问题:建立一个公共文件目录,用来存放一些公用图片文
件,例如 "image",将图片文件也直接存放于该目录中,在 CSS 文件中可以使用下列方式

引用图片。

```
url(images/logo.jpg)
```

小白：用小图片进行背景平铺好吗？

大神：不要使用过小的图片作背景平铺。这是因为宽、高 1px 的图片平铺出一个宽、高 200px 的区域，需要运行 200×200=40 000 次，占用系统资源。

小白：边框样式 border:0 会占用资源吗？

大神：推荐的写法是 border:none，虽然 border:0 只是定义边框宽度为零，但边框样式、颜色还是会被浏览器解析，占用资源。

12.7 跟我练练手

练习 1：制作一个包含背景图片的网页，设置背景的显示大小、显示区域等属性。

练习 2：制作一个包含边框的网页，设置边框的样式、颜色、线宽等属性。

练习 3：制作一个包含圆角边框的网页，设置圆角边框的半径和种类等属性。

练习 4：制作一个简单的公司主页。

练习 5：制作一个生活咨讯主页。

美化表格和表单样式

第 **13** 章

表格和表单是网页中常见的元素。表格通常用来显示二维关系数据和排版，从而达到页面整齐和美观的效果。而表单是作为客户端和服务器交流的窗口，可以获取客户端信息，并反馈服务器端信息。本章将介绍使用 CSS 来美化表格和表单。

● **本章要点（已掌握的在方框中打钩）**

☐ 掌握美化表格样式的方法

☐ 掌握美化表单样式的方法

☐ 掌握制作用户登录页面的方法

☐ 掌握制作用户注册页面的方法

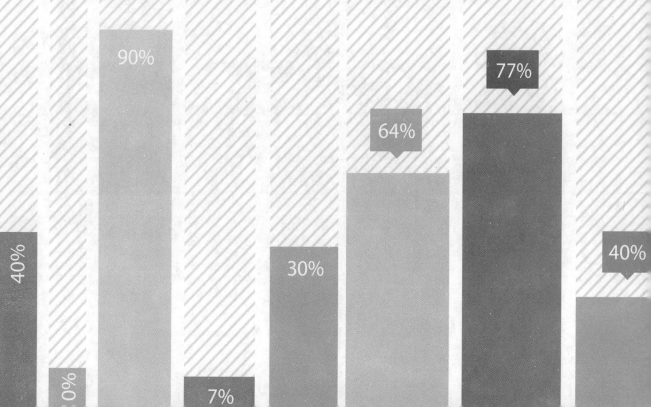

13.1 美化表格样式

在传统网页设计中，表格一直占有比较重要的地位。使用表格排版网页，可以使网页更美观，条理更清晰，更易于维护和更新。

13.1.1 设置表格边框样式

在显示表格数据时，通常都带有表格边框，用来界定不同单元格的数据。当 table 表格的描述标记 border 值大于 0 时，显示边框；如果 border 值为 0，则不显示边框。边框显示之后，可以使用 CSS 的 border-collapse 属性对边框进行修饰。其语法格式如下。

```
border-collapse : separate | collapse
```

其中，separate 是默认值，表示边框会被分开，不会忽略 border-spacing 和 empty-cells 属性。而 collapse 属性表示边框会合并为一个单一的边框，会忽略 border-spacing 和 empty-cells 属性。

【例 13.1】（实例文件：ch13\13.1.html）

```
<!DOCTYPE html>
<html>
<head>
<title>家庭季度支出表</title>
<style>
<!--
.tabelist{
    border:1px solid #429fff;          /* 表格边框 */
    font-family:"楷体";
    border-collapse:collapse;          /* 边框重叠 */
}
.tabelist caption{
    padding-top:3px;
    padding-bottom:2px;
    font-weight:bolder;
    font-size:15px;
    font-family:"幼圆";
    border:2px solid #429fff;          /* 表格标题边框 */
}
.tabelist th{
    font-weight:bold;
    text-align:center;
}
.tabelist td{
    border:1px solid #429fff;          /* 单元格边框 */
    text-align:right;
    padding:4px;
```

```
}
-->
</style>
    </head>
<body>
<table class="tabelist">
    <caption class="tabelist">
    2017季度 07-09
    </caption>
    <tr>
     <th>月份</th>
        <th>07月</th>
        <th>08月</th>
        <th>09月</th>
    </tr>
    <tr>
        <td>收入</td>
        <td>8000</td>
        <td>9000</td>
        <td>7500</td>
    </tr>
    <tr>
        <td>吃饭</td>
        <td>600</td>
        <td>570</td>
        <td>650</td>
    </tr>
    <tr>
        <td>购物</td>
        <td>1000</td>
        <td>800</td>
        <td>900</td>
    </tr>
    <tr>
        <td>买衣服</td>
        <td>300</td>
        <td>500</td>
        <td>200</td>
    </tr>
    <tr>
        <td>看电影</td>
        <td>85</td>
        <td>100</td>
        <td>120</td>
    </tr>
    <tr>
        <td>买书</td>
        <td>120</td>
        <td>67</td>
        <td>90</td>
    </tr>
```

```
</table>
</body>
</html>
```

在 IE 浏览器中预览效果如图 13-1 所示，可以看到表格带有边框，其边框宽度为 1 像素，直线样式，并且边框重叠。表格标题"2017季度 07—09"也带有边框，字体大小为 15 像素，字形是幼圆并加粗显示。表格中每个单元格都以 1 像素、直线的方式显示边框，并将显示对象右对齐。

图 13-1　表格样式修饰

13.1.2　设置表格边框宽度

在 CSS 中，用户可以使用 border-width 属性来设置表格边框宽度，从而美化边框。如果需要单独设置某一个边框宽度，可以使用 border-width 的衍生属性设置，例如 border-top-width 或 border-left-width 等。

【例 13.2】(实例文件：ch13\13.2.html)

```
<!DOCTYPE html>
<html>
<head>
<title>表格边框宽度</title>
<style>
    table{
        text-align:center;
        width:500px;
        border-width:6px;
```

```
        border-style:double;
        color:blue;
             }
                 td{
                     border-width:3px;
                     border-style:dashed;
                     }
</style>
</head>
<body>
<table border=1  cellspacing="3"cellpadding="0">
  <tr>
    <td>姓名</td>
    <td class=tds>性别</td>
    <td>年龄</td>
  </tr>
  <tr>
    <td>张三</td>
    <td>男</td>
    <td>31</td>
  </tr>
  <tr>
    <td>李四 </td>
    <td>男</td>
    <td>18</td>
  </tr>
</table>
</body>
</html>
```

在 IE 浏览器中预览效果如图 13-2 所示，可以看到表格带有边框，宽度为 6 像素，双线样式，表格中的字体颜色为蓝色。单元格边框宽度为 3 像素，显示样式是破折线式。

图 13-2　设置表格边框宽度

13.1.3　设置表格背景颜色

表格的颜色设置非常简单，通常使用 CSS 的 color 属性设置表格中的文本颜色，使用 background-color 设置表格背景色。如果想突出表格中的某一个单元格，还可以使用 background-color 设置某一个单元格的颜色。

【例 13.3】（实例文件：ch13\13.3.html）

```
<!DOCTYPE html>
<html>
<head>
<title>设置表格背景颜色</title>
<style>
    *{
    padding:0px;
    margin:0px;
    }
    body{
    font-family:"黑体";
    font-size:20px;
        }
    table{
        background-color:yellow;
        text-align:center;
        width:500px;
        border:1px solid green;
        }
    td{
        border:1px solid green;
        height:30px;
        line-height:30px;
        }
    .tds{
        background-color:blue;
        }
</style>
</head>
<body>
<table  cellspacing="3"cellpadding="0">
  <tr>
```

```
    <td>姓名</td>
    <td class=tds>性别</td>
    <td>年龄</td>
  </tr>
  <tr>
    <td>张三</td>
    <td>男</td>
    <td>32</td>
  </tr>
  <tr>
    <td>小丽</td>
    <td>女</td>
    <td>28</td>
  </tr>
</table>
</body>
</html>
```

在 IE 浏览器中预览效果如图 13-3 所示，可以看到表格带有边框，边框颜色显示为绿色，表格背景色为黄色，其中一个单元格背景色为蓝色。

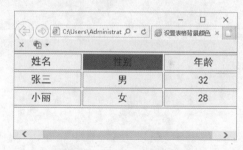

图 13-3　设置表格背景色

13.2 美化表单样式

表单可以用来向 Web 服务器发送数据，特别是经常被用在主页页面——用户输入信息后发送到服务器中，实际用在 HTML 中的标记有 form、input、textarea、select 和 option。

13.2.1 美化表单中的元素

在网页中，表单元素的背景色默认都是白色的，这样的背景色不能美化网页，所以可以

HTML+CSS+JavaScript 网页设计实战

使用颜色属性定义表单元素的背景色。定义表单元素的背景色可以使用background-color属性，这样可以使表单元素不那么单调。使用示例如下。

```
input{
    background-color: #ADD8E6;
}
```

上面的代码设置了 input 表单元素的背景色，都是统一的颜色。

【例 13.4】（实例文件：ch13\13.4.html）

```
<!DOCTYPE html>
<html>
<head>
<style>
<!--
input{                                    /* 所有input标记 */
    color: #cad9ea;
}
input.txt{                                /* 文本框单独设置 */
    border: 1px inset #cad9ea;
    background-color: #ADD8E6;
}
input.btn{                                /* 按钮单独设置 */
    color: #00008B;
    background-color: #ADD8E6;
    border: 1px outset #cad9ea;
    padding: 1px 2px 1px 2px;
}
select{
    width: 80px;
    color: #00008B;
    background-color: #ADD8E6;
    border: 1px solid #cad9ea;
}
textarea{
    width: 200px;
    height: 40px;
    color: #00008B;
    background-color: #ADD8E6;
    border: 1px inset #cad9ea;
}
-->
</style>
</head>
<body>
<h3>注册页面</h3>
<table border="1"width="45%">
<form method="post">
<tr><td width="30%">昵称:</td><td><input  class=txt>1-20个字符<div id="qq">
```

```
</div></td></tr>
<tr><td>密码:</td><td><input type="password">长度为6~16位</td></tr>
<tr><td>确认密码:</td><td><input type="password"></td></tr>
<tr><td>真实姓名: </td><td><input name="username1"></td></tr>
<tr><td>性别:</td><td><select><option>男</option><option>女</option></select>
</td></tr>
<tr><td>E-mail地址:</td><td><input value="sohu@sohu.com"></td></tr>
<tr><td>备注:</td><td><textarea cols=35  rows=10></textarea></td></tr>
<tr><td><input type="button"value="提交"class=btn/></td><td><input type
="reset"value="重填"/></td></tr>
</form>
</table>
</body>
</html>
```

在 IE 浏览器中预览效果
如图 13-4 所示，可以看到表
单中"昵称"文本框、"性别"
下拉列表和"备注"文本框
中都显示了指定的背景颜色。

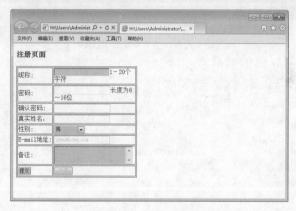

图 13-4　美化表单元素

在上面的代码中，首先使用 input 标记选择符定义了 input 表单元素的字体输入颜色。其
次分别定义了 txt 和 btn 两个类，txt 用来修饰文本框样式，btn 用来修饰按钮样式。最后分别
定义 select 和 textarea 的样式，其样式定义主要涉及边框和背景色。

13.2.2 美化提交按钮

通过对表单元素背景色的设置，可以在一定程度上起到美化提交按钮的作用，例如，使
用 background-color 属性，将其值设置为 transparent（透明色），就是最常见的一种美化提交
按钮的方式。使用示例如下。

```
background-color:transparent;                    /* 背景色透明 */
```

【例 13.5】（实例文件：ch13\13.5.html）

```
<!DOCTYPE html>
<html>
<head>
<title>美化提交按钮</title>
```

```
<style>
<!--
form{
    margin:0px;
    padding:0px;
    font-size:14px;
}
input{
    font-size:14px;
    font-family:"幼圆";
}
.t{
    border-bottom:1px solid #005aa7;                /* 下划线效果 */
    color:#005aa7;
    border-top:0px;
    border-left:0px;
    border-right:0px;
    background-color:transparent;                    /* 背景色透明 */
}
.n{
    background-color:transparent;                    /* 背景色透明 */
    border:0px;                                       /* 取消边框*/
}
-->
</style>
</head>
<body>
<center>
<h1>签名页</h1>
<form method="post">
    值班主任: <input  id="name"class="t">
    <input type="submit"value="提交上一级签名>>"class="n">
</form>
</center>
</body>
</html>
```

在 IE 浏览器中预览效果如图 13-5 所示，可以看到文本框只剩下一个下边框显示，其他边框被去掉了，提交按钮只剩下显示文字了，常见矩形形式被去掉了。

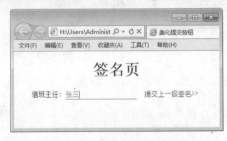

图 13-5　美化提交按钮

13.2.3　美化下拉列表框

在网页设计中，有时为了突出效果，会对文字进行加粗、添加颜色等设定。同样也可以对表单元素中的文字进行这样的修饰。使用 CSS 的 font 相关属性就可以美化下拉列表框的文字。例如 font-size、font-weight 等，对于颜色设置可以采用 color 和 background-color 属性等设置。

【例 13.6】（实例文件：ch13\13.6.html）

```
<!DOCTYPE html>
<html>
<head>
<title>美化下拉列表框</title>
<style>
<!--
.blue{
    background-color:#7598FB;
    color: #000000;
    font-size:15px;
    font-weight:bolder;
    font-family:"幼圆";
}
.red{
    background-color:#E20A0A;
    color: #ffffff;
    font-size:15px;
    font-weight:bolder;
    font-family:"幼圆";
}
.yellow{
    background-color:#FFFF6F;
    color: #000000;
    font-size:15px;
    font-weight:bolder;
    font-family:"幼圆";
}
.orange{
    background-color:orange;
    color:#000000;
    font-size:15px;
    font-weight:bolder;
    font-family:"幼圆";
}
-->
</style>
</head>
<body>
<form method="post">
    <p><label for="color">选择暴雪预警信号级别:</label>
    <select name="color"id="color">
        <option value="">请选择</option>
        <option value="blue"class="blue">暴雪蓝色预警信号</option>
        <option value="yellow"class="yellow">暴雪黄色预警信号</option>
        <option value="orange"class="orange">暴雪橙色预警信号</option>
        <option value="red"class="red">暴雪红色预警信号</option>
```

```
    </select></p>
    <p><input type="submit"value="提交"></p>
</form>
</body>
</html>
```

在 IE 浏览器中预览效果如图 13-6 所示，
可以看到下拉列表框的每个选项显示不同的
背景色，用以和其他选项区别。

图 13-6   设置下拉列表框样式

13.3   制作用户登录页面

本实例将结合前面学习的知识，创建一个简单的登录表单，具体操作步骤如下。

步骤 1 分析需求。

创建一个登录表单，其中包含三个表单元素："姓名"文本框、"密码"文本框和两个
按钮。然后添加一些 CSS 代码，对表单元素进行修饰即可。实例完成后，实际效果如图 13-7
所示。

步骤 2 创建 HTML 网页，实现表单。

```
<!DOCTYPE html>
<html>
<head>
<title>用户登录</title>
<body>
<div>
<h1>用户登录</h1>
 <form action=""method="post">
姓名：<input type="text"id=name  />
密码：<input type="password"id=password name="ps"  />
<input type=submit value="提交"class=button>
<input type=reset value="重置"class=button>
</form>
</div>
</body>
</html>
```

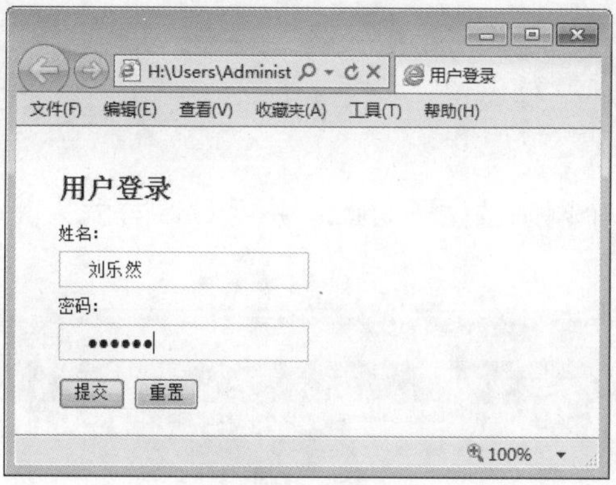

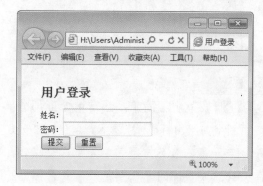

图 13-7　用户登录表单

在上面的代码中，创建了一个 div 层，用来包含表单及其元素。在 IE 浏览器中预览效果如图 13-8 所示，可以看到显示了一个表单，其中包含两个文本框和两个按钮，文本框用来获取姓名和密码，按钮分别为"提交"按钮和"重置"按钮。

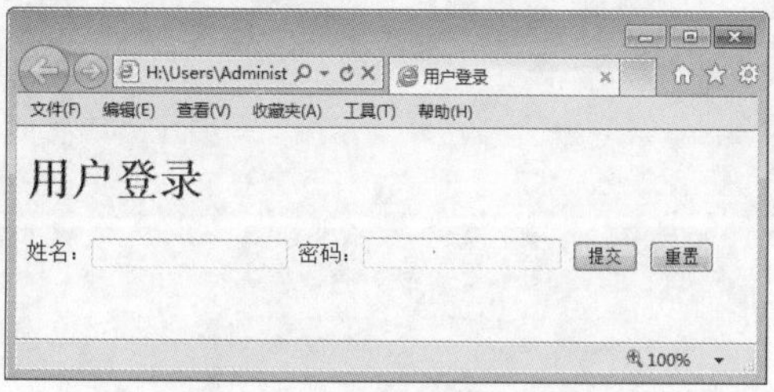

图 13-8　创建的登录表单

步骤 3　添加 CSS 代码，修饰标题和层。

```
<style>
h1{
        font-size:20px;
    }
div{
        width:200px;
        padding:1em 2em 0 2em;
        font-size:12px;
}
</style>
```

上面的代码中，设置了标题大小为 20 像素，div 层宽度为 200 像素，层中字体大

小为 12 像素。在 IE 浏览器中预览效果如图 13-9 所示，可以看到标题变小，并且"密码"文本框换行显示，布局更加美观合理。

图 13-9　修饰标题和层

步骤 4　添加 CSS 代码，修饰文本框和按钮。

```
#name,#password{
        border:1px solid #ccc;
        width:160px;
        height:22px;
        padding-left:20px;
        margin:6px 0;
        line-height:20px;
}
.button{margin:6px 0;}
```

在 IE 浏览器中预览效果如图 13-10 所示，可以看到文本框长度变短，其边框变细，并且表单元素之间的距离增大，页面布局更加合理。

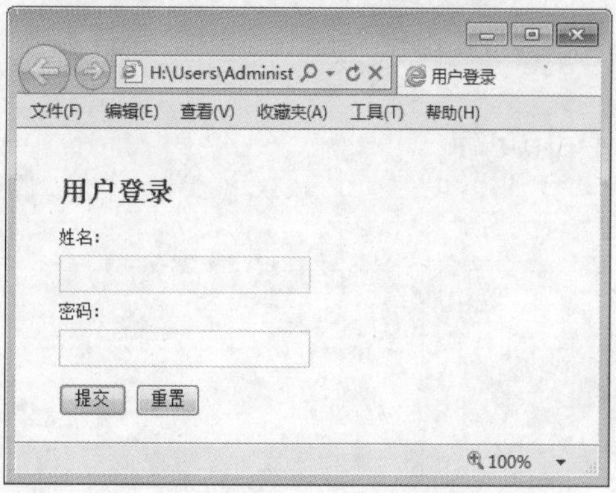

图 13-10　修饰文本框和按钮

263

13.4 制作用户注册页面

本案例将使用表单内的各种元素来设计一个网站的注册页面，并用 CSS 样式来美化这个页面。具体操作步骤如下。

步骤 1 分析需求。

注册表单非常简单，通常包含三部分：在页面上方给出标题，标题下方是正文部分，即表单元素，最下方是表单元素提交按钮。在设计这个页面时，需要把"用户注册"标题设置成 h1，正文使用 p 来限制表单元素。实例完成后，效果如图 13-11 所示。

图 13-11 用户注册页面

步骤 2 构建 HTML 页面，实现基本表单。

```
<!DOCTYPE html>
<html>
<head>
<title>注册页面</title>
</head>
<body>
<h1  align=center>用户注册</h1>
<form method="post">
<p>姓    名:
<input type="text"class=txt size="12"maxlength="20"name="username"/>
</p><p>性    别:
<input type="radio"value="male"/>男
<input type="radio"value="female"/>女
</p><p>年    龄:
<input type="text"class=txt name="age"  />
</p>
<p>联系电话:
<input type="text"class=txt name="tel"/>
</p><p>电子邮件:
<input type="text"class=txt name="email"/>
</p><p>联系地址:
<input type="text"  class=txt name="address"/>
</p>
<p>
<input type="submit"name="submit"value="提交"class=but/>
<input type="reset"name="reset"value="清除"class=but  />
</p>
</form>
</body>
</html>
```

在 IE 浏览器中预览效果如图 13-12 所示，可以看到创建了一个注册表单，包含标题"用户注册""姓名""性别""年龄""联系电话""电子邮件""联系地址"等文本框和"提交""清除"按钮等。其显示样式为默认样式。

图 13-12　注册表单显示

步骤 3 添加 CSS 代码，设置全局样式和表单样式。

```
<style>
*{
    padding:0px;
    margin:0px;
    }
body{
    font-family:"宋体";
    font-size:12px;
    }
form{
    width:300px;
    margin:0  auto 0  auto;
    font-size:12px;
    color:#999;
}
</style>
```

在 IE 浏览器中预览效果如图 13-13 所示，可以看到页面中的字体变小，其表单元素之间的距离变小。

步骤 4 添加 CSS 代码，修饰段落、文本框和按钮。

图 13-13　用 CSS 修饰表单样式

```
form p {
    margin:5px 0  0  5px;
    text-align:center;
    }
.txt{
    width:200px;
    background-color:#CCCCFF;
    border:#6666FF 1px solid;
    color:#0066FF;
    }
.but{
    border:0px #93bee2 solid;
    border-bottom:#93bee2 1px solid;
    border-left:#93bee2 1px solid;
    border-right:#93bee2 1px solid;
    border-top:#93bee2 1px solid;*/
    background-color:#3399CC;
    cursor:hand;
    font-style:normal;
    color:#cad9ea;
    }
}
```

在 IE 浏览器中预览效果如图 13-14 所示，可以看到表单元素带有背景色，其输入字体颜色为蓝色，边框颜色为浅蓝色；按钮带有边框，按钮上的字体颜色为浅色。

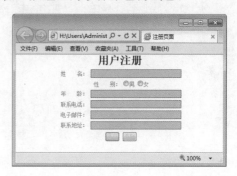

图 13-14　修饰段落、文本框和按钮

13.5 大神解惑

小白：构建一个表格需要注意哪些方面？

大神：在 HTML 页面中构建表格框架时，应该尽量使用表格的标准标记，养成良好的编写习惯，并适当地利用 Tab 键、空格和空行来提高代码的可读性，从而降低后期的维护成本。特别是使用 table 表格来布局一个较大的页面时，需要在关键位置加上注释。

小白：在使用表格时，会发生一些变形，这是什么原因引起的？

大神：其中一个原因是表格排列设置在不同分辨率下所出现的错位。例如在 800 像素 × 600 像素的分辨率下，一切正常，而到了 1024 像素 × 800 像素的分辨率时，则多个表格有的居中排列，有的却左排列或右排列。

表格有左、中、右三种排列方式，如果没有特别进行设置，则默认为居左排列。在 800 像素 × 600 像素的分辨率下，表格恰好就有编辑区域那么宽，不察觉可能会错位，而到了 1024 像素 × 800 像素分辨率的时候，就出现错位了，解决的办法比较简单，即都设置为居中，或居左或居右。

小白：使用 CSS 修饰表单元素时，采用默认值好还是使用 CSS 属性修饰好？

大神：各个浏览器之间显示的差异，其中一个原因就是各个浏览器对部分 CSS 属性的默认值不同导致的，通常的解决办法就是指定该值，而不让浏览器使用默认值。

13.6 跟我练练手

练习 1：制作一个包含表格的网页，设置表格的边框样式、边框宽度和边框颜色等属性。

练习 2：制作一个包含表单的网页，美化表单中的按钮和下拉列表框等元素。

练习 3：制作一个用户注册页面。

练习 4：制作一个用户登录页面。

第14章 美化超链接和鼠标指针

超链接是网页的灵魂，各个网页都是通过超链接相互访问的，利用超链接可实现页面的跳转。通过 CSS 属性定义，可以设置出美观大方、具有不同外观和样式的超链接，从而增加网页样式特效。

● **本章要点（已掌握的在方框中打钩）**

☐ 掌握美化超链接的方法

☐ 掌握美化鼠标特效的方法

☐ 掌握制作图片版本超链接的方法

☐ 掌握制作鼠标特效的方法

☐ 掌握制作简单的导航栏的方法

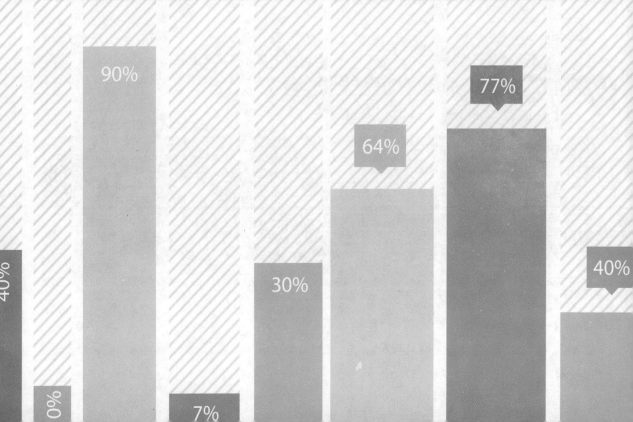

14.1 美化超链接

一般情况下，超链接是由 <a></a> 标记组成，它可以是文字或图片。添加了超链接的文字具有自己的样式，从而和其他文字相区别，其中默认链接样式为蓝色文字，有下划线。利用 CSS3 属性可以修饰超链接，从而达到美观的效果。

14.1.1 改变超链接基本样式

利用 CSS3 的伪类可以改变超链接的基本样式，使用伪类最大的好处是在不同状态下对超链接定义不同的样式效果，它是 CSS 本身定义的一种类。

超链接伪类的详细信息如表 14-1 所示。

表 14-1　超链接伪类

伪　　类	用　　途
a:link	定义 a 对象在未被访问前的样式
a:hover	定义 a 对象在其鼠标悬停时的样式
a:active	定义 a 对象被用户激活时的样式（在鼠标单击与释放之间发生的事件）
a:visited	定义 a 对象在其链接地址已被访问过时的样式

> ▶ 提示
>
> 如果要定义未被访问超链接的样式，可以通过 a:link 来实现；如果要设置被访问过的超链接的样式，可以定义 a:visited 来实现；要定义鼠标悬停和被用户激活时的样式，用 a:hover 和 a:active 来实现。

【例 14.1】（实例文件：ch14\14.1.html）

```
<!DOCTYPE html>
<html>
<head>
<title>超链接样式</title>
<style>
a{
    color:#545454;
    text-decoration:none;
}
a:link{
    color:#545454;
    text-decoration:none;
}
```

```
a:hover{
    color:#f60;
    text-decoration:underline;
}
a:active{
    color:#FF6633;
    text-decoration:none;
}
</style>
</head>
<body>
<center>
<a href=#>返回首页</a>|<a href=#>成功案例</a>
<center>
</body>
</html>
```

在 IE 浏览器中预览效果如图 14-1 所示，可以看到两个超链接，当鼠标指针停留在第一个超链接上方时，显示颜色为黄色，并带有下划线。另一个超链接没有被访问，不带有下划线，颜色显示灰色。

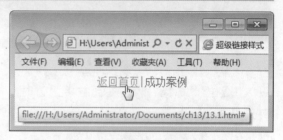

图 14-1　利用伪类修饰超链接

> **提示**　从上面可以知道，伪类只是提供一种途径，用来修饰超链接，而对超链接真正起作用的，是文本、背景和边框等属性。

14.1.2　设置带有提示信息的超链接

在网页显示的时候，有时一个超链接并不能说明这个链接背后的含义，通常还要为这个链接加上一些介绍性信息，即提示信息。此时可以利用超链接 a 提供的描述标记 title，达到这个效果。title 属性的值即为提示内容，当鼠标指针停留在超链接上时，会出现提示内容，并且不会影响页面排版的整洁。

【例 14.2】（实例文件：ch14\14.2.html）

```
<!DOCTYPE html>
<html>
<head>
<title>超链接样式</title>
<style>
a{
    color:#005799;
    text-decoration:none;
```

```
}
a:link{
    color:#545454;
    text-decoration:none;
}
a:hover{
    color:#f60;
    text-decoration:underline;
}
a:active{
    color:#FF6633;
    text-decoration:none;
}
</style>
</head>
<body>
<a href=""title="这是一个优秀的团队">了解我们</a>
</body>
</html>
```

在 IE 浏览器中预览效果如图 14-2 所示，可以看到当鼠标指针停留在超链接上方时，显示颜色为黄色，带有下划线，并且有一个提示信息"这是一个优秀的团队"。

图 14-2　超链接提示信息

14.1.3 设置超链接的背景图

一个普通的超链接，要么是文本显示，要么是图片显示，显示方式很单一。此时可以将图片作为背景图添加到超链接里，这样超链接会具有更加精美的效果。为超链接添加背景图片，通常使用 background-image 属性来完成。

【例 14.3】（实例文件：ch14\14.3.html）

```
<!DOCTYPE html>
```

```
<html>
<head>
<title>设置超链接的背景图</title>
<style>
a{
    background-image:url(01.jpg);
    width:90px;
    height:30px;
    color:#005799;
    text-decoration:none;
}
a:hover{
    background-image:url(02.jpg);
    color:#006600;
    text-decoration:underline;
}
</style>
</head>
<body>
<a href="#">品牌特卖</a>
<a href="#">服饰精选</a>
<a href="#">食品保健</a>
</body>
</html>
```

在 IE 浏览器中预览效果如图 14-3 所示，可以看到显示了三个超链接，当鼠标指针停留在一个超链接上时，其背景图就会显示蓝色并带有下划线；而当鼠标指针不在超链接上时，背景图显示浅蓝色，并且不带有下划线；当鼠标指针不在超链接上停留时，会不停地改变超链接显示图片，即样式，从而实现超链接动态菜单效果。

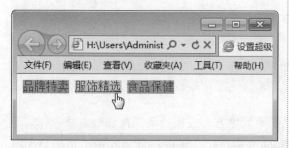

图 14-3　图片超链接

💡 **提示**　在上面的代码中，使用 background-image 引入背景图，text-decoration 设置超链接是否具有下划线。

14.1.4　设置超链接的按钮效果

有时为了增强超链接的特殊效果，会将超链接模拟成表单按钮，即当鼠标指针移到一个超链接上面的时候，超链接的文字或图片就会像被按下一样，有一种凹陷的效果。其实现方式通常是利用 CSS 中的 a:hover，当鼠标指针经过链接时，将链接向下、向右各移一像素，这时候显示效果就像按钮被按下的效果。

【例 14.4】（实例文件：ch14\14.4.html）

```
<!DOCTYPE html>
<html>
<head>
<title>设置超链接的按钮效果</title>
<style>
a{
    font-family:"幼圆";
    font-size:2em;
```

```
    text-align:center;
    margin:3px;
}
a:link,a:visited{
    color:#ac2300;
    padding:4px 10px 4px 10px;
    background-color:#ccd8db;
    text-decoration:none;
    border-top:1px solid #EEEEEE;
    border-left:1px solid #EEEEEE;
    border-bottom:1px solid #717171;
    border-right:1px solid #717171;
}
a:hover{
    color:#821818;
    padding:5px 8px 3px 12px;
    background-color:#e2c4c9;
    border-top:1px solid #717171;
    border-left:1px solid #717171;
    border-bottom:1px solid #EEEEEE;
    border-right:1px solid #EEEEEE;
}
</style>
</head>
<body>
<a href="#">首页</a>
<a href="#">团购</a>
<a href="#">品牌特卖</a>
<a href="#">服饰精选</a>
<a href="#">食品保健</a>
</body>
</html>
```

在 IE 浏览器中预览效果如图 14-4 所示，可以看到显示了五个超链接，当鼠标指针停留在一个超链接上面时，其背景色显示黄色并具有凹陷的感觉，而当鼠标指针不在超链接上面时，背景图显示浅灰色。

图 14-4　超链接的按钮效果

> **提示** 上面的 CSS 代码中,对 a 标记进行了整体控制,同时加入了 CSS 的三个伪类属性。对于普通超链接和单击过的超链接采用同样的样式,并且边框的样式模拟按钮效果。而对于鼠标指针经过时的超链接,相应地改变文字颜色、背景色、位置和边框,从而模拟按下的效果。

14.2 美化鼠标特效

操作计算机的人经常看到,当鼠标移动到不同地方,或执行不同操作时,鼠标样式是不同的,这些就是鼠标特效。例如,当需要伸缩窗口时,将鼠标放置在窗口边沿处,鼠标会变成双向箭头状;当系统繁忙时,鼠标会变成漏斗状。如果要在网页中实现这种效果,可以通过定义 CSS 属性实现。

14.2.1 控制鼠标箭头

在 CSS 中,鼠标的箭头样式可以使用 cursor 属性来实现。cursor 属性包含 18 个属性值,对应鼠标的 18 个样式,而且还能够通过 url 链接地址自定义鼠标指针,如表 14-2 所示。

表 14-2 鼠标样式

属性值	说 明
auto	自动,按照默认状态自行改变
crosshair	精确定位十字
default	默认鼠标指针
hand	手形
move	移动
help	帮助
wait	等待
text	文本
n-resize	箭头朝上双向
s-resize	箭头朝下双向

续表

属性值	说 明
w-resize	箭头朝左双向
e-resize	箭头朝右双向
ne-resize	箭头右上双向
se-resize	箭头右下双向
nw-resize	箭头左上双向
sw-resize	箭头左下双向
pointer	指示
url(url)	自定义鼠标指针

【例 14.5】(实例文件:ch14\14.5.html)

```
<!DOCTYPE html>
<html>
<head>
<title>鼠标特效</title>
</head>
<body>
    <h2>CSS控制鼠标箭头</h2>
    <div style="font-size:10pt;
color:DarkBlue">
    <p style="cursor:hand">手形</p>
    <p style="cursor:move">移动</p>
```

```
    <p style="cursor:help">帮助</p>
    <p style="cursor:n-resize">箭头朝上双向</p>
    <p style="cursor:ne-resize">箭头右上双向</p>
    <p style="cursor:wait">等待</p>
   </div>
</body>
</html>
```

在 IE 浏览器中预览效果如图 14-5 所示，可以看到多个鼠标样式提示信息，当把鼠标放到一个帮助文字上面时，鼠标会以问号"?"显示，从而达到提示作用。读者可以将鼠标放在不同的文字上，查看不同的鼠标样式。

图 14-5　鼠标样式

14.2.2 设置鼠标变幻式超链接

知道了如何控制鼠标样式，就可以轻松制作出鼠标指针样式变幻的超链接效果，即把鼠标放到超链接上，可以看到超链接的颜色、背景图片发生变化，并且鼠标样式也发生变化。

【例 14.6】（实例文件：ch14\14.6.html）

```
<!DOCTYPE html>
<html>
<head>
<title>鼠标手势</title>
<style>
a{
    display:block;
    background-image:url(03.jpg);
    background-repeat:no-repeat;
```

```
    width:100px;
    height:30px;
    line-height:30px;
    text-align:center;
    color:#FFFFFF;
    text-decoration:none;
    }
a:hover{
    background-image:url(02.jpg);
    color:#FF0000;
    text-decoration:none;
    }
.help{
    cursor:help;
    }
.text{cursor:text;}
</style>
</head>
<body>
<a href="#"class="help">帮助我们</a>
<a href="#"class="text">招聘信息</a>
</body>
</html>
```

在 IE 浏览器中预览效果如图 14-6 所示，可以看到当鼠标放到"帮助我们"超链接上，其鼠标样式以问号显示，字体颜色显示为红色，背景色为蓝天白云。当鼠标未放到超链接上，背景图片为绿色，字体颜色为白色。

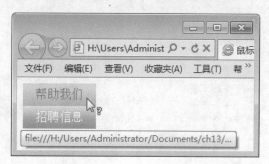

图 14-6　鼠标变幻效果

273

14.2.3 设置网页页面滚动条

当一个网页内容较多的时候，浏览器窗口不能在一屏内完全显示，就会给浏览者提供滚动条，方便读者浏览相关内容。对于 IE 浏览器，可以单独设置滚动条样式，从而满足网站整体样式设计。滚动条主要有 3dlight、highlight、face、arrow、shadow 和 darkshadow 等属性。其具体含义如表 14-3 所示。

表 14-3　滚动条属性设置

滚动条属性	CSS 版本	兼容性	说　　明
scrollbar-3dlight-color	IE 专有属性	IE 5.5+	设置或检索滚动条亮边框颜色
scrollbar-highlight-color	IE 专有属性	IE 5.5+	设置或检索滚动条 3D 界面的亮边（ThreedHighlight）颜色
scrollbar-face-color	IE 专有属性	IE 5.5+	设置或检索滚动条 3D 表面（ThreedFace）的颜色
scrollbar-arrow-color	IE 专有属性	IE 5.5+	设置或检索滚动条方向箭头的颜色
scrollbar-shadow-color	IE 专有属性	IE 5.5+	设置或检索滚动条 3D 界面的暗边（ThreedShadow）颜色
scrollbar-darkshadow-color	IE 专有属性	IE 5.5+	设置或检索滚动条暗边框（ThreedDarkShadow）颜色
scrollbar-base-color	IE 专有属性	IE 5.5+	设置或检索滚动条基准颜色。其他界面颜色将据此自动调整

【例 14.7】（实例文件：ch14\14.7.html）

```
<!DOCTYPE html>
<html>
<head>
<title>设置滚动条</title>
<style>
body{
    overFlow-x:hidden;
    overFlow-y:scroll;
    scrollBar-face-color:green;
    scrollBar-hightLight-color:red;
    scrollBar-3dLight-color:orange;
    scrollBar-darkshadow-color:blue;
    scrollBar-shadow-color:yellow;
    scrollBar-arrow-color:purple;
    scrollBar-track-color:black;
    scrollBar-base-color:pink;
}
p{
```

```
    text-indent:2em;
}
 </style>
</head>
<body>
<h1  align=center>岳阳楼记</h1>
<p>
庆历四年春，滕子京谪守巴陵郡。越明年，政通人和，百废具兴。乃重修岳阳楼，增其旧制，刻唐贤今人
诗赋于其上。属（zhǔ）予作文以记之。
</p>
            <p>
予观夫巴陵胜状，在洞庭一湖。衔远山，吞长江，浩浩汤汤（shāngshāng），横无际涯。朝晖夕阴，气
象万千。此则岳阳楼之大观也，前人之述备矣。然则北通巫峡，南极潇湘，迁客骚人，多会于此，览物之
情，得无异乎？
</p><p>
若夫霪雨霏霏，连月不开，阴风怒号，浊浪排空。日星隐曜，山岳潜形。商旅不行，樯倾楫摧。薄暮冥
冥，虎啸猿啼。登斯楼也，则有去国怀乡，忧谗畏讥，满目萧然，感极而悲者矣。
</p><p>
至若春和景明，波澜不惊，上下天光，一碧万顷。沙鸥翔集，锦鳞游泳。岸芷汀（tīng）兰，郁郁青青。
而或长烟一空，皓月千里，浮光跃金，静影沉璧，渔歌互答，此乐何极！登斯楼也，则有心旷神怡，宠辱
偕忘，把酒临风，其喜洋洋者矣。   </p><p>
嗟夫！予尝求古仁人之心，或异二者之为。何哉？不以物喜，不以己悲；居庙堂之高，则忧其民，处江湖
之远，则忧其君。是进亦忧，退亦忧。然则何时而乐耶？其必曰"先天下之忧而忧，后天下之乐而乐"
乎？
噫！微斯人，吾谁与归？
</p><p>
时六年九月十五日。
</p>
</body>
<html>
```

在 IE 浏览器中预览效果如图 14-7
所示，可以看到页面显示了一个绿色滚
动条，滚动条边框显示为黄色，箭头显
示为紫色。

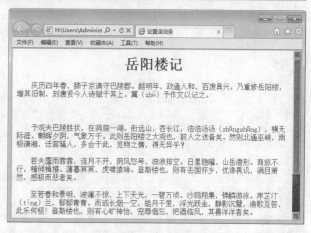

图 14-7 利用 CSS 设置滚动条

> **注意**
>
> overFlow-x:hidden 代码表示隐藏 x 轴方向上的代码，overFlow-y:scroll
> 表示显示 y 轴方向上的代码。非常遗憾的是，目前这种滚动设计只限于 IE 浏览器，
> 其他浏览器对此并不支持。相信不久的将来，这个会纳入 CSS3 的样式属性中。

14.3 图片版本超链接

在网上购物已经成为一种时尚，足不出户就可以购买到称心如意的东西。在网上查看所购买的东西，通常都是通过图片超链接。购买者首先查看图片上的物品，如果满意直接单击图片进入到详细信息介绍页面，在这些页面中通常都是以图片作为超级链接的。

本实例将结合前面学习的知识，创建一个图片版本超链接。具体步骤如下。

步骤 1 分析需求。

单独为一个物品进行介绍，至少要包含图片和文字两部分。图片是作为超链接存在的，单击它可以进入下一个页面；文字主要是用于介绍物品的。实例完成后，效果如图 14-8 所示。

图 14-8　图片版本超链接

步骤 2 构建基本 HTML 页面。

创建一个 HTML 页面，需要创建一个段落 p，来包含图片 img 和介绍信息。其代码如下。

```
<!DOCTYPE html>
<html>
<head>
<title>图片版本超链接</title>
</head>
<body>
<p>
<a href="#"title="单击图片，会进入更详细页面介绍"><img src=xuelian.jpg></a>
雪莲是一种珍贵的中药,在中国的新疆、西藏、青海、四川、云南等地都有出产.中医将雪莲花全草入药,
主治雪盲、牙痛、阳痿、月经不调等病症.此外,中国民间还有用雪莲花泡酒来治疗风湿性关节炎和妇科病
的方法.不过,由于雪莲花中含有有毒成分秋水仙碱,所以用雪莲花泡的酒切不可多服.
</p>
</body>
</html>
```

在 IE 浏览器中预览效果如图 14-9 所示，可以看到页面中显示了一张图片，作为超链接，下面带有文字介绍。

图 14-9　创建基本链接

步骤 3 添加 CSS 代码，修饰 img 图片。

```
<style>
img{
        width:120px;
        height:100px;
        border:1px solid #ffdd00;
        float:left;

}
</style>
```

在 IE 浏览器中预览效果如图 14-10 所示，可以看到页面中图片变为小图片，其宽度为120 像素，高度为 100 像素，带有边框，文字在图片右部出现。

图 14-10　设置图片样式

步骤 4 添加 CSS 代码，修饰段落样式。

```
p{
        width:200px;
        height:200px;
        font-size:13px;
        font-family:"幼圆";
        text-indent:2em;

}
```

在 IE 浏览器中预览效果如图 14-11 所示，可以看到页面中的图片变为小图片，段落文字大小为 13 像素，字形为幼圆，段落首行缩进了 2em。

图 14-11　设置段落样式

14.4 鼠标特效实例

在浏览网页时，看到的鼠标指针的形状有箭头、手形和 I 字形，但在 Windows 环境下可以看到的鼠标指针种类要比这些多得多。CSS 弥补了 HTML 在这方面的不足，可以通过 cursor 属性设置各种样式的鼠标特效，并且可以自定义鼠标。本实例结合前面介绍的内容，创建一个鼠标特效实例，并自定义一个鼠标。其具体步骤如下。

步骤 1 分析需求。

鼠标特效，即背景图片、文字和鼠标指针发生变化，从而吸引人注意。本实例创建 3 个超链接，并设定它们的样式，即可达到效果。实例完成后，效果如图 14-12 和图 14-13 所示。

图 14-12 鼠标特效（一）

图 14-13 鼠标特效（二）

步骤 2 创建 HTML 页面，实现基本超链接。

```
<!DOCTYPE html>
<html>
<head>
<title>鼠标特效</title>
</head>
```

```
<body>
<center>
<a href="#">产品帮助</a>
<a href="#">下载产品</a>
<a href="#">自定义鼠标</a>
</center>
</body>
</html>
```

在 IE 浏览器中预览效果如图 14-14 所示，可以看到 3 个超链接，颜色为蓝色，并带有下划线。

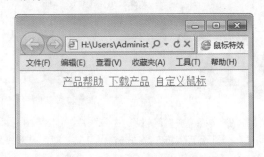

图 14-14 创建的超链接

步骤 3 添加 CSS 代码，修饰整体样式。

```
<style type="text/css">
*{
    margin:0px;
    padding:0px;
    }
body{
    font-family:"宋体";
    font-size:12px;
    }
-->
</style>
```

在 IE 浏览器中预览效果如图 14-15 所示，可以看到超链接颜色不变，字体大小为 12 像素，字形为宋体。

图 14-15　设置全局样式

步骤 4 添加 CSS 代码，修饰链接基本样式。

```
a, a:visited {
    line-height:20px;
    color: #000000;
    background-image:url(nav02.jpg);
    background-repeat: no-repeat;
    text-decoration: none;
}
```

在 IE 浏览器中预览效果如图 14-16 所示，可以看到超链接引入了背景图片，不带有下划线，并且颜色为黑色。

步骤 5 添加 CSS 代码，修饰鼠标悬浮样式。

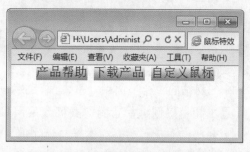

图 14-16　设置链接基本样式

```
a:hover {
    font-weight: bold;
    color: #FFFFFF;
}
```

在 IE 浏览器中预览效果如图 14-17 所示，可以看到当鼠标指针放到超链接上时，字体颜色变为白色，字体加粗。

图 14-17　设置鼠标悬浮样式

步骤 6 添加 CSS 代码，设置鼠标指针。

```
<a href="#"style="cursor:help;">产品帮助</a>
<a href="#"style="cursor:wait;">下载产品</a>
<a href="#"style="cursor: url('0041.ani')">自定义鼠标</a>
```

在 IE 浏览器中预览效果如图 14-18 所示，可以看到当鼠标指针放到超链接上时，鼠标指针变为问号，提示帮助。

图 14-18　设置鼠标指针

14.5 制作一个简单的导航栏

网站的每个页面中，基本都存放着一个导航栏，作为浏览者跳转的入口。导航栏一般是由超链接创建，它的样式可以采用 CSS 来设置。导航栏样式变化包括其文字、背景图片和边框变化。结合前面学习的知识，创建一个实用导航栏。具体步骤如下。

步骤 1 分析需求。

一个导航栏，通常需要创建一些超链接，然后对这些超链接修饰。这些超链接可以是横排的，也可以是竖排的。链接上可以导入背景图片，在文字上加下划线等。实例完成后，效果如图 14-19 所示。

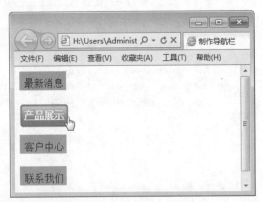

图 14-19 导航栏效果

步骤 2 构建 HTML 页面，创建超链接。

```
<!DOCTYPE html>
<html>
<head>
<title>制作导航栏</title>
</head>
<body>
<a href="#">最新消息</a>
<a href="#">产品展示</a>
<a href="#">客户中心</a>
<a href="#">联系我们</a>
</body>
</html>
```

在 IE 浏览器中预览效果如图 14-20 所示，可以看到页面中创建了四个超链接，其排列方式为横排，颜色为蓝色，带有下划线。

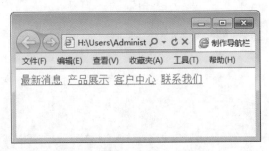

图 14-20 创建超链接

步骤 3 添加 CSS 代码，修饰超链接基本样式。

```
<style type="text/css">
<!--
a, a:visited {
    display: block;
    font-size:16px;
    height: 50px;
    width: 80px;
    text-align: center;
    line-height: 40px;
    color: #000000;
    background-image: url(20.jpg);
    background-repeat: no-repeat;
    text-decoration: none;
}
-->
</style>
```

在 IE 浏览器中预览效果如图 14-21 所示，可以看到页面中四个超链接的排列方式变为竖排，并且每个链接都导入了一张背景图片，超链接高度为 50 像素，宽度为 80 像素，字体颜色为黑色，不带下划线。

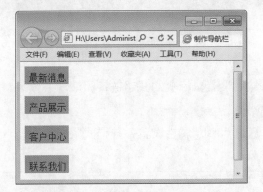

图 14-21　设置链接基本样式

步骤 **4**　添加 CSS 代码，修饰鼠标悬浮样式。

```
a:hover {
    font-weight: bolder;
    color: #FFFFFF;
    text-decoration: underline;
```

```
    background-image: url(hover.gif);
}
```

　　在 IE 浏览器中预览效果如图 14-22 所示，可以看到当鼠标指针放到导航栏上的一个超链接上时，其背景图片发生变化，文字带有下划线。

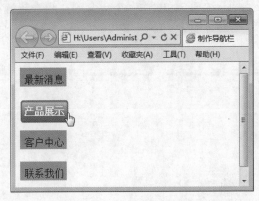

图 14-22　设置鼠标悬浮样式

14.6　大神解惑

　　小白：丢失标记中的结尾斜线，会造成什么后果？

　　大神：页面排版失效。结尾斜线是造成页面失效比较常见的原因。我们很容易忽略结尾斜线之类的符号，特别是在 image 标记等元素中。在严格的 DOCTYPE 中这是无效的，要在 img 标记结尾处加上 "/" 以解决此问题。

　　小白：设置了超链接激活状态，怎么看不到结果？

　　大神：当前激活状态 "a:active" 一般被显示的情况非常少，因此很少使用。因为当用户单击一个超链接之后，焦点很容易就会从这个链接上转移到其他地方，例如新打开的窗口等，此时该超链接就不再是 "当前激活" 状态了。

14.7 跟我练练手

练习 1：制作一个包含超链接的网页，然后设置超链接的基本样式、背景图等属性。

练习 2：制作一个包含鼠标特效的网页，然后设置鼠标变幻式超链接和滚动条效果。

练习 3：制作一个包含图片版本超链接的网页。

练习 4：制作一个关于鼠标特效的例子，通过 cursor 属性设置各种样式鼠标。

练习 5：制作一个简单导航栏的网页。

第15章 控制网页导航菜单的样式

网页菜单是网站中必不可少的元素之一，通过单击网页菜单可以在页面上自由跳转。网页菜单的风格往往影响网站整体风格，所以网页设计者会花费大量的时间和精力去制作各式各样的网页菜单，来吸引浏览者。利用 CSS 属性和项目列表，可以制作出美观大方的网页菜单。

● **本章要点（已掌握的在方框中打钩）**

☐ 掌握美化项目列表的方法
☐ 掌握美化网页菜单的方法
☐ 掌握制作 SOSO 导航栏的方法
☐ 掌握将段落变成列表的方法

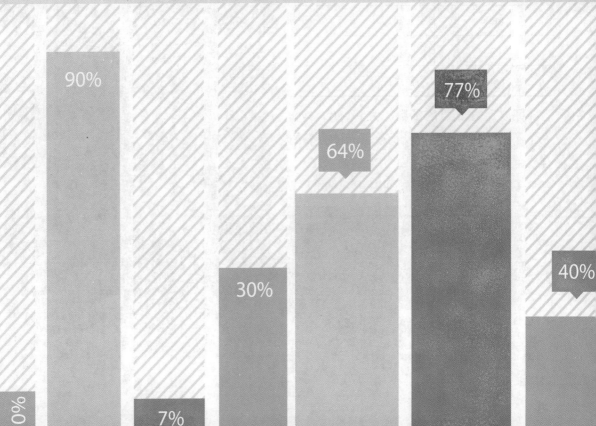

15.1 使用 CSS 美化项目列表

在 HTML5 中，项目列表用来罗列显示一系列相关的文本信息，包括有序、无序和自定义列表等。当引入 CSS 后，就可以使用 CSS 来美化项目列表了。

15.1.1 美化无序列表

无序列表 <ul> 是网页中常见元素之一，使用 <li> 标记罗列各个项目，并且每个项目前面都带有特殊符号，例如黑色实心圆等。在 CSS 中，可以通过 list-style-type 属性来定义无序列表前面的项目符号。

对于无序列表，list-style-type 语法格式如下。

```
list-style-type : disc | circle | square | none
```

其中，list-style-type 参数值含义如表 15-1 所示。

表 15-1　无序列表常用符号

参　　数	说　　明
disc	实心圆
circle	空心圆
square	实心方块
none	不使用任何标号

可以通过表里的参数，为 list-style-type 设置不同的特殊符号，从而改变无序列表的样式。

【例 15.1】（实例文件：ch15\15.1.html）

```html
<!DOCTYPE html>
<html>
<head>
<title>美化无序列表</title>
<style>
* {
    margin:0px;
    padding:0px;
    font-size:12px;
}
p {
    margin:5px 0 0 5px;
    color:#3333FF;
    font-size:14px;
    font-family:"幼圆";
}
div{
    width:300px;
    margin:10px 0 0 10px;
    border:1px #FF0000  dashed;
}
div ul {
    margin-left:40px;
    list-style-type: disc;
}
div li {
    margin:5px 0 5px 0;
    color:blue;
    text-decoration:underline;
}
</style>
</head>
<body>
<div class="big01">
  <p>娱乐焦点</p>
  <ul>
    <li>换季肌闹"公主病"美肤急救快登场 </li>
    <li>来自12星座的你 认准罩门轻松瘦</li>
    <li>男人30"豆腐渣"如何延缓肌肤衰老</li>
```

```
    <li>打造天生美肌 名媛爱物强K性价比! </li>
    <li>夏裙又有新花样 拼接图案最时髦</li>
  </ul>
</div>
</body>
</html>
```

在 IE 浏览器中预览效果如图 15-1 所示，可以看到显示了一个导航栏，导航栏中存在着不同的导航信息，每条导航信息前面都是使用实心圆作为每行信息的开始。

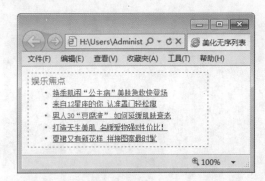

图 15-1　用无序列表制作导航菜单

> **提示**　在上面的代码中，使用 list-style-type 设置了无序列表的特殊符号为实心圆，borer 设置层 div 边框显示为红色、破折线样式，宽度为 1 像素。

15.1.2　美化有序列表

利用有序列表标记 <ol> 可以创建具有顺序的列表，例如每条信息前面加上 1、2、3、4 等。如果要改变有序列表前面的符号，同样需要利用 list-style-type 属性，只不过属性值不同。

对于有序列表，list-style-type 语法格式如下。

```
list-style-type : decimal | lower-roman | upper-roman | lower-alpha | upper-
alpha | none
```

其中，list-style-type 参数值的含义如表 15-2 所示。

表 15-2　有序列表常用符号

参　　数	说　　明
decimal	阿拉伯数字
lower-roman	小写罗马数字
upper-roman	大写罗马数字
lower-alpha	小写英文字母
upper-alpha	大写英文字母
none	不使用项目符号

> **注意**　除了列表里的这些常用符号外，list-style-type 还具有很多不同的参数值。由于不经常使用，这里不再罗列。

【例 15.2】（实例文件：ch15\15.2.html）

```
<!DOCTYPE html>
<html>
<head>
<title>美化有序列表</title>
<style>
* {
    margin:0px;
    padding:0px;
    font-size:12px;
}
p {
    margin:5px 0 0 5px;
    color:#3333FF;
    font-size:14px;
    font-family:"幼圆";
    border-bottom-width:1px;
    border-bottom-style:solid;

}
div{
```

```
    width:300px;
    margin:10px 0 0 10px;
    border:1px #F9B1C9 solid;
}
div ol {
    margin-left:40px;
    list-style-type: decimal;
}
div li {
    margin:5px 0 5px 0;
    color:blue;
}
</style>
</head>
<body>
<div class="big">
  <p>娱乐焦点</p>
  <ol>
    <li>换季肌闹"公主病"美肤急救快登场 </li>
    <li>来自12星座的你 认准罩门轻松瘦</li>
    <li>男人30"豆腐渣"如何延缓肌肤衰老</li>
    <li>打造天生美肌 名媛爱物强K性价比! </li>
    <li>夏裙又有新花样 拼接图案最时髦</li>
  </ol>
</div>
</body>
</html>
```

在 IE 浏览器中预览效果如图 15-2 所示，可以看到显示了一个导航栏，导航信息前面都带有相应的数字，表示其顺序。导航栏具有红色边框，并用一条蓝线将题目和内容分开。

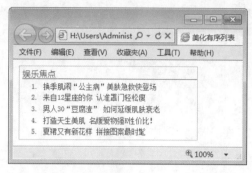

图 15-2　用有序列表制作导航菜单

> **注意**　上面的代码中，使用 list-style-type: decimal 语句定义了有序列表前面的符号。严格来说，无论是 <ul> 标记还是 <ol> 标记，都可以使用相同的属性值，而且效果完全相同，即二者 list-style-type 属性可以通用。

15.1.3　美化自定义列表

自定义列表是列表项目中比较特殊的一个列表，相对于无序和有序列表使用次数大大减少。如果需要解释一系列术语与解释的列表时，使用自定义列表就是很好的方法。但如果引入 CSS 的一些相关属性，可以改变自定义列表显示样式。

【例 15.3】（实例文件：ch15\15.3.html）

```
<!DOCTYPE html>
<html>
<head>
<style>
*{ margin:0; padding:0;}
body{ font-size:12px; line-height:1.8; padding:10px;}
dl{clear:both; margin-bottom:5px;float:left;}
dt,dd{padding:2px 5px;float:left; border:1px solid #3366FF;width:120px;}
dd{ position:absolute; right:5px;}
h1{clear:both;font-size:14px;}
</style>
</head>
```

```
<body>
<h1>日志列表</h1>
<div>
<dl>
<dt><a href="#">我多久没有笑了</a></dt> <dd>(0/11)</dd> </dl>
 <dl> <dt><a href="#">12道营养健康菜谱</a></dt> <dd>(0/8)</dd> </dl>
 <dl> <dt><a href="#">太有才了</a></dt> <dd>(0/6)</dd> </dl>
 <dl> <dt><a href="#">怀念童年</a></dt> <dd>(2/11)</dd> </dl>
 <dl> <dt><a href="#">三字经</a></dt> <dd>(0/9)</dd> </dl>
 <dl> <dt><a href="#">我的小小心愿</a></dt> <dd>(0/2)</dd> </dl>
 <dl> <dt><a href="#">想念你，你可知道</a></dt> <dd>(0/1)</dd> </dl> </div>
</body>
</html>
```

在 IE 9.0 浏览器中预览效果如图 15-3 所示，可以看到一个日志导航菜单，每个选项都有蓝色边框，并且后面带有浏览次数等。

提示 上面的代码中，通过使用 border 属性设置边框相关属性，使用 font 相关属性设置文本大小、颜色等。

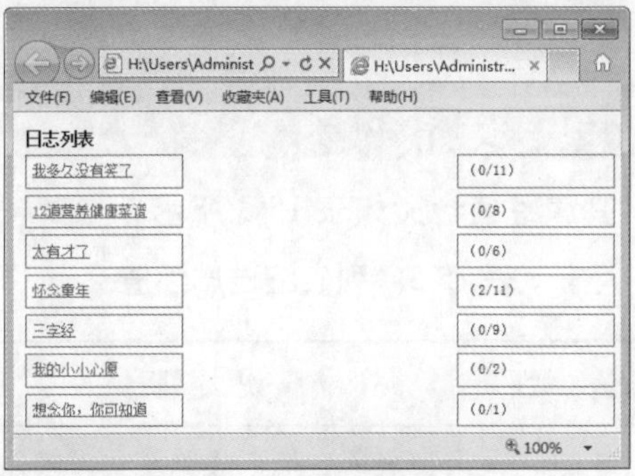

图 15-3　用自定义列表制作导航菜单

15.1.4 制作图片列表

使用 list-style-image 属性可以将列表的项目符号替换为任意的图片。list-style-image 属性用来定义作为一个有序或无序列表项标志的图像。图像相对于列表项内容的放置位置通常使用 list-style-position 属性控制。其语法格式如下。

```
list-style-image : none | url (url)
```

上面的属性值中，none 表示不指定图像，url 表示使用绝对路径和相对路径指定背景图像。

【例 15.4】（实例文件：ch15\15.4.html）

```
<!DOCTYPE html>
<html>
<head>
<title>图片符号</title>
<style>
<!--
ul{
    font-family:Arial;
    font-size:20px;
    color:#00458c;
    list-style-type:none;                    /* 不显示项目符号 */
}
li{
```

```
                    list-style-image:url(01.jpg);
                    padding-left:25px;                    /*  设置图标与文字的间隔  */
                    width:350px;
         }
         -->
         </style>
         </head>
         <body>
         <p>娱乐焦点</p>
         <ul>
             <li>换季肌闹"公主病"美肤急救快登场 </li>
             <li>来自12星座的你 认准罩门轻松瘦</li>
             <li>男人30"豆腐渣"如何延缓肌肤衰老</li>
             <li>打造天生美肌 名媛爱物强K性价比! </li>
             <li>夏裙又有新花样 拼接图案最时髦</li>
         </ul>
         </body>
         </html>
```

在 IE 9.0 浏览器中预览效果如图 15-4 所示，可以看到一个导航栏，每个导航菜单前面都具有一个小图标。

提示
在上面的代码中，使用 list-style-image:url（01.jpg）语句定义了列表前显示的图片。实际上还可以使用 background:url（01.jpg）no-repeat 语句完成这个效果，只不过 background 对图片大小要求比较苛刻。

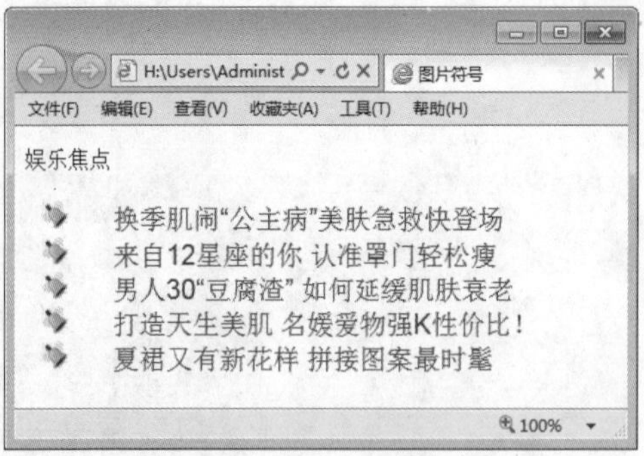

图 15-4　制作图片导航栏

15.1.5　缩进图片列表

使用图片作为列表符号显示时，图片通常显示在列表的外部，实际上还可以将图片列表中的文本信息对齐，从而显示另外一种效果。在 CSS 中，可以通过 list-style-position 来设置图片显示位置。

list-style-position 属性的语法格式如下。

```
list-style-position : outside | inside
```

其属性值含义如表 15-3 所示。

表 15-3　列表缩进属性值

属　　性	说　　明
outside	列表项目标记放置在文本以外，且环绕文本不根据标记对齐
inside	列表项目标记放置在文本以内，且环绕文本根据标记对齐

【例 15.5】（实例文件：ch15\15.5.html）

```
<!DOCTYPE html>
<html>
<head>
<title>图片位置</title>
<style>
.list1{
    list-style-position:inside;}
.list2{
```

```
    list-style-position:outside;}
.content{
    list-style-image:url(01.jpg);
    list-style-type:none;
    font-size:20px;
}
</style>
</head>
<body>
<ul class=content>
<li class=list1>换季肌闹"公主病"美肤急救快登场。</li>
<li class=list2>换季肌闹"公主病"美肤急救快登场。</li>
</ul>
</body>
</html>
```

在 IE 浏览器中预览效果如图 15-5 所示，可以看到一个图片列表，第一个图片列表选项中图片和文字对齐，即放在文本信息以内；第二个图片列表选项没有和文字对齐，而是放在文本信息以外。

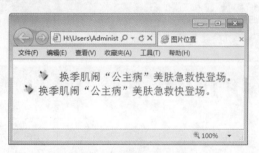

图 15-5　图片列表缩进

15.1.6　列表复合属性

在前面章节中，分别介绍了使用 list-style-type 定义列表的项目符号，使用 list-style-image 定义列表的图片符号选项，使用 list-style-position 定义图片显示位置。实际上在对项目列表操作时，可以直接使用一个复合属性 list-style，将前面的三个属性放在一起设置。

list-style 属性的语法格式如下。

```
{ list-style: style }
```

其中，style 指定或接收以下值（任意次序，最多三个）的字符串，如表 15-4 所示。

表 15-4　list-style 常用属性

属　　性	说　　明
图像	可供 list-style-image 属性使用的图像值的任意范围
位置	可供 list-style-position 属性使用的位置值的任意范围
类型	可供 list-style-type 属性使用的类型值的任意范围

【例 15.6】（实例文件：ch15\15.6.html）

```
<!DOCTYPE html>
<html>
<head>
<title>复合属性</title>
<style>
#test1
{
  list-style:square inside url("01.jpg");
}
#test2
{
      list-style:none;
}

</style>
</head>
```

```
<body>
<ul>
<li id=test1>换季肌闹"公主病"美肤急救快登场。</li>
<li id=test2>换季肌闹"公主病"美肤急救快登场。</li>
</ul>
</body>
</html>
```

在 IE 9.0 浏览器中预览效果如图 15-6 所示，可以看到两个列表选项，一个列表选项中带有图片，另一个列表中没有符号和图片显示。

list-style 属性是复合属性。在指定类型和图像值时，除非将图像值设置为 none 或无法显示 URL 所指向的图像，否则图像值的优先级较高。例如在上面的例子中，类 test1 同时设置了符号为方块符号和图片，但只显示了图片。

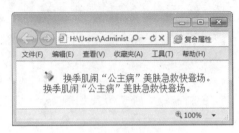

图 15-6　用复合属性指定列表

> ▶ **提示**　list-style 属性也适用于其 display 属性被设置为 list-item 的所有元素。要显示圆点符号，必须显示设置这些元素的 margin 属性。

15.2　使用 CSS 制作网页菜单

使用 CSS 除了可以美化项目列表外，还可以制作网页中的菜单，并设置不同的显示效果。

15.2.1　制作无序列表的菜单

在使用 CSS 制作导航条菜单之前，需要将 list-style-type 的属性值设置为 none，即去掉列表前的项目符号。下面通过一个实例，介绍使用 CSS 完成一个菜单导航条。具体的操作步骤如下。

步骤 **1**　创建 HTML 文档，并实现一个无序列表，列表中的选项表示各个菜单，具体代码如下。

```
<!DOCTYPE html>
<html>
<head>
<title>无序列表菜单</title>
</head>
<body>
```

```
<div>
    <ul>
        <li><a href="#">网站首页</a></li>
        <li><a href="#">产品大全</a></li>
        <li><a href="#">下载专区</a></li>
        <li><a href="#">购买服务</a></li>
        <li><a href="#">服务类型</a></li>
    </ul>
</div>
</body>
</html>
```

上面的代码中，创建了一个 div 层，在层中放置了一个 ul 无序列表，列表中的各个选项就是将来所使用的菜单。在 IE 浏览器中预览效果如图 15-7 所示，可以看到一个无序列表，每个选项带有一个实心圆。

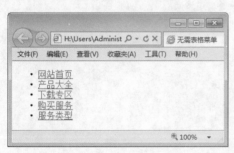

图 15-7　显示项目列表

步骤 2 利用 CSS 相关属性，对 HTML 中的元素进行修饰，例如 div 层、ul 列表和 body 页面，代码如下。

```
<style>
<!--
body{
    background-color:#84BAE8;
}
div {
    width:200px;
    font-family:"黑体";
}
div ul {
    list-style-type:none;
    margin:0px;
    padding:0px;
}
-->
</style>
```

提示　上面的代码设置了网页背景色、层大小和文字字形，最重要的就是设置了列表 \<ul> 的属性，将项目符号设置为不显示。

在 IE 浏览器中预览效果如图 15-8 所示，可以看到项目列表变成一个普通的超链接列表，无项目符号并带有下划线。

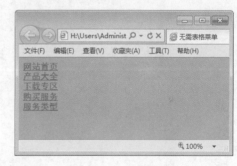

图 15-8　链接列表

步骤 3 使用 CSS 对列表中的各个选项进行修饰，例如去掉超链接的下划线，并增加 li 标记下的边框线，从而美化菜单。

```
div li {
    border-bottom:1px solid #ED9F9F;
}
div li a{
    display:block;
    padding:5px 5px 5px 0.5em;
    text-decoration:none;
    border-left:12px solid #6EC61C;
    border-right:1px solid #6EC61C;
}
```

在 IE 浏览器中预览效果如图 15-9 所示，可以看到每个选项中，超链接的左方显示了蓝色条，右方显示了蓝色线。每个链接下方显示了一个黄色边框。

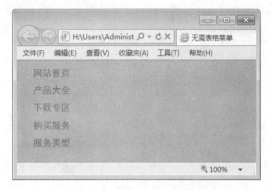

图 15-9　导航菜单

步骤 4 使用 CSS 设置动态菜单效果，即当鼠标指针悬浮在导航菜单上，显示另外一种样式，具体的代码如下。

```
div li a:link, div li a:visited{
    background-color:#F0F0F0;
    color:#461737;
}
div li a:hover{
    background-color:#7C7C7C;
    color:#ffff00;
}
```

上面的代码设置了鼠标链接样式、访问后样式和悬浮时的样式。在 IE 浏览器中预览效果如图 15-10 所示，可以看到鼠标指针悬浮在菜单上时，会显示灰色。

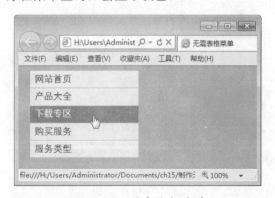

图 15-10　动态导航菜单

15.2.2　制作水平样式菜单

在实际网页设计中，根据题材或业务需求不同，垂直导航菜单有时不能满足要求，这时就需要导航菜单水平显示。例如常见的百度首页，其导航菜单就是水平显示。通过使用 CSS 属性，不但可以创建垂直导航菜单，还可以创建水平导航菜单。具体的操作步骤如下。

步骤 1 建立 HTML 项目列表结构，将要创建的菜单项都使用列表选项显示出来。具体的代码如下。

```html
<!DOCTYPE html>
<html>
<head>
<title>制作水平样式菜单</title>
<style>
<!--
body{
    background-color:#84BAE8;
}
div {
    font-family:"幼圆";
}
div ul {
    list-style-type:none;
    margin:0px;
    padding:0px;
}
</style>
</head>
<body>
<div id="navigation">
<ul>
    <li><a href="#">网站首页</a></li>
    <li><a href="#">产品大全</a></li>
    <li><a href="#">下载专区</a></li>
    <li><a href="#">购买服务</a></li>
    <li><a href="#">服务类型</a></li>
</ul>
</div>
</body>
</html>
```

在 IE 浏览器中预览效果如图 15-11 所

示，可以看到显示的是一个普通的超链接列表。

图 15-11　链接列表

步骤 2 现在是垂直显示导航菜单，需要利用 CSS 属性 float 将其设置为水平显示，并设置选项 li 和超链接的基本样式，代码如下。

```
div li {
    border-bottom:1px solid #ED9F9F;
    float:left;
    width:150px;
}
div li a{
    display:block;
    padding:5px 5px 5px 0.5em;
    text-decoration:none;
    border-left:12px solid #EBEBEB;
    border-right:1px solid #EBEBEB;
}
```

当 float 属性值为 left 时，导航栏为水平显示。其他设置基本与上一个例子相同。在 IE 浏览器中预览效果如图 15-12 所示，可以看到各个链接选项水平地排列在当前页面之上。

图 15-12　列表水平显示

步骤 3 设置超链接样式，和上例一样，也是设置了鼠标动态效果，代码如下。

```
div li a:link, div li a:visited{
    background-color:#F0F0F0;
    color:#461737;
}
div li a:hover{
    background-color:#7C7C7C;
    color:#ffff00;
}
```

在 IE 浏览器中预览效果如图 15-13 所示，可以看到当鼠标指针放到菜单之上时，会变换为另一种样式。

图 15-13　水平菜单显示

15.3 模拟 SOSO 导航栏

本实例将结合本章学习的制作菜单知识，轻松实现搜搜导航栏效果。具体步骤如下。

步骤 1 分析需求。

实现该实例，需要包含三部分：第一部分是 SOSO 图标；第二部分是水平菜单导航栏，也是本实例的重点；第三部分是表单部分，包含文本框和按钮。该实例实现后，效果如图 15-14 所示。

图 15-14　模拟搜搜导航栏

步骤 2 创建 HTML 网页，实现基本 HTML 元素。

对于本实例，需要利用 HTML 标记导入搜搜图标，设计导航的项目列表、搜索文本框和按钮等。其代码如下。

```
<!DOCTYPE html>
<html>
```

```
<head>
<title>搜搜</title>
</head>
<body>
<center><br><img src="logo_index.png"><br><br><br><br>
<div>
<ul>
             <li id=h></li>
      <li><a href="#">网页</a></li>
      <li><a href="#">图片</a></li>
      <li><a href="#">视频</a></li>
      <li><a href="#">音乐</a></li>
      <li><a href="#">搜吧</a></li>
      <li><a href="#">问问</a></li>
      <li><a href="#">团购</a></li>
      <li><a href="#">新闻</a></li>
      <li><a href="#">地图</a></li>
      <li id="more"><a href="#">更 多 &gt;&gt;</a></li>
</ul>
</div>
<p style="height:44px;"> </p>
<div id=s>
<form action="/q?"id="flpage"name="flpage">
    <input type="text"value=""size=50px;/>
    <input type="submit"value="搜搜">
</form>
</div>
</center>
</body>
</html>
```

在 IE 浏览器中预览效果如图 15-15 所示，中间显示了一个项目列表，每个选项都是超链接。下方是一个表单，包含文本框和按钮。

图 15-15　页面框架

步骤 **3** 添加 CSS 代码，修饰项目列表。

设计好框架后，就可以修改项目列表的相关样式，即列表水平显示，同时定义整个 div 层属性，例如设置背景色、宽度、底部边框和字体大小等，代码如下。

```
p{ margin:0px; padding:0px;}
#div{
    margin:0px auto;
    font-size:12px;
    padding:0px;
    border-bottom:1px solid #00c;
    background:#eee;
    width:800px;height:18px;
}
div li{
    float:left;
    list-style-type:none;
    margin:0px;padding:0px;
    width:40px;
}
```

上面的代码中，float 属性用于设置菜单栏水平显示，list-style-type 设置了列表不显示项目符号。

在 IE 浏览器中预览效果如图 15-16 所示，可以看到页面整体效果和搜搜首页比较相似，下面就可以在细节上进一步修改了。

图 15-16 水平菜单栏

步骤 **4** 添加 CSS 代码，修饰超链接。

```
div li a{
    display:block;
```

```
    text-decoration:underline;
    padding:4px 0px 0px 0px;
    margin:0px;
    font-size:13px;
}
div li a:link, div li a:visited{
    color:#004276;
}
```

上面的代码设置了超链接，即导航栏中菜单选项中的相关属性，例如，超链接以块显示、文本带有下划线、字体大小为 13 像素，并设定了鼠标访问超链接后的颜色。在 IE 浏览器中预览效果如图 15-17 所示，可以看到字体颜色发生了改变，字体变小。

图 15-17 设置菜单样式

步骤 **5** 添加 CSS 代码，定义对齐方式和表单样式。

```
div li#h{width:180px;height:18px;}
div li#more{width:85px;height:18px;}
#s{
    background-color:#006EB8;
    width:430px;
}
```

上述代码中，h 定义了水平菜单最前方空间的大小，more 定义了更多的高度和宽度，s 定义了表单背景色和宽度。在 IE 浏览器中预览效果如图 15-18 所示，可以看到水平导航栏和表单对齐，表单背景色为蓝色。

图 15-18　定义对齐方式

步骤 6 添加 CSS 代码，修饰访问默认项。

```
<a href="#"  style="text-decoration:none;color:#020202;font-size:14px;">网页</a>
```

此代码段设置了被访问时的默认样式。在 Firefox 5.0 浏览器中预览效果如图 15-19 所示，可以看到"网页"菜单选项，颜色为黑色，不带下划线。

图 15-19　搜搜导航栏最终效果

15.4　将段落转变成列表

CSS 的功能非常强大，可以变换不同的样式。既可以让列表代替 table 标记制作出表格，也可以让一个段落 p 模拟项目列表。下面利用前面介绍的 CSS 知识，将段落变换为列表。

具体步骤如下。

步骤 **1** 创建 HTML 页面，实现基本段落。

从上面的分析可以看出，HTML 页面中需要包含一个 div 层、几个段落。其代码如下。

```
<!DOCTYPE html>
<html>
<head>
<title>模拟列表</title>
</head>
<body>
<div class="big">
    <p class="one"> ·换季肌闹"公主病"美肤急救快登场。</p>
    <p> ·来自12星座的你 认准罩门轻松瘦。</p>
    <p class="one"> ·男人30"豆腐渣"如何延缓肌肤衰老。</p>
    <p> ·打造天生美肌 名媛爱物强K性价比！</p>
    <p class="one"> ·夏裙又有新花样 拼接图案最时髦</p>
</div>
</body>
</html>
```

在 IE 浏览器中预览效果如图 15-20 所示，可以看到 5 个段落，每个段落前面都使用特殊符号 "·" 引领每一行。

步骤 **2** 添加 CSS 代码，修饰整体 div 层。

```
<style>
.big {
    width:450px;
    border:#990000  1px solid;
}
</style>
```

此处创建了一个类选择器，其属性定义了层的宽度，层带有边框，以直线形式显示。在 IE 浏览器中预览效果如图 15-21 所示，可以看到段落周围显示了一个矩形区域，其边框显示为红色。

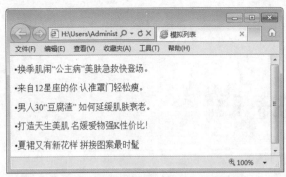

图 15-20　段落显示

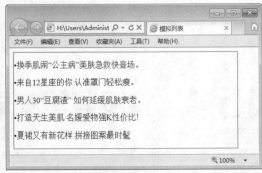

图 15-21　设置 div 层

步骤 **3** 添加 CSS 代码，修饰段落属性。

```
p {
    margin:10px 0  5px 0;
    font-size:14px;
    color:#025BD1;
}
.one {
    text-decoration:underline;
    font-weight:800;
    color:#009900;
}
```

上面的代码定义了段落 p 的通用属性，即字体大小和颜色。使用类选择器定义了特殊属性，带有下划线，具有不同的颜色。在 IE 浏览器中预览效果如图 15-22 所示，可以看到相比较前一张图像，其字体颜色发生变化，并带有下划线。

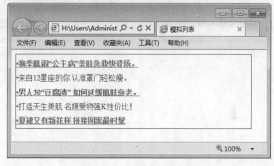

图 15-22　修饰段落属性

15.5　大神解惑

小白： 使用项目列表和 table 表格制作表单，项目列表有哪些优势？

大神： 采用项目列表制作水平菜单时，如果没有设置 <ul> 标记的宽度 width 属性，那么当浏览器的宽度缩小时，菜单会自动换行。这是采用 <table> 标记制作菜单所无法实现的。所以项目列表被经常加以使用，实现各种变换效果。

小白： 使用 IE 浏览器打开一个项目列表，为何设定的项目符号没有出现？

大神： IE 浏览器对项目列表的符号支持不是太好，只支持一部分项目符号，这时可以采用 Firefox 浏览器。Firefox 浏览器对项目列表符号支持力度比较大。

小白： 使用 url 引入图像时，加引号好，还是不加引号好？

大神： 不加引号好。需要将带有引号的修改为不带引号的。例如：

```
background:url("xxx.gif")
```

改为

```
background:url(xxx.gif)
```

因为对于部分浏览器加引号反而会引起错误。

15.6 跟我练练手

练习 1：制作一个包含各种类型项目列表的网页，然后美化这些列表的外观样式。

练习 2：制作一个包含无序列表菜单的网页。

练习 3：制作一个包含水平样式菜单的网页。

练习 4：制作一个模拟 SOSO 导航栏的网页。

练习 5：制作一个将段落转变成列表的网页。

第 4 篇

网页布局和 JavaScript

△ 第 16 章　CSS+DIV 盒子的浮动与定位

△ 第 17 章　网页布局剖析与制作

△ 第 18 章　JavaScript 和 jQuery

△ 第 19 章　经典的网页动态特效案例

CSS+DIV 盒子的
浮动与定位

网页设计中，能否很好地定位网页中的每个元素，是网页整体布局的关键。一个布局混乱、元素定位不准的页面，是每个浏览者都不喜欢的。而把每个元素都精确定位到合理位置，才是构建美观大方页面的前提。本章就来学习 CSS+DIV 盒子的浮动与定位。

● **本章要点（已掌握的在方框中打钩）**

☐ 掌握创建 DIV 的方法

☐ 掌握定位盒子的方法

☐ 掌握 CSS 布局定位的方法

☐ 掌握多列布局的方法

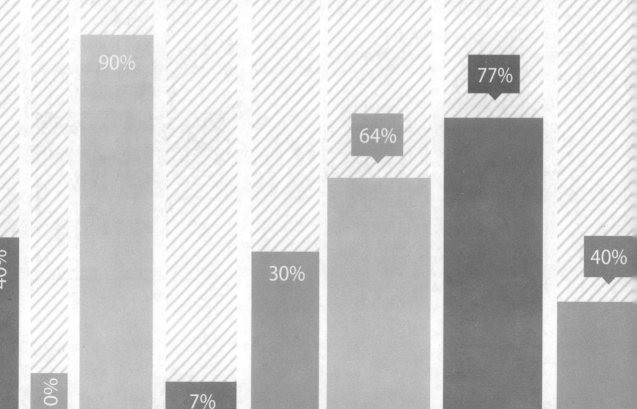

16.1 定义 DIV

使用 DIV 进行网页排版，是现在流行的一种趋势。例如使用 CSS 属性，可以轻易设置 DIV 位置，演变出多种不同的布局方式。

16.1.1 什么是 DIV

<div> 标记作为一个容器标记被广泛地应用在 HTML 中。利用这个标记，加上 CSS 对其控制，可以很方便地实现各种效果。<div> 标记早在 HTML 3.0 时代就已经出现，但那时并不常用，直到 CSS 的出现，才逐渐发挥出它的优势。

16.1.2 创建 DIV

<div>（division）简单而言就是一个区块容器标记，即 <div> 与 </div> 之间相当于一个容器，可以容纳段落、标题、表格、图片，乃至章节、摘要和备注等各种 HTML 元素。因此，可以把 <div> 与 </div> 中的内容视为一个独立的对象，用于 CSS 的控制。声明时只需要对 <div> 进行相应的控制，其中的各标记元素都会因此而改变。

【例 16.1】（实例文件：ch16\16.1.html）

```
<!DOCTYPE html>
<html>
<head>
<title>div 层</title>
<style type="text/css">
<!--
div{
  font-size:18px;
  font-weight:bolder;
  font-family:"幼圆";
  color:#FF0000;
```

```
  background-color:#eeddcc;
  text-align:center;
  width:300px;
  height:100px;
  border:1px #992211  dotted;
}
-->
</style>
</head>
<body>
<center>
  <div>
  这是div层
  </div>
</center>
</body>
</html>
```

上面的例子用 CSS 对 div 块控制，绘制了一个 div 容器，容器中放置了一段文字。

在 IE 浏览器中预览效果如图 16-1 所示，可以看到一个矩形的 div 层，居中显示，字体显示为红色，边框为浅红色，背景色为浅黄色。

图 16-1　div 层显示

16.2　盒子的定位

网页中各种元素需要有自己合理的定位，从而搭建整个页面的结构。在 CSS 中，可以用 position 属性对页面元素进行定位。

语法格式如下。

```
position : static | absolute | fixed | relative
```

其参数含义如表 16-1 所示。

表 16-1　position 属性参数值

参 数 名	说　　明
static	元素定位的默认值，无特殊定位，对象遵循 HTML 定位规则，不能通过 z-index 进行层次分级
relative	相对定位，对象不可重叠，可以通过 left、right、bottom 和 top 等属性在正常文档中偏移位置，可以通过 z-index 进行层次分级
absolute	生成绝对定位的元素，相对于 static 定位以外的第一个父元素进行定位。元素的位置通过 left、top、right 和 bottom 属性进行规定
fixed	生成绝对定位的元素，相对于浏览器窗口进行定位。元素的位置通过 left、top、right 和 bottom 属性进行规定

16.2.1　静态定位

静态定位就是指没有使用任何移动效果的定义方式，语法格式如下。

```
position : static
```

【例 16.2】（实例文件：ch16\16.2.html）

```html
<!DOCTYPE html>
<html>
<head>
<style type="text/css">
h2.pos_left
{
position:static;
left:-20px
}
h2.pos_right
{
position:static;
```

```
left:20px
}
</style>
</head>
<body>
<h2>这是位于正常位置的标题</h2>
<h2  class="pos_left">这个标题相对于其正常位置不会向左移动</h2>
<h2  class="pos_right">这个标题相对于其正常位置不会向右移动</h2>
</body>
</html>
```

在 IE 浏览器中预览效果如图 16-2 所示，可以看到页面显示了三个标题，最上面的标题正常显示，下面两个标题即使设置了向左或向右移动，但结果还是以正常显示，这就是静态定位。

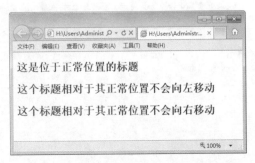

图 16-2　静态定位显示

16.2.2　相对定位

如果对一个元素进行相对定位，首先它将出现在它所在的位置上。然后通过设置垂直或水平位置，让这个元素"相对于"它的原始起点进行移动。再一点，相对定位时，无论是否进行移动，元素仍然占据原来的空间。因此，移动元素会导致它覆盖其他框。

相对定位的语法格式如下。

```
position:relative
```

【例 16.3】（实例文件：ch16\16.3.html）

```
<!DOCTYPE html>
<html>
<head>
<style type="text/css">
h2.pos_left
{
position:relative;
left:-20px
}
h2.pos_right
{
position:relative;
left:20px
}
</style>
</head>
<body>
<h2>这是位于正常位置的标题</h2>
<h2  class="pos_left">这个标题相对于其正常位置向左移动</h2>
<h2  class="pos_right">这个标题相对于其正常位置向右移动</h2>
</body>
</html>
```

在 IE 浏览器中预览效果如图 16-3 所示。可以看到页面显示了三个标题，最上面的标题正常显示，下面两个标题分别以正常标题为原点，向左或向右移动了 20 像素。

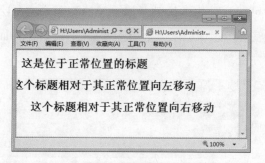

图 16-3　相对定位显示

16.2.3　绝对定位

绝对定位是参照浏览器的左上角，配合 top、left、bottom 和 right 进 行 定 位 的，如果没有设置上述四个值，则默认依据父级的坐标原点为原始点。绝对定位可以通过上、下、左、右来设置元素，使之处在任何一个位置。

绝对定位与相对定位的区别在于：绝对定位的坐标原点为上级元素的原点，与上级元素有关；相对定位的坐标原点为本身偏移前的原点，与上级元素无关。

在父层 position 属性为默认值时：上、下、左、右的坐标原点以 body 的坐标原点为起始位置。绝对定位的语法格式如下。

```
position:absolute
```

只要将上面的代码加入到样式中，使用样式的元素就可以以绝对定位的方式显示了。

【例 16.4】（实例文件：ch16\16.4.html）

```
<!DOCTYPE html>
<html>
<head>
<title>绝对定位</title>
</head>
<body>
  <div style="background-color: Black; width:200px; height:200px">
    <h2  style="position:absolute; left:80px; top:80px; width:110px;height:
     50px;
        background-color:Red;">这是绝对定位</h2>
  </div>
</body>
</html>
```

在 IE 浏览器中预览效果如图 16-4 所示。可以看到红色元素框以浏览器左上角为原点，坐标位置为（80px,80px），宽度为 110 像素，高度为 50 像素。

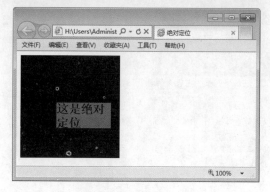

图 16-4　绝对定位

16.2.4 固定定位

固定定位的参照位置不是上级元素块而是浏览器窗口。所以可以使用固定定位来设定类似传统框架样式布局，以及广告框架或导航框架等。使用固定定位的元素可以脱离页面，无论页面如何滚动，始终处在页面的同一位置上。

固定定位语法格式如下。

```
position:fixed
```

【例 16.5】(实例文件：ch16\16.5.html)

```
<!DOCTYPE html>
<html>
<head>
<title>CSS固定定位</title>
<style type="text/css">...
* {
    padding:0;
    margin:0;
}

    #fixedLayer {
    width:100px;
    line-height:50px;
    background: #FC6;
    border:1px solid #F90;
    position:fixed;
    left:10px;
    top:10px;
}
</style>
</head>
<body>
<div id="fixedLayer">固定不动</div>
<p>我动了</p>
<p>我动了</p>
<p>我动了</p>
<p>我动了</p>
<p>我动了</p>
<p>我动了</p>
<p>我动了</p>
<p>我动了</p>
<p>我动了</p>
<p>我动了</p>
<p>我动了</p>
```

```
<p>我动了</p>
</body>
</html>
```

在 IE 浏览器中预览效果如图 16-5 所示。可以看到拖动滚动条时，无论页面内容怎么变化，其黄色框"固定不动"始终处在页面左上角。

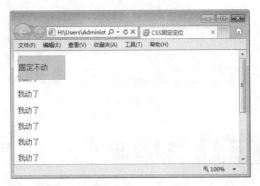

图 16-5　固定定位

16.2.5 盒子的浮动

除了使用 position 属性进行定位外，还可以使用 float 属性定位。float 只能在水平方向定位，而不能在垂直方向定位。float 属性表示浮动属性，它用来改变元素块的显示方式。

float 语法格式如下。

```
float : none | left | right
```

其属性值如表 16-2 所示。

表 16-2　float 属性值

属性值	说　　明
none	元素不浮动
left	浮动在左面
right	浮动在右面

实际上，使用 float 属性可以实现两列布局，也就是让一个元素在左浮动，另一个元

素在右浮动，并控制好这两个元素的宽度。

【例 16.6】（实例文件：ch16\16.6.html）

```
<!DOCTYPE html>
<html>
<head>
<title>float定位</title>
<style>
* {
    padding:0px;
    margin:0px;
}
.big {
    width:600px;
    height:100px;
    margin:0 auto 0 auto;
    border:#332533 1px solid;

}
.one {
    width:300px;
    height:20px;
    float:left;
    border:#996600 1px solid;
}
```

```
.two {
    width:290px;
    height:20px;
    float:right;
    margin-left:5px;
    display:inline;
    border:#FF3300 1px solid;
}
</style>
</head>
<body>
<div class="big">
  <DIV class="one">
  <p>非诚勿扰</p>
  </DIV>
  <DIV class="two">
  <p>开心一刻</p>
  </DIV>
</div>
</body>
</html>
```

在 IE 浏览器中预览效果如图 16-6 所示。可以看到一个大矩形框，其中存在两个小的矩形框，并且并列显示。

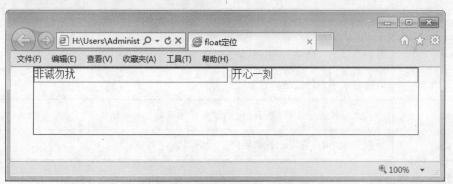

图 16-6　float 浮动布局

使用 float 属性不但可以改变元素的显示位置，同时会对相邻内容造成影响。定义了 float 属性的元素会覆盖其他元素，而被覆盖的区域将处于不可见状态。使用该属性还能够实现内容环绕图片的效果。

如果不想让 float 下面的其他元素浮动环绕在该元素周围，可以使用 CSS3 的 clear 属性，清除这些浮动元素。

clear 语法格式如下。

```
clear : none | left | right | both
```

其中，none 表示允许两边都可以有浮动对象，both 表示不允许有浮动对象，left 表示不允许左边有浮动对象，right 表示不允许右边有浮动对象。使用 float 以后，在必要的时候就需要通过 clear 语句清除 float 带来的影响，以免出现"其他 DIV 跟着浮动"的效果。

16.3 其他 CSS 布局定位方式

在了解了盒子的定位之后，本节介绍其他 CSS 布局定位方式。

16.3.1 溢出（overflow）定位

如果元素框被指定了大小，而元素的内容不适合该大小，例如元素内容较多，元素框显示不下，此时则可以使用溢出（overflow）属性来控制这种情况。

overflow 语法格式如下。

```
overflow : visible | auto | hidden | scroll
```

各属性值及其说明如表 16-3 所示。

表 16-3　overflow 属性值

属 性 值	说　　　明
visible	若内容溢出，则溢出内容可见
hidden	若内容溢出，则溢出内容隐藏
scroll	保持元素框大小，在框内应用滚动条显示内容
auto	等同于 scroll，它表示在需要时应用滚动条

overflow 属性适用于以下情况。

（1）当元素有负边界时。

（2）框宽宽于上级元素内容区，换行不被允许。

（3）元素框宽于上级元素区域宽度。

（4）元素框高于上级元素区域高度。

（5）元素定义了绝对定位。

【例 16.7】（实例文件：ch16\16.7.html）

```
<!DOCTYPE html>
<html>
<head>
```

```
    <title>overflow属性</title>
    <style>
       div{
           position:absolute;
           color:#445633;
           height:200px;
           width: 30%;
           float:left;
           margin: 0px;
           padding: 0px;
           border-right: 2px dotted #cccccc;
           border-bottom: 2px solid #cccccc;
           padding-right: 10px;
           overflow:auto;
       }
    </style>
</head>
<body>
    <div>
        <p>综艺节目排名</p><p>1　非诚勿扰</p><p>2　康熙来了</p>
        <p>3　快乐大本营</p><p>4　娱乐大风暴</p><p>5天天向上</p><p>6　爱情连连看</p>
        <p>7　锵锵三人行</p><p>8　我们约会吧</p>
    </div>
</body>
</html>
```

　　在 IE 浏览器中预览效果如图 16-7 所示。可以看到在一个元素框显示了多个元素，拖动显示的滚动条可以查看全部元素。如果 overflow 设置的值为 hidden，则会隐藏多余元素。

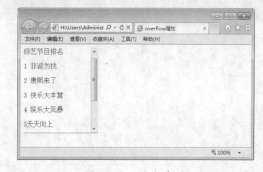

图 16-7　溢出定位

16.3.2　隐藏（visibility）定位

　　visibility 属性指定是否显示一个元素生成的元素框。这意味着元素仍占据其本来的空间，不过可以完全不可见。即设定元素的可见性。

　　visibility 语法格式如下。

```
visibility : inherit | visible | collapse | hidden
```

　　其属性值如表 16-4 所示。

表 16-4　visibility 属性值

属性值	说　明
visible	元素可见
hidden	元素隐藏
collapse	主要用来隐藏表格的行或列。隐藏的行或列能够被其他内容使用。对于表格外的其他对象，其作用等同于 hidden

如果元素 visibility 属性的属性值设定为 hidden，表现为元素隐藏，即不可见。但是，元素不可见，并不等同于元素不存在，它仍旧会占有部分页面位置，影响页面的布局，就如同可见一样。换句话说，元素仍然处于页面中的位置上，只是无法看到它而已。

【例 16.8】(实例文件：ch16\16.8.html)

```
<!DOCTYPE html>
<html>
<head>
  <title>visibility属性</title>
  <style type="text/css">
    .div{
      padding:5px;
    }
    .pic{
      float:left;
      padding:20px;
      visibility:visible;
    }
    h1{
        font-weight:bold;
        text-align:center
    }
  </style>
</head>
<body>
  <h1>插花</h1>
  <div class="div">
    <div class="pic">
      <img src="08.jpg"  width=150px height=100px/>
    </div>
      <p>插花就是把花插在瓶、盘、盆等容器里，而不是栽在这些容器中。所插的花材，或枝、或花、或叶，均不带根，只是植物体上的一部分，并且不是随便乱插的，而是根据一定的构思来选材，遵循一定的创作法则，插成一个优美的形体（造型），借此表达一种主题，传递一种感情和情趣，使人看后赏心悦目，获得精神上的美感和愉快。
</p>
<p>
在我国插花的历史源远流长，发展至今已为人们日常生活所不可缺少。一件成功的插花作品，并不是一定要选用名贵的花材、高价的花器。一般看来并不起眼的绿叶、一个花蕾，甚至路边的野花野草，常见的水
```

果、蔬菜，都能插出一件令人赏心悦目的优秀作品来。使观赏者在心灵上产生共鸣是创作者唯一的目的，如果不能产生共鸣那么这件作品也就失去了观赏价值。具体地说，即插花作品在视觉上首先要立即引起一种感观和情感上的自然反应，如果未能立刻产生反应，那么摆在眼前的这些花材将无法吸引观者的目光。在插花作品中引起观赏者情感产生反应的要素有三点：一是创意（或称立意），指的是表达什么主题，应选什么花材；二是构思（或称构图），指的是这些花材怎样巧妙配置造型，在作品中充分展现出各自的美；三是插器，指的是与创意相配合的插花器皿。三者有机配合，作品便会给人以美的享受。

```
</p>
  </div>
</body>
</html>
```

在 IE 浏览器中预览效果如图 16-8 所示。可以看到图片在左边显示，并被文本信息所环绕。此时 visibility 属性为 visible，表示图片可以看见。

图 16-8　隐藏定位

16.3.3　z-index 空间定位

z-index 属性用于调整定位时重叠块的上下位置，与它的名称一样，想象页面为 x—y 轴，垂直于页面的方向为 z 轴，z-index 值大的页面位于其值小的上方，如图 16-9 所示。

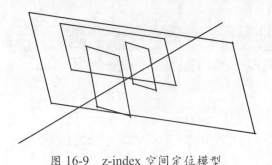

图 16-9　z-index 空间定位模型

【例 16.9】（实例文件：ch16\16.9.html）

```
<!DOCTYPE html>
<html>
<title>z-index属性</title>
<style type="text/css">
<!--
body{
    margin:10px;
    font-family:Arial;
    font-size:13px;
    }
#block1{
    background-color:#ff0000;
    border:1px dashed #000000;
    padding:10px;
    position:absolute;
    left:20px;
    top:30px;
    z-index:1;        /*高低值1*/
    }
#block2{
    background-color:#ffc24c;
    border:1px dashed #000000;
    padding:10px;
    position:absolute;
    left:40px;
    top:50px;
    z-index:0;        /*高低值0*/
    }
#block3{
    background-color:#c7ff9d;
    border:1px dashed #000000;
    padding:10px;
    position:absolute;
    left:60px;
    top:70px;
    z-index:-1;    /*高低值-1*/
    }
-->
```

```
</style>
</head>
<body>
        <div id="block1">AAAAAAAAAA</div>
        <div id="block2">BBBBBBBBBB</div>
        <div id="block3">CCCCCCCCCC</div>
</body>
</html>
```

上面的例子对 3 个有重叠关系的块分别设置了 z-index 的值。设置后的效果如图 16-10 所示。

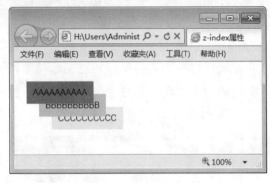

图 16-10   z-index 空间定位

16.4   多列布局

在 CSS3 没有推出来之前，网页设计者如果要设计多列布局，不外乎有两种方式，一种是浮动布局；另一种是定位布局。浮动布局比较灵活，但容易发生错位。定位布局可以精确地确定位置，不会发生错位，但无法满足模块的适应能力。为了解决多列布局的难题，CSS3 新增了多列自动布局功能，目前支持多列自动布局的浏览器为 Fire fox 浏览器。

16.4.1   设置列宽度

在 CSS3 中，可以使用 column-width 属性定义多列布局中每列的宽度，可以单独使用，也可以和其他多列布局属性组合使用。

column-width 语法格式如下。

```
column-width: [<length> | auto]
```

其中，属性值 <length> 是由浮点数和单位标识符组成的长度值，不可为负值；auto 根据浏览器计算值自动设置。

【例 16.10】设置列宽度。（实例文件：ch16\16.10.html）

```
<!DOCTYPE html>
<html>
```

```
<head>
<title>多列布局属性</title>
<style>
body{
    -moz-column-width:300px;          /*兼容Webkit引擎，指定列宽为300像素*/
    column-width:300px;               /*CSS3标准化指定列宽为300像素*/
}
h1{
    color:#333333;
    background-color:#DCDCDC;
    padding:5px 8px;
    font-size:20px;
    text-align:center;
    padding:12px;
}
h2{
    font-size:16px;text-align:center;
}
p{color:#333333;font-size:14px;line-height:180%;text-indent:2em;}
</style>
</head>
<body>
<h1>支付宝新动向</h1>
<h2>支付宝进军农村支付市场</h2>
<p>
12月16日下午消息，支付宝公司确认，已于今年7月成立了新农村事业部，意在扩展三四线城市和农村的
非电商类的用户规模。
</p><p>
支付宝方面表示，支付宝的新农村事业部目前在农村的拓展将分两路并进，分别是农村便民支付普及和农
村金融服务合作。
</p><p>
农村便民支付普及方面，支付宝计划与各大农商行、电信经销网点合作，为农村用户提供各种支付应用的
指导和咨询服务，从而实现网络支付的农村普及。
</p>
…．
</body>
</html>
```

　　在上列代码 body 标记选择器中，使用 column-width 指定了要显示的多列布局的每列宽度。
下面分别定义了标题 h1、h2 和段落 p 的样式，
例如字体大小、字体颜色、行高和对齐方式等。

　　在 Firefox 浏览器中预览效果如图 16-11
所示。可以看到页面文章分为两列显示，列
宽相同。

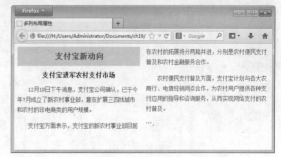

图 16-11　设置列宽度

16.4.2 设置列数

在 CSS3 中，可以直接使用 column-count 指定多列布局的列数，而不需要通过列宽度自动调整列数。

column-count 语法格式如下。

```
column-count: auto | <integer>
```

属性值 <integer> 表示值是一个整数，用于定义栏目的列数，取值为大于 0 的整数，不可以为负值。auto 属性值表示根据浏览器计算值自动设置。

【例 16.11】设置页面列数。（实例文件：ch16\16.11.html）

```
<!DOCTYPE html>
<html>
<head>
<title>多列布局属性</title>
<style>
body{
    -moz-column-count:4;                    /*Webkit引擎定义多列布局列数*/
    column-count:3;                         /*CSS3标准定义多列布局列数*/
}
h1{
    color:#333333;
    background-color:#DCDCDC;
    padding:5px 8px;
    font-size:20px;
    text-align:center;
    padding:12px;
}
h2{
    font-size:16px;text-align:center;
}
p{color:#333333;font-size:14px;line-height:180%;text-indent:2em;}
</style>
</head>
<body>
<h1>支付宝新动向</h1>
<h2>支付宝进军农村支付市场</h2>
<p>
12月19日下午消息，支付宝公司确认，已于今年7月成立了新农村事业部，意在扩展三四线城市和农村的
非电商类的用户规模。
</p><p>
支付宝方面表示，支付宝的新农村事业部目前在农村的拓展将分两路并进，分别是农村便民支付普及和农
村金融服务合作。
</p><p>
农村便民支付普及方面，支付宝计划与各大农商行、电信经销网点合作，为农村用户提供各种支付应用的
指导和咨询服务，从而实现网络支付的农村普及。
</p>
```

```
<p>比如，新农村事业部会与一些贷款公司和涉农机构合作。贷款机构将资金通过支付宝借贷给农户，资
金不流经农户之手而是直接划到卖房处。比如，农户需要贷款购买化肥，那贷款机构的资金直接通过支付
宝划到化肥商家处。
这种贷后资金监控合作模式能够确保借款资金定向使用，降低法律和坏账风险。此外，可以减少涉事公司
大量人工成本，便于公司信息数据统计，并完善用户的信用记录。
支付宝方面认为，三四线城市和农村市场已经成为电商和支付企业的下一个金矿。2012年淘宝天猫的交易
额已经突破1万亿，其中三四线以下地区的增长速度超过60%，远高于一二线地区。
</p>
</body>
</html>
```

上面的 CSS 代码除了 column-count 属性设置外，其他样式属性和上一个例子基本相同，就不介绍了。

在 Firefox 浏览器中预览效果如图 16-12 所示。可以看到页面根据指定的情况，显示了 4 列布局，其布局宽度由浏览器自动调整。

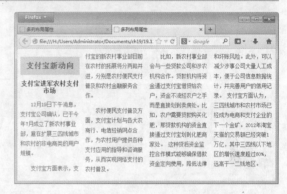

图 16-12　设置列数

16.4.3 设置列间距

多列布局中，可以根据内容和喜好的不同，调整多列布局中列之间的距离，从而完成整体版式规划。在 CSS3 中，column-gap 属性用于定义两列之间的间距。

column-gap 语法格式如下。

```
column-gap: normal | <length>
```

其中，属性值 normal 表示根据浏览器默认设置进行解析，一般为 1em；属性值 <length> 表示值是由浮点数和单位标识符组成的长度值，不可为负值。

【例 16.12】设置列间距。（实例文件：ch16\16.12.html）

```
<!DOCTYPE html>
<html>
<head>
<title>多列布局属性</title>
<style>
body{
    -moz-column-count:2;                /*Webkit引擎定义多列布局列数*/
    column-count:2;                     /*CSS3定义多列布局列数*/
    -moz-column-gap:5em;                /*Webkit引擎定义多列布局列间距*/
    column-gap:5em;                     /*CSS3定义多列布局列间距*/
    line-height:2.5em;
```

```
}
h1{
    color:#333333;
    background-color:#DCDCDC;
    padding:5px 8px;
    font-size:20px;
    text-align:center;
    padding:12px;
}
h2{
    font-size:16px;text-align:center;
}
p{color:#333333;font-size:14px;line-height:180%;text-indent:2em;}
</style>
</head>
<body>
<h1>支付宝新动向</h1>
<h2>支付宝进军农村支付市场</h2>
<p>
12月19日下午消息，支付宝公司确认，已于今年7月成立了新农村事业部，意在扩展三四线城市和农村的
非电商类的用户规模。
</p><p>
支付宝方面表示，支付宝的新农村事业部目前在农村的拓展将分两路并进，分别是农村便民支付普及和农
村金融服务合作。
</p><p>
农村便民支付普及方面，支付宝计划与各大农商行、电信经销网点合作，为农村用户提供各种支付应用的
指导和咨询服务，从而实现网络支付的农村普及。
</p>
</body>
</html>
```

上面的代码中，使用 -moz-column-count 私有属性设定了多列布局的列数，-moz-column-gap 私有属性设定列间距为 5em，行高为 2.5em。

在 Firefox 浏览器中预览效果如图 16-13 所示。可以看到页面分为 2 列，列之间的距离相较原来增大了不少。

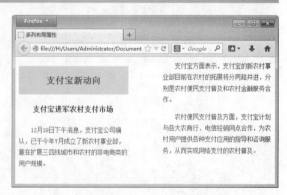

图 16-13 设置列间距

16.4.4 设置列边框样式

在 CSS3 中，边框样式使用 column-rule 属性定义，包括边框宽度、边框颜色和边框样式等。column-rule 语法格式如下。

```
column-rule: <length> | <style> | <color>
```

其属性值含义如表 16-5 所示。

表 16-5　column-rule 属性值

属 性 值	含　　义
<length>	由浮点数和单位标识符组成的长度值，不可为负值。用于定义边框宽度，其功能和 column-rule-width 属性相同
<style>	定义边框样式，其功能和 column-rule-style 属性相同
<color>	定义边框颜色，其功能和 column-rule-color 属性相同

【例 16.13】（实例文件：ch16\16.13.html）

```
<!DOCTYPE html>
<html>
<head>
<title>多列布局属性</title>
<style>
body{
    -moz-column-count:3;
    column-count:3;
    -moz-column-gap:3em;
    column-gap:3em;
    line-height:2.5em;
    -moz-column-rule:dashed 2px gray;        /*Webkit引擎定义多列布局边框样式*/
    column-rule:dashed 2px gray;             /*CSS3定义多列布局边框样式*/
}
h1{
    color:#333333;
    background-color:#DCDCDC;
    padding:5px 8px;
    font-size:20px;
    text-align:center;
    padding:12px;
}
h2{
    font-size:16px;text-align:center;
}
p{color:#333333;font-size:14px;line-height:180%;text-indent:2em;}
</style>
</head>
<body>
<h1>支付宝新动向</h1>
<h2>支付宝进军农村支付市场</h2>
<p>
12月19日下午消息，支付宝公司确认，已于今年7月成立了新农村事业部，意在扩展三四线城市和农村的
非电商类的用户规模。
```

```
</p><p>
支付宝方面表示，支付宝的新农村事业部目前在农村的拓展将分两路并进，分别是农村便民支付普及和农
村金融服务合作。
</p><p>
农村便民支付普及方面，支付宝计划与各大农商行、电信经销网点合作，为农村用户提供各种支付应用的
指导和咨询服务，从而实现网络支付的农村普及。
</p>
</body>
</html>
```

在 body 标记选择器中，定义了多列布局的列数、列间距和列边框样式，其边框样式是灰色破折线样式，宽度为 2 像素。

在 Firefox 浏览器中预览效果如图 16-14 所示。可以看到页面列之间添加了一个边框，其样式为破折线。

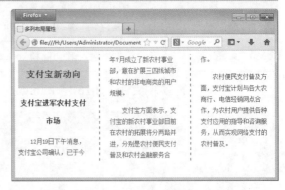

图 16-14　设置列边框样式

16.5　定位网页布局样式

一个美观大方的页面，必然是一个布局合理的页面。左右布局是网页中比较常见的一种方式，即根据信息种类不同，将信息分别在当前页面左右侧显示。本实例将利用前面学习的知识，创建一个左右布局的页面。具体步骤如下。

步骤 1 分析需求。

首先需要将整个页面分为左右两个模块，左模块放置一类信息，右模块放置另一类信息。可以设定其宽度和高度。

步骤 2 创建 HTML 页面，实现基本列表。

创建 HTML 页面，同时，用 DIV 在页面中划分左边 DIV 层和右边 DIV 层两个区域，并且将信息放入到相应的 DIV 层中，注意 DIV 层内引用 CSS 样式名称。

```
<!DOCTYPE html>
<html>
<head>
<title>布局</title>
</head>
```

```
<body>
<center>
<div class="big">
  <p class=pp>女人</p>
  <div class="left">
    <h1>女人</h1>
    <p> ·男人性福告白：女人的性感与年龄成正比09:59  </p>
    <p> ·六类食物能有效对抗紫外线11:15  </p>
    <p> ·打造夏美人 受OL追捧的清爽发型10:05  </p>
    <p> ·美丽帮帮忙：别让大油脸吓跑男人09:47  </p>
    <p> ·简约雪纺清凉衫 百元搭出欧美范儿14:51  </p>
    <p> ·花边连衣裙超勾人 7月穿搭出新意11:04  </p>
  </div>
  <div class="right">
    <h1>健康</h1>
    <p> ·女性养生：让女人老得快的10个原因19:18  </p>
    <p> ·养生盘点：喝豆浆的九大好处和七大禁忌09:14</p>
    <p> ·养生警惕：14个护肤心理"错"觉19:57</p>
    <p> ·柿子番茄骨汤 8种营养师最爱的食物15:16</p>
    <p> ·夏季养生指南："夫妻菜"宜常吃10:48  </p>
    <p> ·10条食疗养生方法，居家宅人的养生经13:54  </p>
  </div>
</div>
</center>
</body>
</html>
```

在 IE 浏览器中预览效果如图 16-15 所示。可以看到页面显示了两个模块，分别是"女人"和"健康"，二者上下排列。

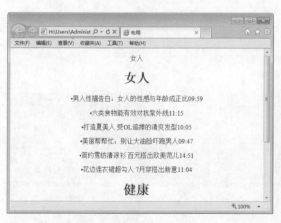

图 16-15　上下排列

步骤 3 添加 CSS 代码，修饰整体样式和 DIV 层。

```
<style>
* {
    padding:0px;
    margin:0px;
}
body {
    font:"宋体";
    font-size:18px;
}
.big{
    width:570px;
    height:210px;
    border:#C1C4CD 1px solid;
    }

</style>
```

在 IE 浏览器中预览效果如图 16-16 所示。可以看到页面较原来字体变小，并且大的 DIV 层显示了边框。

图 16-16　修饰整体样式

步骤 4 添加 CSS 代码，设置两个层左右并列显示。

```
.left{
    width:280px;
    float:right;          //设置右边悬浮
    border:#C1C4CD 1px solid;
    }
.right{
    width:280px;
    float:left;           //设置左边悬浮
    margin-left:6px;
    border:#C1C4CD 1px solid;
    }
```

在 IE 浏览器中预览效果如图 16-17 所示。可以看到页面中文本信息左右并列显示，而字体没有发生变化。

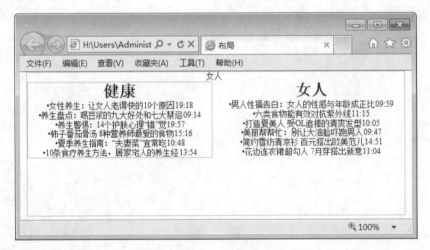

图 16-17　设置左右悬浮

步骤 5 添加 CSS 代码，定义文本样式。

```
h1{
    font-size:14px;
    padding-left:10px;
    background-color:#CCCCCC;
    height:20px;
    line-height:20px;
    }
p{
    margin:5px;
    line-height:18px;
    color:#2F17CD;
    }
.pp{
    width:570px;
```

```
text-align:left;
height:20px;
background-color:#D5E7FD;
position:relative;
left:-3px;
top:-3px;
font-size:16px;
text-decoration:underline;
}
```

　　在 IE 浏览器中预览效果如图 16-18 所示。可以看到页面中文本信息左右并列显示，其字体颜色为蓝色，行高为 18 像素。

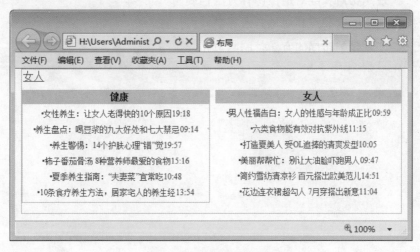

图 16-18　文本修饰样式

16.6　大神解惑

　　小白：DIV 如何居中显示？

　　大神：如果想让 DIV 居中显示，需要将 margin 的属性参数设置为块参数的一半数值。举例说明，如果 DIV 的宽度和高度分别为 500px 和 400px，则需要设置以下参数。

```
margin-left: -250px  margin-top:-200px
```

　　小白：position 设置对 CSS 布局有什么影响？

　　大神：CSS 属性中常见的 4 个属性是 top、right、bottom 和 left，表示的是块在页面中的具体位置，但是这些属性的设置必须和 position 配合使用才会产生效果。当 position 的属性设置为 relative 时，上述 CSS 的 4 个属性表示各个边界离原来位置的距离；当 position 的属性设置为 absolute 时，表示的是块的各个边界离页面边框的距离。然而，当 position 的属性设置为 static 时，则上述 4 个属性的设置不能生效，子块的位置也不会发生变化。

16.7 跟我练练手

练习 1：创建一个 DIV 层，在层中输入一段文字。

练习 2：使用静态定位方法控制网页元素。

练习 3：使用相对和绝对定位两种方法控制网页元素。

练习 4：使用固定和浮动两种方法控制网页元素。

练习 5：使用多列布局的方法控制网页布局。

网页布局剖析与制作

第 17 章

使用 CSS+DIV 布局可以使网页结构清晰化，并将内容、结构与表现相分离，以方便设计人员对网页进行改版和引用数据。本章就来对网页布局进行剖析并制作相关的网页布局样式。

● **本章要点（已掌握的在方框中打钩）**

- ☐ 掌握布局固定宽度网页的方法
- ☐ 掌握布局自动缩放网页 1-2-1 的方法
- ☐ 掌握布局自动缩放网页 1-3-1 的方法
- ☐ 掌握使用分列布局背景色的方法

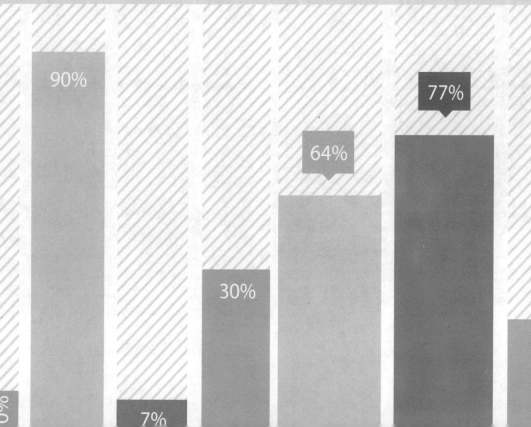

17.1 固定宽度网页剖析与布局

CSS 的排版功能是一种全新的排版理念，与传统的表格排版布局完全不同，它是在页面上分块，然后应用 CSS 属性重新定位。在本节中，我们就固定宽度网页布局进行深入的讲解，使读者能够熟练掌握这些方法。

17.1.1 网页单列布局模式

网页单列布局模式是最简单的一种布局形式，也被称为"网页 1-1-1 型布局模式"。制作单列布局网页的操作步骤如下。

步骤 1 新建网页文件，在其中输入如下代码，该段代码的作用是在页面中放置第一个圆角矩形框。

```
<!DOCTYPE html>
<html>
<head>
<title>单列网页布局</title>
</head>
<body>
<div class="rounded">
<h2>页头</h2>
<div class="main">
<p>
锄禾日当午，汗滴禾下土<br/>
锄禾日当午，汗滴禾下土</p>
</div>
<div class="footer">
<p></p>
</div>
</div>
</body>
</html>
```

代码中这组 <div></div> 之间的内容是固定结构的，其作用就是实现一个可以变化宽度的圆角框。在 IE 浏览器中预览效果如图 17-1 所示。

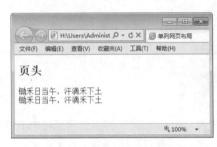

图 17-1 网页预览效果

步骤 2 设置圆角框的 CSS 样式。为了实现圆角框效果，加入如下样式代码。

```
<style>
body {
background: #FFF;
font: 14px 宋体;
margin:0;
padding:0;
}

.rounded {
background: url(images/left-top.gif)
top left no-repeat;
width:100%;
}
.rounded h2  {
background:
url(images/right-top.gif)
top right no-repeat;
padding:20px 20px 10px;
margin:0;

}
.rounded .main {
background:
url(images/right.gif)
top right repeat-y;
padding:10px 20px;
```

```
margin:-20px 0 0 0;
}
.rounded .footer {
background:
url(images/left-bottom.gif)
bottom left no-repeat;
}
.rounded .footer p {
color:red;
text-align:right;
background:url(images/right-bottom.
gif) bottom right no-repeat;
display:block;
padding:10px 20px 20px;
margin:-20px 0 0 0;
font:0/0;
}
</style>
```

在代码中定义了整个盒子的样式，如文字大小等，其后的 5 段以 .rounded 开头的 CSS 样式都是为实现圆角框进行的设置。这段 CSS 代码在后面的制作中，都不需要调整，直接放置在 <style></style> 之间即可，在 IE 浏览器中预览效果如图 17-2 所示。

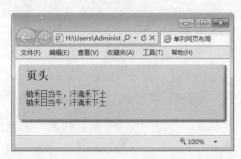

图 17-2　添加圆角框

步骤 **3**　设置网页固定宽度。为该圆角框单独设置一个 id，把针对它的 CSS 样式放到这个 id 的样式定义部分。设置 margin 实现在页面中居中，并用 width 属性确定固定宽度，代码如下。

```
#header {
margin:0 auto;
width:760px;}
```

提示　这个宽度不要设置在 ".rounded" 相关的 CSS 样式中，因为该样式会被页面中的各个部分公用，如果设置了固定宽度，其他部分就不能正确显示了。

另外，在 HTML 部分的 <div class="rounded">...</div> 的外面套一个 div，代码如下。

```
<div id="header">
<div class="rounded">
<h2>页头</h2>
<div class="main">
<p>
锄禾日当午，汗滴禾下土<br/>
锄禾日当午，汗滴禾下土</p>
</div>
<div class="footer">
<p></p>
</div>
</div>
</div>
```

在 IE 浏览器中预览效果如图 17-3 所示。

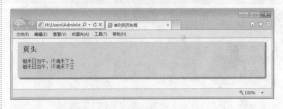

图 17-3　设置网页固定宽度

步骤 **4**　设置其他圆角矩形框。将放置的圆角框再复制出两个，并分别设置 id 为 "content" 和 "footer"，分别代表 "内容" 和 "页脚"。完整的页面框架代码如下。

```
<div id="header">
<div class="rounded">
<h2>页头</h2>
<div class="main">
<p>
锄禾日当午，汗滴禾下土<br/>
锄禾日当午，汗滴禾下土</p>
</div>
<div class="footer">
```

```
<p></p>
</div>
</div>
</div>
<div id="content">
<div class="rounded">
<h2>正文</h2>
<div class="main">
<p>
锄禾日当午，汗滴禾下土<br/>
锄禾日当午，汗滴禾下土</p>
</div>
<div class="footer">
<p>
查看详细信息&gt;&gt;
</p>
</div>
</div>
</div>
<div id="pagefooter">
<div class="rounded">
<h2>页脚</h2>
<div class="main">
<p>
锄禾日当午，汗滴禾下土</p>
</div>
<div class="footer">
<p>
```

```
</p>
</div>
</div>
</div>
```

修改 CSS 样式代码如下。

```
#header,#pagefooter,#content{
margin:0  auto;
width:760px;}
```

从 CSS 代码中可以看到，3 个 div 的宽度都设置为固定值 760 像素，并且通过设置 margin 的值来实现居中放置，即左右 margin 都设置为 auto。在 IE 浏览器中预览效果如图 17-4 所示。

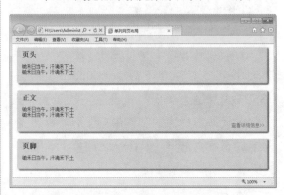

图 17-4　添加其他网页圆角框

17.1.2　网页 1-2-1 型布局模式

网页 1-2-1 型布局模式是网页制作之中最常用的一个模式，模式结构如图 17-5 所示。在布局结构中，增加了一个 "side" 栏。但是在通常状况下，两个 div 只能竖直排列。为了让 content 和 side 能够水平排列，必须把它们放到另一个 div 中，然后使用浮动或者绝对定位的方法，使 content 和 side 并列起来。

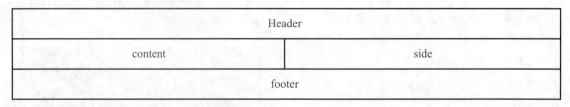

Header	
content	side
footer	

图 17-5　网页 1-2-1 型布局模式

制作网页 1-2-1 型布局的操作步骤如下。

步骤 **1**　修改网页单列布局的结果代码。这一步用上一节完成的结果作为素材，在 HTML 中把 content 部分复制出一个新的，这个新的 id 设置为 side。然后在它们的外面套一个 div，命名为"container",修改部分的框架代码如下。

```
<div id="container">
<div id="content">
<div class="rounded">
<h2>正文1</h2>
<div class="main">
<p>
锄禾日当午,汗滴禾下土<br/>
锄禾日当午,汗滴禾下土</p>
</div>
<div class="footer">
<p>
查看详细信息&gt;&gt;
</p>
</div>
</div>
</div>
<div id="side">
<div class="rounded">
<h2>正文2</h2>
<div class="main">
<p>
锄禾日当午,汗滴禾下土<br/>
锄禾日当午,汗滴禾下土</p>
</div>
<div class="footer">
<p>
查看详细信息&gt;&gt;
</p>
</div>
</div>
</div>
</div>
</div>
```

修改 CSS 样式代码如下。

```
#header,#pagefooter,#container{
margin:0  auto;
width:760px;}
#content{}
#side{}
```

从上述代码中可以看出 #container、#header、#pagefooter 并列使用相同的样式,#content、#side 的样式暂时先空着,这时的效果如图 17-6 所示。

图 17-6 修改网页单列布局样式

步骤 2 实现正文 1 与正文 2 的并列排列。这里有两种方法来实现,一种方法是使用绝对定位法来实现,具体的代码如下。

```
#header,#pagefooter,#container{
margin:0  auto;
width:760px;}
#container{
position:relative; }
#content{
position:absolute;
top:0;
left:0;
width:500px;
}
#side{
margin:0  0  0  500px;
}
```

在上述代码中,为了使 #content 能够使用绝对定位,必须考虑用哪个元素作为它的定位基准。显然应该是 container 这个 div。因此将 #contatiner 的 position 属性设置为 relative,使它成为下级元素的绝对定位基准,然后将 #content 这个 div 的 position 设置为 absolute,即绝对定位,这样它就脱离了标准流,#side 就会向上移动占据原来 #content 所在的位置。将 #content 的宽度和 #side 的左 margin 设置为相同的数值,就正好可以保证它们并列紧挨着放置,且不会相互重叠。运行结果如图 17-7 所示。

图 17-7　正文 1 与正文 2 的并列排列

图 17-8　正文 1 与正文 2 的并列排列

实现正文 1 与正文 2 的并列排列的另一种方法是，使用浮动法来实现。在 CSS 样式部分，稍作修改，加入如下样式代码。

```
#content{
float:left;
width:500px;
}
#side{
float:left;
width:260px;
}
```

运行结果如图 17-8 所示。

> **提示**　使用浮动法修改正文布局模式非常灵活，例如要使 side 从页面右边移动到左边，即交换 content 的位置，只需要稍微修改一下 CSS 代码即可，代码如下。
>
> ```
> #content{
> float:right;
> width:500px;
> }
> #side{
> float:left;
> width:260px;
> }
> ```

17.1.3　网页 1-3-1 型布局模式

网页 1-3-1 型布局模式也是网页制作之中最常用的模式，模式结构如图 17-9 所示。

Header		
left	content	side
footer		

图 17-9　网页 1-3-1 型布局模式

这里使用浮动式来排列横向并排的 3 栏，制作过程与 "1-1-1" 到 "1-2-1" 布局转换一样，只要控制好 #left、#content、#side 这 3 栏都使用浮动方式，3 列的宽度之和正好等于总宽度。具体过程不再详述，制作完之后的代码如下。

```
<!DOCTYPE html>
<html>
<head>
<title>1-3-1固定宽度布局</title>
<style type="text/css">
body {
background: #FFF;
font: 14px 宋体;
margin:0;
padding:0;
}

.rounded {
  background: url(images/left-top.gif)   top left no-repeat;
  width:100%;
  }
.rounded h2  {
  background:url(images/right-top.gif)   top right no-repeat;
  padding:20px 20px 10px;
  margin:0;
  }
.rounded .main {
  background:url(images/right.gif) top right repeat-y;
  padding:10px 20px;
  margin:-20px 0 0 0;
    }
.rounded .footer {
  background:url(images/left-bottom.gif)   bottom left no-repeat;
  }
.rounded .footer p {
  color:red;
  text-align:right;
  background:url(images/right-bottom.gif) bottom right no-repeat;
  display:block;
  padding:10px 20px 20px;
  margin:-20px 0 0 0;
  font:0/0;
  }
#header,#pagefooter,#container{
 margin:0  auto;
 width:760px;}
 #left{
     float:left;
     width:200px;
     }

#content{
     float:left;
     width:300px;
     }
#side{
```

```
        float:left;
        width:260px;
        }

#pagefooter{
    clear:both;
}
</style>
</head>
<body>
 <div id="header">
     <div class="rounded">
         <h2>页头</h2>
         <div class="main">
         <p>
         锄禾日当午，汗滴禾下土<br/>
锄禾日当午，汗滴禾下土</p>
         </div>
         <div class="footer">
         <p></p>
         </div>
     </div>
</div>

<div id="container">
<div id="left">
     <div class="rounded">
         <h2>正文</h2>
         <div class="main">
         <p>
         锄禾日当午，汗滴禾下土<br/>
         锄禾日当午，汗滴禾下土
         </p>

         </div>
         <div class="footer">
         <p>
         查看详细信息&gt;&gt;
         </p>
         </div>
     </div>
</div>
<div id="content">
     <div class="rounded">
         <h2>正文1</h2>
         <div class="main">
         <p>
```

```
         锄禾日当午，汗滴禾下土<br/>
         锄禾日当午，汗滴禾下土
         </p>

         </div>
         <div class="footer">
         <p>
         查看详细信息&gt;&gt;
         </p>
         </div>
     </div>
</div>
<div id="side">
     <div class="rounded">
         <h2>正文2</h2>
         <div class="main">
         <p>
         锄禾日当午，汗滴禾下土<br/>
         锄禾日当午，汗滴禾下土
         </p>
         </div>
         <div class="footer">
         <p>
         查看详细信息&gt;&gt;
         </p>
         </div>
     </div>
</div>
</div>
<div id="pagefooter">
     <div class="rounded">
         <h2>页脚</h2>
         <div class="main">
         <p>
         锄禾日当午，汗滴禾下土
         </p>
         </div>
         <div class="footer">
         <p>

         </p>
         </div>
     </div>
</div>
</body>
</html>
```

在 IE 浏览器中预览效果如图 17-10 所示。

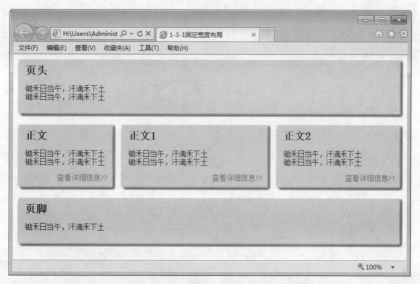

图 17-10　网页 1-3-1 型布局模式

17.2 自动缩放网页 1-2-1 型布局模式

变宽度的布局要比固定宽度的布局复杂一些，根本的原因在于宽度不确定，导致很多参数无法确定，必须使用一些技巧来完成。对于一个"1-2-1"变宽度的布局样式，会产生两种不同的情况：第一是这两列按照一定的比例同时变化；第二是一列固定，另一列变化。

17.2.1　1-2-1 等比例变宽布局

对于等比例变宽布局样式，可以在前面制作的固定宽度网页布局样式当中的"1-2-1"浮动法布局的基础上完成本案例。原来的"1-2-1"浮动布局中的宽度都是用像素数值确定的固定宽度，下面就来对它进行改造，使它能够自动调整各个模块的宽度。具体的代码如下。

```
#header,#pagefooter,#container{
margin:0  auto;
Width: 768px;                          /*删除原来的固定宽度*/
width: 85%; }                          /*改为比例宽度*/
#content{
float:right;
Width:500px;                           /*删除原来的固定宽度*/
width: 66%; }                          /*改为比例宽度*/
#side{
```

```
float:left;
width:  260px;                        /*删除原来的固定宽度*/
width:33%; }                          /*改为比例宽度*/
```

在 IE 浏览器中预览效果如图 17-11 所示。在这个页面中，网页内容的宽度为浏览器窗口宽度的 85%，页面中左侧边栏的宽度和右侧内容栏的宽度保持 1：2 的比例，可以看到无论浏览器窗口宽度如何变化，它们都等比例变化。这样就实现了各个 div 的宽度都会等比例适应浏览器窗口。

图 17-11　网页 1-2-1 布局样式

> **注意**　在实际应用中还需要注意以下两点。
> （1）确保不要使一列或多个列的宽度太大，以至于其内部的文字行宽太宽，造成阅读困难。
> （2）注意圆角框的最宽宽度的限制，这种方法制作的圆角框如果超过一定宽度就会出现裂缝。

17.2.2 1-2-1 单列变宽布局

"1-2-1" 单列变宽布局样式是常用的网页布局样式，用户可以通过 margin 属性变通地实现单列变宽布局。这里仍然在 "1-2-1" 浮动法布局的基础上进行修改，修改之后的代码如下。

```
#header,#pagefooter,#container{
margin:0  auto;
width:85%;
min-width:500px;
max-width:800px;
}
#contentWrap{
margin-left:-260px;
float:left;
width:100%;
}
#content{
margin-left:260px;
}
#side{
float:right;
width:260px;
}
#pagefooter{
clear:both;
}
```

在 IE 浏览器中预览效果如图 17-12 所示。

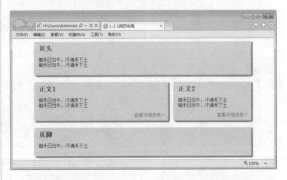

图 17-12　网页 1-2-1 单列变宽布局

17.3　自动缩放网页 1-3-1 型布局模式

"1-3-1" 布局可以产生很多不同的变化方式，例如：

☆　三列都按比例来适应宽度。

☆　一列固定，其他两列按比例适应宽度。

☆　两列固定，其他一列适应宽度。

对于后两种情况，又可以根据特殊的一列与另外两列的不同位置，产生出多种变化。

17.3.1　1-3-1 三列宽度等比例布局

对于 "1-3-1" 布局的第一种情况，即三列按固定比例伸缩适应总宽度，和前面介绍的 "1-2-1" 的布局完全一样，只要分配好每一列的百分比就可以了。这里就不再介绍具体的制作过程了。

17.3.2　1-3-1 单侧列宽度固定的变宽布局

对于一列固定、其他两列按比例适应宽度的情况，可以使用浮动方法进行制作。解决的方法同 "1-2-1" 单列固定一样，这里把活动的两个栏看成一个，在容器里面再套一个 div，即由原来的一个 wrap 变为两层，分别叫作 outerWrap 和 innerWrap。这样，outerWrap 就相当于上面 "1-2-1" 方法中的 wrap 容器。新增加的 innerWrap 是以标准流方式存在的，宽度会自然伸展，由于设置 200 像素的左侧 margin，因此它的宽度就是总宽度减去 200 像素了。innerWrap 里面的 navi 和 content 就会都以这个新宽度为宽度基准。

实现的具体代码如下。

```
<!DOCTYPE html>
<html>
<head>
<title>"1-3-1"单侧列宽度固定的变宽布局</title>
<style type="text/css">
body {
background: #FFF;
font: 14px 宋体;
margin:0;
padding:0;
}
.rounded {
  background: url(images/left-top.gif)   top left no-repeat;
  width:100%;
  }
.rounded h2 {
  background:
```

```
            url(images/right-top.gif)
    top right no-repeat;
    padding:20px 20px 10px;
    margin:0;

    }
.rounded .main {
    background:
        url(images/right.gif)
    top right repeat-y;
    padding:10px 20px;
      margin:-20px 0 0 0;
        }
.rounded .footer {
    background:
        url(images/left-bottom.gif)
    bottom left no-repeat;
    }
.rounded .footer p {
    color:red;
    text-align:right;
    background:url(images/right-bottom.
gif) bottom right no-repeat;
    display:block;
    padding:10px 20px 20px;
    margin:-20px 0 0 0;
    font:0/0;
    }
#header,#pagefooter,#container{
  margin:0 auto;
  width:85%;
    }
#outerWrap{
    float:left;
    width:100%;
    margin-left:-200px;
    }
#innerWrap{
    margin-left:200px;
    }
#left{
    float:left;
    width:40%;
    }
#content{
    float:right;
    width:59.5%;
    }
#content img{
    float:right;
    }
```

```
#side{
    float:right;
    width:200px;
    }
#pagefooter{
    clear:both;
</style>
</head>
<body>
 <div id="header">
    <div class="rounded">
        <h2>页头</h2>
        <div class="main">
        <p>
        锄禾日当午，汗滴禾下土</p>
        </div>
        <div class="footer">
        <p></p>
        </div>
    </div>
</div>
<div id="container">
<div id="outerWrap">
<div id="innerWrap">
<div id="left">
    <div class="rounded">
        <h2>正文</h2>
        <div class="main">
        <p>
            锄禾日当午，汗滴禾下土<br/>
锄禾日当午，汗滴禾下土</p>

        </div>
        <div class="footer">
        <p>
        查看详细信息&gt;&gt;
        </p>
        </div>
    </div>
</div>
<div id="content">
    <div class="rounded">
        <h2>正文1</h2>
        <div class="main">
         <p>
            锄禾日当午，汗滴禾下土</p>

        </div>
        <div class="footer">
        <p>
        查看详细信息&gt;&gt;
```

```
            </p>
         </div>
      </div>
   </div>
   </div>
   </div>
<div id="side">
      <div class="rounded">
            <h2>正文2</h2>
            <div class="main">
                <p>
                    锄禾日当午，汗滴禾下土<br/>
锄禾日当午，汗滴禾下土</p>
                </div>
                <div class="footer">
                <p>
                查看详细信息&gt;&gt;
                </p>
                </div>
        </div>
   </div>
</div>


<div id="pagefooter">
        <div class="rounded">
            <h2>页脚</h2>
            <div class="main">
                <p>
                锄禾日当午，汗滴禾下土
```

```
            </p>
         </div>
         <div class="footer">
         <p>
         </p>
         </div>
   </div>
   </div>
</body>
</html>
```

在 IE 浏览器中预览，当页面收缩时，可以看到图 17-13 所示的运行结果。

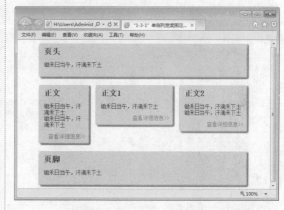

图 17-13　网页 1-3-1 单侧列宽固定的变宽布局

17.3.3　1-3-1 中间列宽度固定的变宽布局

这种布局的形式是固定列被放在中间，它的左右各有一列，并按比例适应总宽度，这是一种很少见的布局形式。实现"1-3-1"中间列宽度固定的变宽布局的代码如下。

```
<!DOCTYPE html>
<html>
<head>
<title>"1-3-1"中间列宽度固定的变宽布局</title>
<style type="text/css">
body {
background: #FFF;
font: 14px 宋体;
margin:0;
padding:0;
}

.rounded {
  background: url(images/left-top.gif)    top left no-repeat;
```

```
  width:100%;
  }
.rounded h2  {
  background:
     url(images/right-top.gif)
  top right no-repeat;
  padding:20px 20px 10px;
  margin:0;
  }
.rounded .main {
  background:
     url(images/right.gif)
  top right repeat-y;
  padding:10px 20px;
  margin:-20px 0 0 0;
      }
.rounded .footer {
  background:
     url(images/left-bottom.gif)
  bottom left no-repeat;
  }
.rounded .footer p {
  color:red;
  text-align:right;
  background:url(images/right-bottom.
gif) bottom right no-repeat;
  display:block;
  padding:10px 20px 20px;
  margin:-20px 0 0 0;
  font:0/0;
  }
#header,#pagefooter,#container{
  margin:0 auto;
  width:85%;
  }

#naviWrap{
width:50%;
float:left;
margin-left:-150px;
}

#left{
margin-left:150px;
  }

#content{
   float:left;
   width:300px;
  }
```

```
#content img{
   float:right;
   }

#sideWrap{
   width:49.9%;
   float:right;
   margin-right:-150px;


}

#side{
margin-right:150px;
   }

#pagefooter{
   clear:both;
}

</style>
</head>
<body>
 <div id="header">
    <div class="rounded">
        <h2>页头</h2>
        <div class="main">
        <p>
        锄禾日当午，汗滴禾下土</p>
        </div>
        <div class="footer">
        <p></p>
        </div>
    </div>
</div>
<div id="container">
<div id="naviWrap">
<div id="left">
    <div class="rounded">
        <h2>正文</h2>
        <div class="main">
        <p>
        锄禾日当午，汗滴禾下土</p>

        </div>
        <div class="footer">
        <p>
        查看详细信息&gt;&gt;
        </p>
        </div>
    </div>
```

```
    </div>
    </div>
<div id="content">
    <div class="rounded">
        <h2>正文1</h2>
        <div class="main">
            <p>
            锄禾日当午，汗滴禾下土</p>

        </div>
        <div class="footer">
            <p>
            查看详细信息&gt;&gt;
            </p>
            </div>
        </div>
</div>
<div id="sideWrap">
<div id="side">
    <div class="rounded">
        <h2>正文2</h2>
        <div class="main">
            <p>
            锄禾日当午，汗滴禾下土
            </p>
            </div>
            <div class="footer">
            <p>
            查看详细信息&gt;&gt;
            </p>
            </div>
        </div>
    </div>
    </div>
    </div>
<div id="pagefooter">
    <div class="rounded">
        <h2>页脚</h2>
        <div class="main">
            <p>
            锄禾日当午，汗滴禾下土
```

```
        </p>
        </div>
        <div class="footer">
        <p>
        </p>
        </div>
    </div>
</div>
</body>
</html>
```

在 IE 浏览器中预览效果如图 17-14 所示。在上述代码中，页面中间列的宽度是 300 像素，两边列等宽（不等宽的道理是一样的），即总宽度减去 300 像素后剩余宽度的 50%，制作的关键是如何实现"（100%-300px）/2"的宽度。现在需要在 left 和 side 两个 div 外面分别套一层 div，把它们"包裹"起来，依靠嵌套的两个 div，实现相对宽度和绝对宽度的结合。

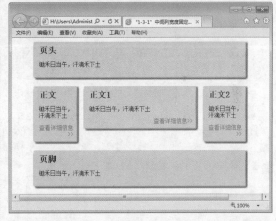

图 17-14　1-3-1 中间列宽度固定的变宽布局

17.3.4　1-3-1 双侧列宽度固定的变宽布局

3 列中的左右两列宽度固定，中间列宽度自适应变宽布局实际应用很广泛，下面还是通过浮动定位进行设计。关键思想就是把 3 列的布局看作是嵌套的两列布局，利用 margin 的负值来实现 3 列浮动。其代码如下。

```html
<!DOCTYPE html>
<html>
<head>
<title>"1-3-1"双侧列宽度固定的变宽布局</title>
<style type="text/css">
body {
background: #FFF;
font: 14px 宋体;
margin:0;
padding:0;
}
.rounded {
  background: url(images/left-top.gif)   top left no-repeat;
  width:100%;
  }
.rounded h2  {
  background:url(images/right-top.gif)   top right no-repeat;
  padding:20px 20px 10px;
  margin:0;

  }
.rounded .main {
  background: url(images/right.gif)   top right repeat-y;
  padding:10px 20px;
  margin:-20px 0  0  0;
    }
.rounded .footer {
  background:url(images/left-bottom.gif)   bottom left no-repeat;
  }
.rounded .footer p {
  color:red;
  text-align:right;
  background:url(images/right-bottom.gif) bottom right no-repeat;
  display:block;
  padding:10px 20px 20px;
  margin:-20px 0  0  0;
  font:0/0;
  }
#header,#pagefooter,#container{
 margin:0  auto;
 width:85%;
 }
#side{
    width:200px;
    float:right;
    }
#outerWrap{
    width:100%;
    float:left;
    margin-left:-200px;
}
```

```
#innerWrap{
    margin-left:200px;
    }
#left{
    width:150px;
    float:left;
}
#contentWrap{
    width:100%;
    float:right;
    margin-right:-150px;
}
#content{
    margin-right:150px;
    }
#content img{
    float:right;
    }
#pagefooter{
    clear:both;
}
</style>
</head>
<body>
 <div id="header">
    <div class="rounded">
        <h2>页头</h2>
        <div class="main">
        <p>
        锄禾日当午，汗滴禾下土</p>
        </div>
        <div class="footer">
        <p></p>
        </div>
    </div>
</div>
<div id="container">
<div id="outerWrap">
<div id="innerWrap">
<div id="left">
    <div class="rounded">
        <h2>正文</h2>
        <div class="main">
         <p>锄禾日当午，汗滴禾下土</p>

        </div>
        <div class="footer">
        <p>
        查看详细信息&gt;&gt;
        </p>
        </div>
```

```
        </div>
    </div>
    <div id="contentWrap">
    <div id="content">
        <div class="rounded">
            <h2>正文1</h2>
            <div class="main">
            <p>
            锄禾日当午，汗滴禾下土</p>

            </div>
            <div class="footer">
            <p>
            查看详细信息&gt;&gt;
            </p>
            </div>
        </div>
    </div>
    </div><!-- end of contetnwrap-->
    </div><!-- end of inwrap-->
    </div><!-- end of outwrap-->
    <div id="side">
        <div class="rounded">
            <h2>正文2</h2>
            <div class="main">
            <p>锄禾日当午，汗滴禾下土</p>
            </div>
            <div class="footer">
            <p>
            查看详细信息&gt;&gt;
            </p>
            </div>
        </div>
    </div>
    </div>
    <div id="pagefooter">
        <div class="rounded">
            <h2>页脚</h2>
            <div class="main">
            <p>
            锄禾日当午，汗滴禾下土
            </p>
            </div>
            <div class="footer">
            <p>
            </p>
            </div>
        </div>
    </div>
</body>
</html>
```

在 IE 浏览器中预览效果如图 17-15 所示。在上述代码中，先把左边和中间两列看作一组活动列，而右边的一列作为固定列，使用前面的改进浮动法就可以实现。然后，再把两列各自当作独立的列，左侧列为固定列，再次使用改进浮动法，就可以完成整个布局。

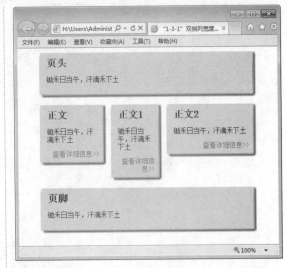

图 17-15　"1-3-1" 双侧列宽度固定的变宽布局

17.3.5　1-3-1 中列和左侧列宽度固定的变宽布局

这种布局的中间列和它左侧的列是固定宽度，右侧列宽度自适应。显然这种布局很简单，同样使用改进浮动法来实现。由于两个固定宽度列是相邻的，因此就不用使用两次改进浮动法了，只需要改进一次就可以做到。

实现 "1-3-1" 中列和左侧列宽度固定的变宽布局代码如下。

```
<!DOCTYPE html>
<html>
<head>
<title>1-3-1中列和左侧列宽度固定的变宽布局</title>
<style type="text/css">
body {
background: #FFF;
font: 14px 宋体;
margin:0;
padding:0;
}
.rounded {
  background: url(images/left-top.gif)  top left no-repeat;
  width:100%;
  }
.rounded h2 {
  background:url(images/right-top.gif)  top right no-repeat;
  padding:20px 20px 10px;
  margin:0;
  }
.rounded .main {
  background:
    url(images/right.gif)
```

```
   top right repeat-y;
   padding:10px 20px;
   margin:-20px 0 0 0;
      }
.rounded .footer {
  background:
      url(images/left-bottom.gif)
  bottom left no-repeat;
  }
.rounded .footer p {
  color:red;
  text-align:right;
  background:url(images/right-bottom.
gif) bottom right no-repeat;
  display:block;
  padding:10px 20px 20px;
  margin:-20px 0 0 0;
  font:0/0;
  }
#header,#pagefooter,#container{
 margin:0  auto;
 width:85%;
 }

#left{
     float:left;
     width:150px;
     }
#content{
     float:left;
     width:250px;
     }
#content img{
     float:right;
     }
#sideWrap{
     float:right;
     width:100%;
     margin-right:-400px;
     }
#side{
     margin-right:400px;
     }
#pagefooter{
     clear:both;
}
</style>
</head>
<body>
 <div id="header">
     <div class="rounded">
```

```
     <h2>页头</h2>
     <div class="main">
       <p>
       锄禾日当午，汗滴禾下土</p>
     </div>
     <div class="footer">
       <p></p>
     </div>
   </div>
</div>
<div id="container">
<div id="left">
    <div class="rounded">
       <h2>正文</h2>
       <div class="main">
         <p>
         锄禾日当午，汗滴禾下土</p>

       </div>
       <div class="footer">
         <p>
         查看详细信息&gt;&gt;
         </p>
       </div>
    </div>
</div>
<div id="content">
    <div class="rounded">
       <h2>正文1</h2>
       <div class="main">
              <p>
         锄禾日当午，汗滴禾下土</p>

       </div>
       <div class="footer">
         <p>
         查看详细信息&gt;&gt;
         </p>
       </div>
    </div>
</div>
<div id="sideWrap">
<div id="side">
    <div class="rounded">
       <h2>正文2</h2>
       <div class="main">
         <p>
         锄禾日当午，汗滴禾下土</p>
       </div>
       <div class="footer">
         <p>
```

```
                    查看详细信息&gt;&gt;
                    </p>
                    </div>
            </div>
</div>
</div>
</div>
<div id="pagefooter">
    <div class="rounded">
            <h2>页脚</h2>
            <div class="main">
            <p>
            锄禾日当午，汗滴禾下土
            </p>
            </div>
            <div class="footer">
            <p>
            </p>
            </div>
    </div>
</div>
</body>
</html>
```

在 IE 浏览器中预览效果如图 17-16 所示。在代码中把左侧的 left 和 content 列的宽度分别固定为 150 像素和 250 像素，右侧的

side 列宽度变化。那么 side 列的宽度就等于"100%-150px-250px"。因此根据改进浮动法，在 side 列的外面再套一个 sideWrap 列，使 sideWrap 的宽度为 100%，并通过设置负的 margin，使它向右平移 400 像素。然后再对 side 列设置正的 margin，限制右边界，这样就可以实现希望的效果了。

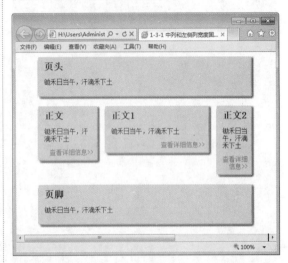

图 17-16　"1-3-1" 中列和左侧列宽度固定的变宽布局

17.4 分列布局背景色的使用

在前面的各种布局案例中，所有的例子都没有设置背景色，但是在很多页面布局中，对各列的背景色是有要求的，例如希望每一列都有各自的背景色。

17.4.1 设置固定宽度布局的列背景色

这里用 17.1 节中的 1-3-1 网页布局 .html 作为框架基础，直接修改其 CSS 样式表就可以了，具体的 CSS 代码如下。

```
body{
font:14px 宋体;
margin:0;
```

```
}
#header,#pagefooter {
background:#CF0;
width:760px;
margin:0  auto;
}
h2{
margin:0;
padding:20px;
}
p{
padding:20px;
text-indent:2em;
margin:0;
}
#container {
position: relative;
width:760px;
margin:0  auto;
background:url(images/16-7.gif);
}
#left {
width: 200px;
position: absolute;
left:0px;
top:0px;
}
```

```
#content {
right:0px;
top:0px;
margin-right:200px;
margin-left:200px;
}
#side {
width:200px;
position:absolute;
right:0px;
top:0px;
}
```

在 IE 浏览器中预览效果如图 17-17 所示。在上述代码中，left、content、side 没有使用背景色，是因为各列的背景色只能覆盖到其内容的下端，而不能使每一列的背景色都一直扩展到最下端，因为每个 div 只负责设置自己的高度，根本不管它旁边的列有多高，要使并列的各列的高度相同是很困难的，所以通过给 container 设定一个宽度为 760px 的背景，这个背景图按样式中的 left、content、side 宽度进行颜色制作，变相实现给三列加背景的功能。

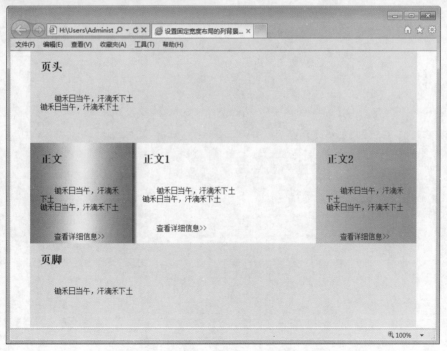

图 17-17　设置固定宽度布局的列背景色

17.4.2 设置特殊宽度变化布局的列背景色

宽度变化的布局分栏背景色因为列宽不确定，无法在图像处理软件中制作这个背景图，那么应该怎么办呢？由于这种变化组合有很多，对以下情况进行举例说明。

（1）两侧列宽度固定，中间列变化的布局。

（2）3 列的总宽度为 100%，也就是说两侧不露出 body 的背景色。

（3）中间列最高。

这种情况下，中间列的高度最高，可以设置自己的背景色，左侧可以使用 container 来设置背景图像，可以利用 body 来实现右侧栏的背景，CSS 样式代码如下。

```
body{
font:14px 宋体;
margin:0;
background-color:blue;
}
#header,#pagefooter {
background:#CF0;
width:100%;
margin:0  auto;
}
h2{
margin:0;
padding:20px;
}
p{
padding:20px;
text-indent:2em;
margin:0;
}
#container {
width:100%;
margin:0  auto;
background:url(images/background-left.gif) repeat-y top left;
position: relative;
}
#left {
width: 200px;
position: absolute;
left: 0px;
top: 0px;
}
#content {
right: 0px;
top: 0px;
margin-right: 200px;
margin-left: 200px;
background-color:#F00;
}
```

```
#side {
width: 200px;
position: absolute;
right:0px;
top:0px;
}
```

在 IE 浏览器中预览效果如图 17-18 所示。

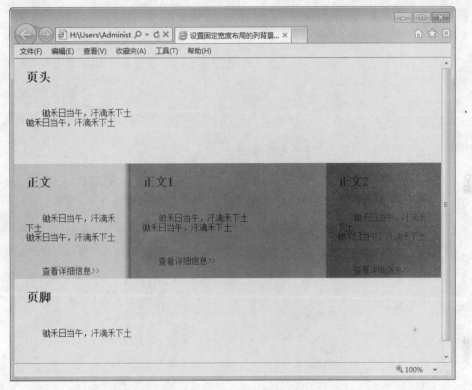

图 17-18　设置特殊宽度变化布局的列背景色

17.4.3　设置单列宽度变化布局的列背景色

上面的例子虽然实现了分栏的不同背景色，但是它的限制条件太多了。有没有更通用一些的方法呢？

仍然假设布局是中间活动，两侧列宽度固定的布局。由于container只能设置一个背景图像，因此可以在container里面再套一层div，这样两层容器就可以各设置一个背景图像，一个左对齐，一个右对齐，各自竖直方向平铺。由于左右两列都是固定宽度，因此所有图像的宽度分别等于左右两列的宽度就可以了。

```
body{
font:14px 宋体;
margin:0;
}
```

347

```
#header,#pagefooter {
background:#CF0;
width:85%;
margin:0  auto;
}
h2{
margin:0;
padding:20px;
}
p{
padding:20px;
text-indent:2em;
margin:0;
}
#container {
width:85%;
margin:0  auto;
background:url(images/background-right.gif) repeat-y top right;
position: relative;
}
#innerContainer {
background:url(images/background-left.gif) repeat-y top left;
}
#left {
width:200px;
position:absolute;
left:0px;
top:0px;
}
#content {
right:0px;
top:0px;
margin-right:200px;
margin-left:200px;
background-color:#9F0;
}
#side {
width:200px;
position:absolute;
right:0px;
top:0px;
}
```

在 IE 浏览器中预览效果如图 17-19 所示。在代码中 3 列总宽度为浏览器窗口宽度的 85%，左右列各 200 像素，中间列自适应。header、footer 和 container 的宽度改为 85%，然后在 container 里面套一个 innerContainer 层，这样用 container 设置 side 背景，innerContainer 设置 left 背景，content 设置自己的背景。

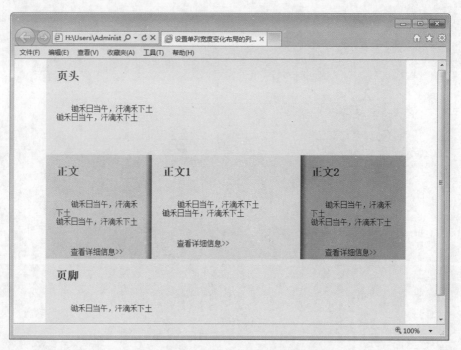

图 17-19　单列宽度变化布局的列背景色

17.4.4　设置多列等比例宽度变化布局的列背景

　　对于 3 列按比例同时变化的布局，上面的方法就无能为力了，这时仍然使用制作背景图的方法。假设 3 列按照 1 ∶ 2 ∶ 1 的比例同时变化，也就是左、中、右 3 列所占的比例分别为 25%、50% 和 25%。先制作一个足够宽的背景图像，将其按照 1 ∶ 2 ∶ 1 设置 3 列的颜色。

```
<!DOCTYPE html>
<html>
<head>
<title>设置多列等比例宽度变化布局的列背景</title>
<style type="text/css">
body{
    font:14px 宋体;
    margin:0;
    }
#header,#pagefooter {
    background:#CF0;
    width:85%;
    margin:0  auto;
    }
h2{
    margin:0;
    padding:20px;
    }
```

```
p{
    padding:20px;
    text-indent:2em;
    margin:0;
    }
#container {
    width:85%;
    margin:0  auto;
    background:url(images/16-10.gif) repeat-y  25% top;
    position:relative;
    }

#innerContainer {
    background:url(images/16-10.gif) repeat-y  75% top;
    }
#left {
    width:25%;
    position:absolute;
    left:0px;
    top:0px;
}
#content {
    right:0px;
    top:0px;
    margin-right:25%;
    margin-left:25%;
    }
#side {
    width:25%;
    position:absolute;
    right:0px;
    top:0px;
    }
</style>
</head>
<body>
  <div id="header">
          <h2>页头</h2>
          <p>
          锄禾日当午，汗滴禾下土
</div>
<div id="container">
<div id="innerContainer">
    <div id="left">
              <h2>正文</h2>
        <p>
          锄禾日当午，汗滴禾下土
          </p>
    </div>
    <div id="content">
```

```
        <h2>正文1</h2>
            <p>
        锄禾日当午，汗滴禾下土
            </p>
    </div>
    <div id="side">
        <h2>正文2</h2>
            <p>
        锄禾日当午，汗滴禾下土
            </p>
    </div>
</div>
</div>
<div id="pagefooter">
            <h2>页脚</h2>
            <p>
        锄禾日当午，汗滴禾下土
            </p>
</div>
</body>
</html>
```

在 IE 浏览器中预览效果如图 17-20 所示。

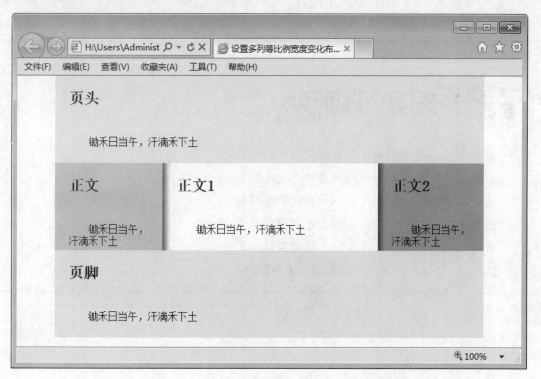

图 17-20　多列等比例宽度变化布局的列背景

17.5 大神解惑

小白：如何把 3 个 div 都紧靠页面的侧边？

大神：在实际网页制作中，经常需要解决这样的问题：如何把多个 3 个 div 都紧靠页面的左侧或者右侧呢？方法很简单，只需要修改几个 div 的 margin 值即可，具体的步骤如下。如果要使它们紧贴浏览器窗口左侧，可以将 margin 设置为 "0 auto 0 0"，即只保留右侧的一根 "弹簧"，就会把内容挤到最左边了。反之，如果要使它们紧贴浏览器窗口右侧，可以将 margin 设置为 "0 0 0 auto"，即只保留左侧的一根 "弹簧"，就会把内容挤到最右边了。

小白：自动缩放网页布局当中，网页框架百分比的关系是什么？

大神：对于 "框架中百分比的关系" 这个问题，初学者往往比较困惑，以 17.2.1 节中的布局样式做说明，container 等外层 div 的宽度设置为 85% 是相对浏览器窗口而言的比例；而后面 content 和 side 这两个内层 div 的比例是相对于外层 div 而言的。这里分别设置为 66% 和 33%，二者相加为 99%，而不是 100%，这是为了避免由于舍入误差造成总宽度大于它们的容器的宽度，而使某个 div 被挤到下一行中，如果希望设置精确，写成 100% 也可以。

17.6 跟我练练手

练习 1：制作一个 1-2-1 固定宽度布局的网页。

练习 2：制作一个 1-3-1 固定宽度布局的网页。

练习 3：制作一个 1-3-1 三列等宽比例的网页。

练习 4：制作一个 1-3-1 单侧固定宽度的网页。

练习 5：制作一个 1-3-1 中间固定宽度的网页。

练习 6：制作一个使用分列布局背景色的网页。

第18章

JavaScript 和 jQuery

　　JavaScript 作为一种可以给网页增加交互性的脚本语言，拥有近二十年的发展历史。它的简单、易学易用特性，使其立于不败之地。jQuery 是 JavaScript 的函数库，简化了 HTML 与 JavaScript 之间复杂的处理程序，同时解决了跨浏览器的问题。

● **本章要点（已掌握的在方框中打钩）**

- ☐ 了解 JavaScript 的基本概念
- ☐ 掌握在 HTML5 网页中添加 JavaScript 代码的方法
- ☐ 熟悉函数的基本概念
- ☐ 掌握函数的使用方法
- ☐ 掌握事件的使用方法
- ☐ 熟悉 jQuery 的基本概念
- ☐ 掌握 jQuery 的配置方法
- ☐ 掌握 jQuery 选择器的使用方法

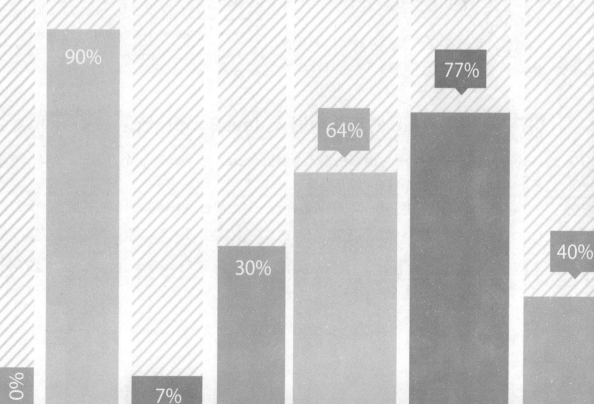

18.1 认识 JavaScript

JavaScript 是一种客户端的脚本程序语言，用于 HTML 网页制作，主要作用是为 HTML 网页增加动态效果。

18.1.1 什么是 JavaScript

JavaScript 最初由网景公司的 Brendan Eich 设计，是一种动态、弱类型、基于原型的语言，内置支持类。经过近二十年的发展，它已经成为健壮的基于对象和事件驱动并具有相对安全性的客户端脚本语言。同时也是一种广泛用于客户端 Web 开发的脚本语言，常用来给 HTML 网页添加动态功能，比如响应用户的各种操作。

JavaScript 可以弥补 HTML 的缺陷，实现 Web 页面客户端动态效果，其主要作用如下。

（1）动态改变网页内容。HTML 是静态的，一旦编写，内容是无法改变的。JavaScript 能弥补这种不足，可以将内容动态地显示在网页中。

（2）动态改变网页的外观。JavaScript 通过修改网页元素的 CSS 样式，达到动态地改变网页的外观。例如，修改文本的颜色、大小等属性，图片的位置动态地改变等。

（3）验证表单数据。为了提高网页的运行效率，用户在填写表单时，可以在客户端对数据进行合法性验证，验证成功之后才能提交到服务器上，进而减少服务器的负担和网络带宽的压力。

（4）响应事件。JavaScript 是基于事件的语言，因此可以响应用户或浏览器产生的事件。只有事件产生时才会执行某段 JavaScript 代码，如当用户单击计算按键时，程序才显示运行结果。

> **提示** 几乎所有浏览器都支持 JavaScript，如 Internet Explorer（IE）、Firefox、Netscape、Mozilla、Opera 等。

18.1.2 在 HTML 网页头中嵌入 JavaScript 代码

JavaScript 脚本一般放在 HTML 网页头部的 <head> 与 </head> 标记对之间。这样，不会因为 JavaScript 影响整个网页的显示结果。

在 HTML 网页头部的 <head> 与 </head> 标记对之间嵌入 JavaScript 的格式如下。

```
<html>
<head>
<title>在HTML网页头中嵌入JavaScript代码<title>
<script language="JavaScript">
<!--
...
```

```
JavaScript脚本内容
…
//-->
</script>
</head>
<body>
…
</body>
</html>
```

在 <script> 与 </script> 标记中添加相应的 JavaScript 脚本,这样就可以直接在 HTML 文件中调用 JavaScript 代码,以实现相应的效果。

【例 18.1】在 HTML 网页头中嵌入 JavaScript 代码。(实例文件:ch18\18.1.html)

```
<!DOCTYPE html>
<html>
<head>
  <script language="JavaScript">
        document.write("欢迎来到JavaScript动态世界");
  </script>
</head>
<body>
  <p>学习JavaScript!!!
</body>
</html>
```

该实例的功能是在 HTML 文档里输出一个字符串,即"欢迎来到JavaScript动态世界"。在 IE 浏览器中预览效果如图 18-1 所示,可以看到网页输出了两句话,其中第一句就是 JavaScript 输出的语句。

> **提示** 在 JavaScript 的语法中,分号";"是 JavaScript 程序作为一个语句结束的标识符。

图 18-1 嵌入 JavaScript 代码

18.2 JavaScript 对象与函数

下面介绍 JavaScript 对象与函数的使用方法。

18.2.1 认识对象

在 JavaScript 中，对象包括内置对象、自定义对象等多种类型，使用这些对象可大大简化 JavaScript 程序的设计，并提供直观、模块化的方式进行脚本程序开发。

对象（object）是一件事、一个实体、一个名词，可以获得的东西，可以想象为有自己的标识的任何东西。

凡是能够提取一定度量数据，并能通过某种方式对度量数据实施操作的客观存在都可以构成一个对象。同时可以用属性来描述对象的状态、使用方法和事件来处理对象的各种行为。

（1）属性：用来描述对象的状态，通过定义属性值来定义对象的状态。

（2）方法：针对对象行为的复杂性，对象的某些行为可以用通用的代码来处理，这些代码就是方法。

（3）事件：由于对象行为的复杂性，对象的某些行为不能使用通用的代码来处理，需要用户根据实际情况来编写处理该行为的代码，该代码称为事件。

JavaScript 中常见内部对象如表 18-1 所示。

表 18-1　JavaScript 常见内部对象

对象名	功　　能	静态动态性
Object	使用该对象可以在程序运行时为 JavaScript 对象随意添加属性	动态对象
String	用于处理或格式化文本字符串以及确定和定位字符串中的子字符串	动态对象
Date	使用 Date 对象执行各种日期和时间的操作	动态对象
Event	用来表示 JavaScript 的事件	静态对象
FileSystemObiect	主要用于实现文件操作功能	动态对象
Drive	主要用于收集系统中的物理或逻辑驱动器资源中的内容	动态对象
File	用于获取服务器端指定文件的相关属性	静态对象
Folder	用于获取服务器端指定文件夹的相关属性	静态对象

18.2.2 认识函数

所谓函数，是指在程序设计中，可以将一段经常使用的代码"封装"起来，在需要时直接调用，这种"封装"叫函数。JavaScript 中可以使用函数来响应网页中的事件。

使用函数前，必须先定义函数，定义函数使用关键字 function。定义函数的语法格式如下。

```
function 函数名([参数1,参数2…]){
    //函数体语句
[return 表达式]
}
```

上述参数的含义如下。

（1）function 为关键字，在此用来定义函数。

（2）函数名必须是唯一的，要通俗易懂，最好能见名知意。

（3）"[ ]"括起来的是可选部分，可有可无。

（4）可以使用 return 语句将值返回。

（5）参数是可选的，可以不带参数，也可以带多个参数，多个参数之间用逗号隔开。即使不带参数也要在方法名后加一对圆括号。

【例 18.2】计算一元二次方程式。（实例文件：ch18\18.2.html）

编写函数 calcF，实现输入一个值，计算其一元二次方程式的结果。方程式为 $f(x) = 4x^2+3x+2$，单击"计算"按钮，使用户通过提示对话框输入 x 的值，在对话框中显示相应的计算结果。具体操作步骤如下。

步骤 1 创建 HTML 文档，结构如下。

```
<!DOCTYPE html>
<html>
<head>
<title>计算一元二次方程函数</title>
</head>
<body>
  <input type="button"value="计  算">
</body>
</html>
```

步骤 2 在 HTML 文档的 head 部分，增加如下 JavaScript 代码。

```
<script type="text/JavaScript">
function calcF(x){
var result;                              // 声明变量，存储计算结果
result=4*x*x+3*x+2;                       // 计算一元二次方程值
alert("计算结果："+result);                // 输出运算结果
}
</script>
```

步骤 3 为"计算"按钮添加单击（onclick）事件，调用计算（calcF）函数。将 HTML 文件中的 <input type="button" value=" 计 算 "> 这一行代码修改为如下代码。

```
<input type="button"value="计  算"onClick="calcF(prompt('请输入一个数值：'))">
```

本例主要用到了参数，增加了参数之后，就可以计算任意数的一元二次方程值。试想，如果没有该参数，函数的功能将会非常单一。prompt 方法是系统内置的一个调用输入对话框

的方法，该方法可以带参数，也可以不带参数。

步骤 4 运行代码即可显示出图 18-2 所示的页面效果。

图 18-2 加载网页效果

步骤 5 单击"计算"按钮，弹出一个信息提示框，在其中输入一个数值，如图 18-3 所示。

步骤 6 单击"确定"按钮，即可得出计算结果。如图 18-4 所示。

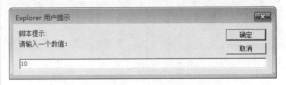

图 18-3 输入数值

图 18-4 显示计算结果

18.3 JavaScript 事件

JavaScript 是基于对象（Object-based）的语言，其最基本的特征就是采用事件驱动，使得在图形界面环境下的一切操作变得简单化。通常鼠标或热键的动作称为事件。由鼠标或热键引发的一连串程序动作，称为事件驱动，而对事件进行处理的程序或函数，称为事件处理程序。

18.3.1 事件与事件处理概述

事件由浏览器动作（如浏览器载入文档）或用户动作（诸如敲击键盘、滚动鼠标等）触发，而事件处理程序则说明一个对象如何响应事件。在早期支持 JavaScript 脚本的浏览器中，事件处理程序是作为 HTML 标记的附加属性加以定义的，其形式如下。

```
<input type="button"name="MyButton"value="Test Event"onclick="MyEvent()">
```

大部分事件的命名都是描述性的，如 click、submit、mouseover 等，通过其名称就可以知道其含义。但是也有少数事件的名字不易理解，如 blur 在英文中的含义是模糊的，而在这里表示的是一个域或者一个表单失去焦点。在一般情况下，在事件名称之前添加前缀，如对于 click 事件，其处理器名为 onclick。

事件不仅仅局限于鼠标和键盘操作，也包括浏览器的状态的改变，如绝大部分浏览器支持类似 resize 和 load 这样的事件等。load 事件在浏览器载入文档时被触发，如果某事件要在文档载入时被触发，一般应该在 <body> 标记中加入语句"onload="MyFunction()""；而 resize 事件在用户改变浏览器窗口的大小时触发，当用户改变窗口大小时，有时需要改变文档页面的内容布局，从而使其以恰当、友好的方式显示给用户。

事件模型中引入 Event 对象，它包含其他对象使用的常量和方法的集合。当事件发生后，产生临时的 Event 对象实例，而且还附带当前事件的信息，如鼠标定位、事件类型等，然后将其传递给相关的事件处理器进行处理。待事件处理完毕后，该临时 Event 对象实例所占据的内存空间被释放，浏览器等待其他事件出现并进行处理。如果短时间内发生的事件较多，浏览器按事件发生的顺序将这些事件排序，然后按照排好的顺序依次执行这些事件。

事件可以发生在很多场合，包括浏览器本身的状态和页面中的按钮、链接、图片、层等。同时根据 DOM 模型，文本也可以作为对象，并响应相关的动作，如点击鼠标、文本被选择等。事件的处理方法甚至于结果同浏览器的环境都有很大的关系，浏览器的版本越新，所支持的事件处理器就越多，支持也就越完善。所以在编写 JavaScript 脚本时，要充分考虑浏览器的兼容性，才可以编写出合适多数浏览器的安全脚本。

18.3.2　JavaScript 的常用事件

JavaScript 的常用事件如表 18-2 所示。

表 18-2　JavaScript 的常用事件

事　件	说　明
onmousedown	按下鼠标时触发此事件
onclick	鼠标单击时触发此事件
onmouseover	鼠标指针移到目标的上方触发此事件
onmouseout	鼠标指针移出目标的上方触发此事件
onload	网页载入时触发此事件
onunload	离开网页时触发此事件
onfocus	网页上的元素获得焦点时产生该事件
onmove	浏览器的窗口被移动时触发的事件
onresize	当浏览器的窗口大小被改变时触发的事件
onScroll	浏览器的滚动条位置发生变化时触发的事件
onsubmit	提交表单时产生该事件

例如下面以鼠标的 onclick 事件为例进行讲解。

【例 18.3】通过按钮变换背景颜色。（实例文件：ch18\18.3.html）

```
<!DOCTYPE html>
<html>
<head>
<title>通过按钮变换背景颜色</title>
</head>
<body>
<script language="JavaScript">
var Arraycolor=new Array("olive","teal","red","blue","maroon","navy","lime",
"fuschia","green","purple","gray","yellow","aqua","white","silver");
var n=0;
function turncolors(){
    if (n==(Arraycolor.length-1)) n=0;
    n++;
    document.bgColor=Arraycolor[n];
}
</script>
<form name="form1"method="post"action="">
<p>
    <input type="button"name="Submit"value="变换背景"onclick="turncolors()">
</p>
  <p>用按钮随意变换背景颜色.</p>
</form>
</body>
</html>
```

运行上述代码，预览效果如图 18-5 所示，单击"变换背景"按钮，就可以动态地改变页面的背景颜色。当用户再次单击按钮时，页面背景将以不同的颜色进行显示，如图 18-6 所示。

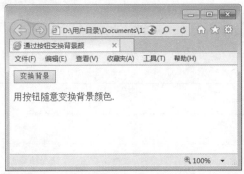

图 18-5　预览效果

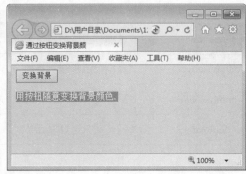

图 18-6　改变背景颜色

18.4　认识 jQuery

jQuery 是一套开放原始代码的 JavaScript 函数库，它的核心理念是写得更少，做得更多。如今，jQuery 已经成为最流行的 JavaScript 函数库。

18.4.1 jQuery 能做什么

最开始时，jQuery 所提供的功能非常有限，仅仅能增强 CSS 的选择器功能，而如今 jQuery 已经发展到集 JavaScript、CSS、DOM 和 Ajax 于一体的优秀框架，其模块化的使用方式使开发者可以很轻松地开发出功能强大的静态或动态网页。目前，很多网站的动态效果就是利用 jQuery 脚本库制作出来的，如中国网络电视台、CCTV、京东商城等。

下面来介绍京东商城应用的 jQuery 效果。访问京东商城的首页时，在右侧有一个话费、旅行、彩票、游戏栏目，这里应用 jQuery 实现了标签页的效果。将鼠标指针移动到"话费"栏目上，标签页中将显示手机话费充值的相关内容，如图 18-7 所示；将鼠标指针移动到"游戏"栏目上，标签页中将显示游戏充值的相关内容，如图 18-8

所示。

图 18-7 话费栏目

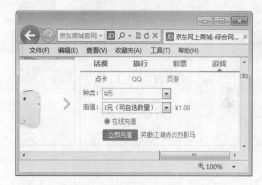

图 18-8 游戏栏目

18.4.2 jQuery 的配置

要想在开发网站的过程中应用 jQuery 库，需要配置它。jQuery 是一个开源的脚本库，可以从其官方网站（http://jquery.com）下载。将 jQuery 库下载到本地计算机后，还需要在项目中配置 jQuery 库，即将下载的后缀名为 .js 的文件放置到项目的指定文件夹中。通常放置在 JS 文件夹中，然后根据需要应用到 jQuery 的页面中，使用下面的语句，将其引用到文件中。

```
<script src="jquery.min.js" type="text/JavaScript"></script>
```

或

```
<script Language="JavaScript"src="jquery.min.js"></script>
```

> **注意** 引用 jQuery 的 <script> 标记，必须放在所有的自定义脚本的 <script> 之前，否则在自定义的脚本代码中应用不到 jQuery 脚本库。

18.5 jQuery 选择器

在 JavaScript 中，要想获取元素的 DOM 元素，必须使用该元素的 ID 和 TagName，但是在 jQuery 库中却提供了许多功能强大的选择器帮助开发人员获取页面上的 DOM 元素，而且获取的每个对象都以 jQuery 包装集的形式返回。

18.5.1 jQuery 的工厂函数

"$" 是 jQuery 中最常用的一个符号，用于声明 jQuery 对象。可以说，在 jQuery 中，无论使用哪种类型的选择器都需要从一个 "$" 符号和一对 "()" 开始。在 "()" 中通常使用字符串参数，参数中可以包含任何 CSS 选择符表达式。其通用语法格式如下。

```
$(selector)
```

$ 常用的用法有以下几种。

（1）在参数中使用标记名，例如：$("div")，用于获取文档中全部的 \<div>。

（2）在参数中使用 ID，例如：$("#usename")，用于获取文档中 ID 属性值为 usename 的一个元素。

（3）在参数中使用 CSS 类名，例如：$(".btn_grey")，用于获取文档中使用 CSS 类名为 btn_grey 的所有元素。

【例 18.4】选择文本段落中的奇数行。（实例文件：ch18\18.4.html）

```html
<!DOCTYPE html>
<html>
<head>
<title>$符号的应用</title>
<script language="JavaScript"src="jquery-1.11.0.min.js"></script>
<script language="JavaScript">
window.onload=function(){
    var oElements=$("p:odd");                    //选择匹配元素
    for(var i=0;i<oElements.length;i++)
        oElements[i].innerHTML=i.toString();
}
</script>
</head>
<body>
<div id="body">
<p>第一行</p>
<p>第二行</p>
<p>第三行</p>
<p>第四行</p>
```

```
<p>第五行</p>
</div>
</body>
</html>
```

运行结果如图 18-9 所示。

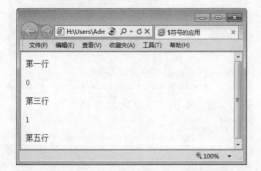

图 18-9 "$" 符号的应用

18.5.2 常见选择器

在 jQuery 中，常见的选择器如下。

 基本选择器

jQuery 的基本选择器是应用最广泛的选择器，它是其他类型选择器的基础，是 jQuery 选择器中最为重要的部分。jQuery 的基本选择器包括 ID 选择器、元素选择器、类别选择器、复合选择器等。

 层级选择器

层级选择器是根据 DOM 元素之间的层次关系来获取特定的元素，例如后代元素、子元素、相邻元素和兄弟元素等。

 过滤选择器

jQuery 过滤选择器主要包括简单过滤器、内容过滤器、可见性过滤器、表单对象的属性选择器和子元素选择器等。

 属性选择器

属性选择器是通过元素的属性作为过滤条件来进行筛选对象的选择器，常见的属性选择器主要有 [attribute]、[attribute=value]、[attribute!=value]、[attribute$=value] 等。

5. 表单选择器

表单选择器用于选取经常在表单内出现的元素，不过，选取的元素并不一定在表单之中。jQuery 提供的表单选择器主要包括 :input 选择器、:text 选择器、: password 选择器、:radio 选择器、: checkbox 选择器、:submit 选择器、:reset 选择器、:button 选择器、:image 选择器、:file 选择器。

下面以表单选择器为例进行讲解使用选择器的方法。

【例 18.5】为类型为 file 的所有 <input> 元素添加背景色。(实例文件：ch18\18.5.html)

```
<!DOCTYPE html>
<html>
<head>
<script type="text/JavaScript"src="jquery-1.11.0.min.js"></script>
<script type="text/JavaScript">
$(document).ready(function(){
    $(":file").css("background-color","#B2E0FF");
});
</script>
</head>
<body>
<form action="">
```

```
姓名: <input type="text"name="姓名"/>
<br/>
密码: <input type="password"name="密码"/>
<br/>
<button type="button">按钮1</button>
<input type="button"value="按钮2"/>
<br/>
<input type="reset"value="重置"/>
<input type="submit"value="提交"/>
<br/>
文件域: <input type="file">
</form>
</body>
</html>
```

运行结果如图 18-10 所示，可以看到网页中表单类型为 file 的元素被添加上背景色。

图 18-10　表单选择器的应用

18.6　大神解惑

小白：JavaScript 支持的对象主要包括哪些？

大神：JavaScript 支持的对象主要包括以下几种。

（1）JavaScript 核心对象：包括同基本数据类型相关的对象（如 String、Boolean、Number）、允许创建用户自定义和组合类型的对象（如 Object、Array）和其他能简化 JavaScript 操作的对象（如 Math、Date、RegExp、Function）。

（2）浏览器对象：包括不属于 JavaScript 语言本身但被绝大多数浏览器所支持的对象，如控制浏览器窗口和用户交互界面的 Window 对象、提供客户端浏览器配置信息的 Navigator 对象。

（3）用户自定义对象：Web 应用程序开发者用于完成特定任务而创建的自定义对象，可自由设计对象的属性、方法和事件处理程序，编程灵活性较大。

（4）文本对象：由文本域构成的对象，在 DOM 中定义，同时赋予很多特定的处理方法，如 insertData()、appendData() 等。

小白：如何检查浏览器的版本？

大神：使用 JavaScript 代码可以轻松地实现检查浏览器的版本，具体代码如下。

```
<script type="text/JavaScript">
var browser=navigator.appName
var b_version=navigator.appVersion
var version=parseFloat(b_version)
document.write("浏览器名称: "+ browser)
document.write("<br/>")
```

```
document.write("浏览器版本: "+ version)
</script>
```

18.7　跟我练练手

练习 1：制作一个包含弹出欢迎对话框的网页。

练习 2：制作一个包含函数的网页。

练习 3：制作一个使用事件的网页。

练习 4：制作一个引用 jQuery 函数库的网页。

练习 5：制作一个包含 jQuery 选择器的网页。

第19章 经典的网页动态特效案例

网页吸引人之处，莫过于具有动态效果。利用 CSS 可以轻易实现超链接的动态效果，不过利用 CSS 能实现的动态效果非常有限。在网页设计中，还可以将 CSS 与 JavaScript 结合创建出具有动态效果的页面。本章将讲述最经典的一些网页特效案例，通过本章的学习，读者可以举一反三，制作出各种绚丽多彩的网页特效。

● **本章要点（已掌握的在方框中打钩）**

☐ 掌握制作文字特效的方法
☐ 掌握制作图片特效的方法
☐ 掌握制作网页菜单特效的方法
☐ 掌握制作鼠标特效的方法
☐ 掌握制作时间特效的方法
☐ 掌握制作页面特效的方法

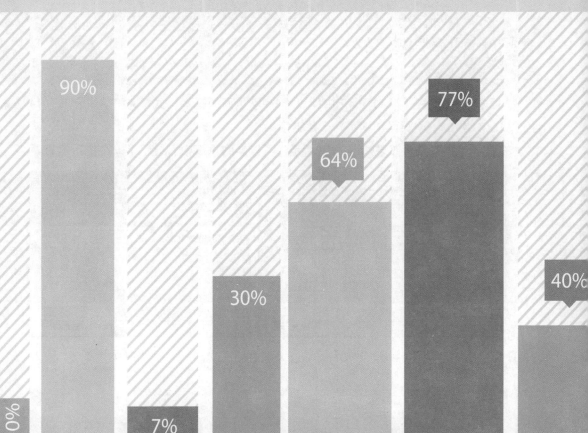

19.1 文字特效

文字是网页的灵魂，没有文字的网页，不管特效多么绚丽多彩，必定没有任何实际意义。文字特效始终是网页设计追求的目标，使用 JavaScript 可以实现多种网页文字动态特效。

19.1.1 打字效果的文字

文字的打字效果可用 JavaScript 脚本程序实现，将预先设置好的文字逐一在页面上显示出来。具体步骤如下。

步骤 1 分析需求。

如果要在网页实现打字效果，需要创建一个预先设置好的文字，作为输出信息。该实例完成后的效果如图 19-1 所示。

步骤 2 创建 HTML 页面，设置页面基本样式。

```
<!DOCTYPE html>
<html>
<head>
<title>打字效果的文字</title>
<style type="text/css">
body{font-size:14px;font-weight:bold;}
</style>
</head>
<body>
白色水心最新微博信息: <a id="HotNews"href=""target="_blank"></a>
</body>
</html>
```

上面的代码中，在 <head> 标记中间设置 body 页面的基本样式，例如字体大小为 14 像素，字形加粗，并在 body 页面创建了一个超链接。

在 IE 浏览器中预览效果如图 19-2 所示，可以看到页面中只显示了一个提示信息。

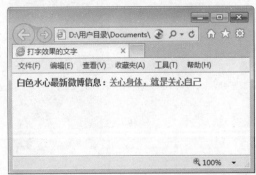

图 19-1　打字效果

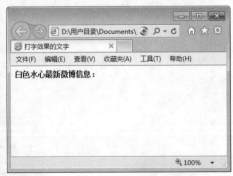

图 19-2　页面提示信息

步骤 **3** 添加 JavaScript 代码，实现打字特效。

```
<script language="JavaScript">
<!--
var NewsTime=2000;                              //每条微博的停留时间
var TextTime=50;                                //微博文字出现等待时间，越小越快
var newsi=0;
var txti=0;
var txttimer;
var newstimer;
var newstitle=new Array();                      //微博标题
var newshref=new Array();                        //微博链接
newstitle[0]="健康是身体的本钱";
newshref[0]="#";
newstitle[1]="关心身体，就是关心自己";
newshref[1]="#";
newstitle[2]="去西藏旅游了";
newshref[2]="#";
newstitle[3]="大雨倾盆，很大呀";
newshref[3]="#";
function shownew()
{
  var endstr="_"
  hwnewstr=newstitle[newsi];
  newslink=newshref[newsi];
  if(txti==(hwnewstr.length-1)){endstr="";}
  if(txti>=hwnewstr.length){
    clearInterval(txttimer);
    clearInterval(newstimer);
    newsi++;
    if(newsi>=newstitle.length){
      newsi=0
    }
    newstimer=setInterval("shownew()",NewsTime);
    txti=0;
    return;
  }
  clearInterval(txttimer);
  document.getElementById("HotNews").href=newslink;
  document.getElementById("HotNews").innerHTML=hwnewstr.substring(0,txti+1)+
  endstr;
  txti++;
  txttimer=setInterval("shownew()",TextTime);
}
shownew();
//-->
</script>
```

上面的 JavaScript 代码中，主要调用 shownew() 函数完成打字效果。在 JavaScript 代码的开始部分，定义了多个变量，其中数组对象 newstitle 用于存放文本标题。下面创建了

shownew() 函数，并在函数中通过变量和条件获取要显示的文字，通过 "setInterval("shownew()",NewsTime)" 语句输出文字内容。代码最后使用 shownew() 语句循环执行该函数中的输出信息。

在 IE 浏览器中预览效果如图 19-3 所示，可以看到页面中每隔一定时间，会在提示信息后，逐个打出单个文字，字体颜色为蓝色。

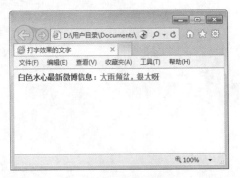

图 19-3　实现打字效果

19.1.2 文字升降特效

有的网页为了加大广告宣传力度，往往在网页上设置一个自动升降的文字，用于吸引人们的注意力。当单击这个升降文字后，会自动跳转到宣传页面。本实例将使用 JavaScript 和 CSS 实现文字升降效果。具体步骤如下。

步骤 1　分析需求。

如果要实现文字升降，须指定文字内容和文字升降范围，即为文字在 HTML 页面指定一个层，用于升降文字。实例完成后，效果如图 19-4 所示。

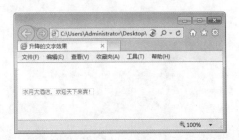

图 19-4　文字升降效果

步骤 2　创建 HTML 页面，构建升降 div 层。

```
<!DOCTYPE html>
<html>
<head>
<title>升降的文字效果</title>
</head>
<body>
<div id="napis"style="position: absolute;top: -50;color: #000000;font-family:
宋体;font-size:9pt;border:1px #ddeecc solid">
<a href=""style="font-size:12px;text-decoration:none;">
水月大酒店，欢迎天下来宾！
</a></div>
<script language="JavaScript">
<!--
setTimeout('start()',20);
//-->
</script>
</body>
</html>
```

上面的代码创建了一个 div 层，用于存放升降的文字，层的 id 名称是 napis，并在层的 style 属性中定义了层的显示样式，如字体大小、带有边框、字形等。在 div 层中，创建了一

个超链接，并设定了超链接的样式。其中的
script 代码，用于定时调用 start 函数。

在 IE 浏览器中预览效果如图 19-5 所示。

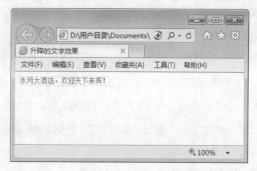

图 19-5 文字页面

步骤 3 添加 JavaScript 代码，实现文字升降。

```
<script language="JavaScript">
<!--
done=0;
step=4
function anim(yp,yk)
{
if(document.layers) document.layers["napis"].top=yp;
else document.all["napis"].style.top=yp;
if(yp>yk) step=-4
if(yp<60) step=4
setTimeout('anim('+(yp+step)+','+yk+')', 35);
}function start()
{
if(done) return
done1;
if(navigator.appName="Netscape") {
var nap=document.getElementById("napis");
nap.left=innerWidth/2  - 145;
anim(60,innerHeight - 60)
}
else {
napis.style.left=11;
anim(60,document.body.offsetHeight - 60)
}}//-->
</script>
```

上面的代码创建了函数 anim() 和 start()，
其中，anim() 函数用于设定每次升降的数值，
start() 函数用于设定每次开始的升降坐标。
在 IE 浏览器中预览效果如图 19-6 所示，可
以看到页面中的超链接自动上下移动。

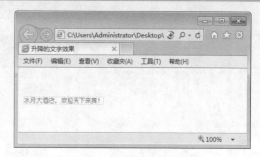

图 19-6 上下移动效果

19.1.3 跑马灯效果

网页中有一种特效称为跑马灯，即文字从左到右自动输出，和晚上写字楼的广告霓虹灯非常相似。在网页中，如果 CSS 样式设计得非常完美，就能得到更加亮丽的网页效果。具体步骤如下。

步骤 1 分析需求。

完成跑马灯效果，需要使用 JavaScript 语言设置文字内容、移动速度和相应的输入框，使用 CSS 设置显示的文字样式。输入框用来显示水平移动文字。实例完成后，效果如图 19-7 所示。

步骤 2 创建 HTML 页面，实现输入表单。

```html
<!DOCTYPE html>
<html>
<head>
<title>跑马灯</title>
</head>
<body onLoad="LenScroll()">
<center>
<form name="nextForm">
<input type=text name="lenText">
</form>
</center>
</body>
```

上面的代码非常简单，创建了一个表单，其中存放了一个文本域，用于显示移动文字。

在 IE 浏览器中预览效果如图 19-8 所示，可以看到页面中只是存在一个文本域，没有其他显示信息。

步骤 3 添加 JavaScript 代码，实现文字移动。

```javascript
<script language="JavaScript">
var msg="品味中原文化，寄情黄河风景";          //移动文字
var interval=400;                              //移动速度
var seq=0;

function LenScroll() {
  document.nextForm.lenText.value=msg.substring(seq, msg.length) +"  "+ msg;
  seq++;
  if ( seq> msg.length )
    seq=0;
  window.setTimeout("LenScroll();", interval);
}
</script>
```

上面的代码中，创建了一个变量 msg 用于定义移动的文字内容，变量 interval 用于定义文字移动速度，LenScroll() 函数用于在表单输入框中显示移动信息。

在 IE 浏览器中预览效果如图 19-9 所示，可以看到输入框中显示了移动信息，并且从右向左移动。

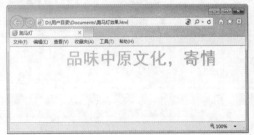

图 19-7　跑马灯效果

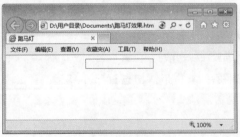

图 19-8　实现基本表单

步骤　4　添加 CSS 代码，修饰输入框和页面。

```
<style type="text/css">
<!--
body{
  background-color:#FFFFFF;                          /* 页面背景色 */
}
input{
  background:transparent;                            /* 输入框背景透明 */
  border:none;                                       /* 无边框 */
  color:#ffb400;
  font-size:45px;
  font-weight:bold;
  font-family:黑体;
}--></style>
```

上面的代码设置了页面背景颜色为白色，在 input 标记选择器中，定义了边框背景为透明，无边框，字体颜色为黄色，大小为 45 像素，加粗并黑体显示。在 IE 浏览器中预览效果如图 19-10 所示，可以看到页面中相较原来页面字体变大，颜色为黄色，没有输入框显示。

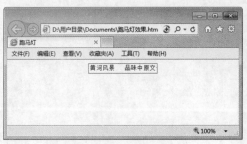

图 19-9　实现移动效果

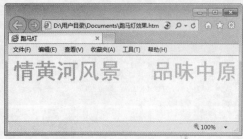

图 19-10　网页最终效果

19.2　图片特效

图片是网页中比较重要的元素，使用 JavaScript 向网页中添加图片特效，在一定程度上加强了网页的动态效果，使网页更具趣味性、灵活性。

19.2.1　闪烁图片

图片闪烁是常用的一种特效，用 JavaScript 实现起来非常简单。这里需要注意时间间隔这个参数，数值越大闪烁越不连续，数值越小闪烁越厉害，可以多更改这个值，直到取得满意的效果。具体步骤如下。

步骤　1　分析需求。

将图片放在一个 div 层上，设定图片为可见的，然后使用 JavaScript 程序代码设置 div 层的显示和隐藏，这样就达到了图片的闪烁效果。实例完成后，效果如图 19-11 所示。

图 19-11　图片闪烁效果

步骤 2 创建 HTML 页面，构建 div 层。

```
<!DOCTYPE html>
<html>
<head>
<title>闪烁图片</title>
</head>
<body onload="socceronload()"topmargin="0">
<div id="soccer"style="position:absolute; left:150; top:0">
<a href="">
<img src="feng.jpg"border="0"></a>
</div>
</body>
</html>
```

上面的代码中，创建了一个层，其 id 名称为 soccer，样式为绝对定位，坐标位置为（150，0）。然后在层中创建了一张图片，不带边框。

在 IE 浏览器中预览效果如图 19-12 所示，可以看到显示了一张图片，不具有闪烁效果。

图 19-12　没有闪烁的图片

步骤 3 添加 JavaScript 代码，实现图片闪烁。

```
<script language="JavaScript">
var msecs=500;                              //改变数值得到不同的闪烁间隔
var counter=0;
function soccerOnload() {
setTimeout("blink()", msecs);
}
function blink() {
soccer.style.visibility=
(soccer.style.visibility="hidden") ?"visible":"hidden";
counter +=1;
setTimeout("blink()", msecs);
}
</script>
```

　　在 JavaScript 代码中，创建变量 msecs 用于定义闪烁时间间隔，创建变量 counter 用于计数。

在函数 soccerOnload() 中设定每隔指定时间图片闪烁一次，函数 blink() 用于设定图片显示，即层是隐藏还是可见。

　　在 IE 浏览器中预览效果如图 19-13 所示，可以看到显示了一张图片，在指定时间内闪烁。

图 19-13　网页最终效果

19.2.2 左右移动的图片

　　在广告栏内，经常会存在从右到左移动或者从左到右移动的一张或者多张图片。这样不但能增加页面效果，也获取了经济利益。本实例将使用 JavaScript 和 CSS 创建一张左右移动的图片。具体步骤如下。

步骤 1 分析需求。

　　实现左右移动的图片，需要在页面上定义一张图片，然后利用 JavaScript 程序代码获取图片对象，并使其在一定范围内，即水平方向上自由移动。实例完成后，效果如图 19-14 所示。

图 19-14　图片左右移动效果

步骤 2 创建 HTML 页面，导入图片。

```
<!DOCTYPE html>
<html>
<head>
<title>左右移动图片</title>
</head>
<body>
<img src="feng.jpg"name="picture"
style="position: absolute; top: 70px; left: 30px;"border="0"width="140"
height="40">
<script language="JavaScript"><!--
setTimeout("moveLR('picture',300,1)",10);
//--></script>
</body>
</html>
```

上面的代码中，定义了一张图片，图片是绝对定位，左边位置为（70,30），无边框，宽度为 140 像素，高度为 40 像素。在 script 标记中，使用 setTimeout 方法定时移动图片。

在 IE 浏览器中预览效果如图 19-15 所示，可以看到网页上显示了一张图片。

图 19-15　图片显示

步骤 3 加入 JavaScript 代码，实现图片左右移动。

```
<script language="JavaScript"><!--
step=0;
obj=new Image();
function anim(xp,xk,smer)                              //smer=direction
{
obj.style.left=x;
x +=step*smer;
if (x>=(xk+xp)/2) {
if (smer==1) step--;
else step++;
}
else {
if (smer==1) step++;
else step--;
}
if (x>=xk) {
x=xk;
smer=-1;
```

```
}
if (x <=xp) {
x=xp;
smer=1;
}
// if (smer> 2) smer=3;
setTimeout('anim('+xp+','+xk+','+smer+')', 50);
}
function moveLR(objID,movingarea_width,c)
{
if (navigator.appName="Netscape") window_width=window.innerWidth;
else window_width=document.body.offsetWidth;
obj=document.images[objID];
image_width=obj.width;
x1=obj.style.left;
x=Number(x1.substring(0,x1.length-2));             // 30px -> 30
if (c==0) {
if (movingarea_width==0) {
right_margin=window_width - image_width;
anim(x,right_margin,1);
}
else {
right_margin=x + movingarea_width - image_width;
if (movingarea_width <x + image_width) window.alert("No space for moving!");
else anim(x,right_margin,1);
}
}
else {
if (movingarea_width==0) right_margin=window_width - image_width;
else {
x=Math.round((window_width-movingarea_width)/2);
right_margin=Math.round((window_width+movingarea_width)/2)-image_width;
}
anim(x,right_margin,1);
}
}
//--></script>
```

上面的代码和文字水平方向移动原理基本相同，只不过对象不同罢了，这里不再介绍。

在 IE 浏览器中预览效果如图 19-16 所示，可以看到网页上显示了一张图片，并在水平方向上左右移动。

图 19-16　网页最终效果

19.3 网页菜单特效

网页包含信息比较多的时候，就需要设计出一些导航菜单，来实现页面导航。如果使用 JavaScript 代码，将菜单制作成动态效果，此时菜单会更加吸引人。

19.3.1 向上滚动菜单

本案例将结合前面学习的内容，创建一个向上滚动的菜单。具体步骤如下。

步骤 1 分析需求。

实现菜单自动从下到上滚动，需要把握两个元素，一个是使用 JavaScript 实现要滚动的菜单，即导航栏，另一个是使用 JavaScript 控制菜单移动方向。实例完成后，效果如图 19-17 所示。

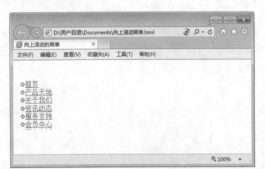

图 19-17 菜单滚动效果

步骤 2 构建 HTML 页面。

```
<!DOCTYPE html>
<html>
<head>
<title>向上滚动的菜单</title>
</head>
<body bgcolor="#FFFFFF"text="#000000">
</body></html>
```

上面的代码比较简单，只是实现了一个空白页面,页面背景色为白色,前景色为黑色。

在 IE 浏览器中预览效果如图 19-18 所示，可以看到一个空白页面。

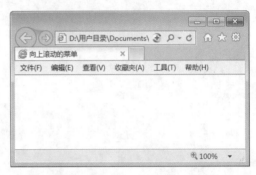

图 19-18 空白 HTML 页面

步骤 3 加入 JavaScript 代码，实现菜单滚动。

```
<script language=JavaScript>
<!--
var index=9
link-new Array(8);
link[0]='time1.htm'
link[1]='time2.htm'
link[2]='time3.htm'
link[3]='time1.htm'
link[4]='time2.htm'
link[5]='time3.htm'
link[6]='time1.htm'
link[7]='time2.htm'
link[8]='time3.htm'
text=new Array(8);
text[0]='首页'
text[1]='产品天地'
text[2]='关于我们'
text[3]='资讯动态'
text[4]='服务支持'
text[5]='会员中心'
text[6]='网上商城'
text[7]='官方微博'
text[8]='企业文化'
```

```
document.write ("<marquee scrollamount='1' scrolldelay='100' direction='up'
width='150' height='15'>");
  for (i=0;i<index;i++)
  {
    document.write (" <img src='dian3.gif' width='12' height='12'><a href=
"+link[i]+"target='_blank'>");
    document.write (text[i] +"</A><br>");
  }
  document.write ("</marquee>")
// --></script>
```

上面的代码创建了两个数组对象 link 和 text，用来存放菜单链接对象和菜单内容；在下面的 JavaScript 代码中，使用 <marquee> 标记定义页面在垂直方向移动。

在 IE 浏览器中预览效果如图 19-19 所示，可以看到页面左侧有一个菜单，自下向上自由移动。

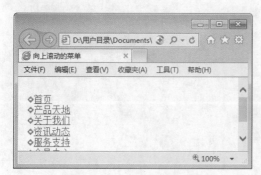

图 19-19　网页最终效果

19.3.2　树形菜单

作为一个首页，其特点之一是需要导航的页面很多，有时为了好的效果不得不将所有需要导航的部分都放到一个导航菜单中。树形导航菜单是网页设计中最常用的菜单之一，本案例将创建一个树形菜单，具体步骤如下。

步骤　1　分析需求。

实现一个树形菜单，需要三方面配合，一个是 <ul> 无序列表，用于显示的菜单；一个是 CSS 样式，修饰树形菜单样式；一个是 JavaScript 程序，实现单击时展开菜单选项。实例完成后，效果如图 19-20 所示。

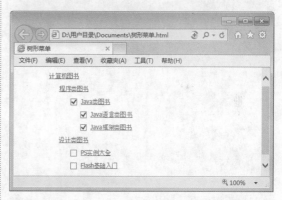

图 19-20　树形菜单

步骤　2　创建 HTML 页面，实现菜单列表。

```
<!DOCTYPE html>
<html>
<head>
<title>树形菜单</title>
</head>
<body>
<ul id="menu_zzjs_net">
 <li>
  <label><a href="JavaScript:;">计算机图书</a></label>
  <ul class="two">
```

```
   <li>
    <label><a href="JavaScript:;">程序类图书</a></label>
    <ul class="two">
     <li>
      <label><input type="checkbox"value="123456"><a href="JavaScript:;">Java
      类图书</a></label>
      <ul class="two">
      <li><label><input type="checkbox"value="123456"><a href="JavaScript:;">
      Java语言类图书</a></label></li>
       <li>
        <label><input type="checkbox"value="123456"><a href="JavaScript:;">Java
        框架类图书</a></label>
        <ul class="two">
         <li>
          <label><input type="checkbox"value="123456"><a href="JavaScript:;">
          Struts2图书</a></label>
          <ul class="two">
          <li><label><input type="checkbox"value="123456"><a href="JavaScript:;">
          Struts1</a></label></li>
           <li><label><input type="checkbox"value="123456"><a href="JavaScript:;">
           Struts2</a></label></li>
          </ul>
         </li>
         <li><label><input type="checkbox"value="123456"><a href="JavaScript:;">
         Hibernate入门</a></label></li>
        </ul>
       </li>
      </ul>
     </li>
    </ul>
   </li>
   <li>
    <label><a href="JavaScript:;">设计类图书</a></label>
    <ul class="two">
     <li><label><input type="checkbox"value="123456"><a href="JavaScript:;">
     PS实例大全</a></label></li>
     <li><label><input type="checkbox"value="123456"><a href="JavaScript:;">
     Flash基础入门</a></label></li>
    </ul>
   </li>
  </ul>
 </li>
</ul>
</body>
</html>
```

在 IE 浏览器中预览效果如图 19-21 所示，可以在页面上看到无序列表，并且显示全部元素。

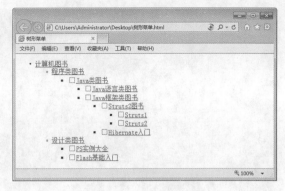

图 19-21　无序列表

步骤 3　添加 JavaScript 代码，实现单击展开。

```
<script type="text/JavaScript">
 function addEvent(el,name,fn){                              //绑定事件
  if(el.addEventListener) return el.addEventListener(name,fn,false);
  return el.attachEvent('on'+name,fn);
 }
 function nextnode(node){                              //寻找下一个兄弟并剔除空的文本结点
  if(!node)return ;
  if(node.nodeType==1)
   return node;
  if(node.nextSibling)
   return nextnode(node.nextSibling);
 }
 function prevnode(node){                        //寻找上一个兄弟并剔除空的文本结点
  if(!node)return ;
  if(node.nodeType==1)
   return node;
  if(node.previousSibling)
   return prevnode(node.previousSibling);
 }
 function parcheck(self,checked){              //递归寻找父亲元素，并找到input元素进行操作
  var par= prevnode(self.parentNode.parentNode.parentNode.previousSibling),
parspar;
  if(par&&par.getElementsByTagName('input')[0]){
   par.getElementsByTagName('input')[0].checked=checked;
   parcheck(par.getElementsByTagName('input')[0],sibcheck(par.getElementsByTagName
('input')[0]));
  }
 }
 function sibcheck(self){                        //判断兄弟结点是否已经全部选中
  var sbi=self.parentNode.parentNode.parentNode.childNodes,n=0;
  for(var i=0;i<sbi.length;i++){
   if(sbi[i].nodeType !=1)
                       //由于孩子结点中包括空的文本结点，所以这里累计长度的时候也要算上去
   n++;
   else if(sbi[i].getElementsByTagName('input')[0].checked)
   n++;
```

```
  }
  return n=sbi.length?true:false;
}
addEvent(document.getElementById('menu_zzjs_net'),'click',function(e){
                              //绑定 input点击事件，使用menu_zzjs_net根元素代理
  e=e||window.event;
  var target=e.target||e.srcElement;
  var tp=nextnode(target.parentNode.nextSibling);
  switch(target.nodeName){
   case 'A':                  //点击A标签展开和收缩树形目录，并改变其样式
    if(tp&&tp.nodeName=='UL'){
     if(tp.style.display !='block' ){
      tp.style.display='block';
      prevnode(target.parentNode.previousSibling).className='ren'
     }else{
      tp.style.display='none';
      prevnode(target.parentNode.previousSibling).className='add'
     }
    }
   break;
   case 'SPAN':                           //点击图标只展开或者收缩
    var ap=nextnode(nextnode(target.nextSibling).nextSibling);
    if(ap.style.display !='block' ){
     ap.style.display='block';
     target.className='ren'
    }else{
     ap.style.display='none';
     target.className='add'
    }
   break;
   case 'INPUT':                        //点击checkbox，父亲元素选中，则孩子结点中的
                                        //checkbox也同时选中，孩子结点取消则父元素随之取消
    if(target.checked){
     if(tp){
      var checkbox=tp.getElementsByTagName('input');
      for(var i=0;i<checkbox.length;i++)
       checkbox[i].checked=true;
     }
    }else{
     if(tp){
      var checkbox=tp.getElementsByTagName('input');
      for(var i=0;i<checkbox.length;i++)
       checkbox[i].checked=false;
     }
    }
    parcheck(target,sibcheck(target));
               //当孩子结点取消选中的时候，调用该方法递归其父结点的checkbox逐一取消选中
   break;
  }
});
window.onload=function(){              //页面加载时给有孩子结点的元素动态添加图标
```

```
 var labels=document.getElementById('menu_zzjs_net').getElementsByTagName
('label');
  for(var i=0;i<labels.length;i++){
   var span=document.createElement('span');
   span.style.cssText='display:inline-block;height:18px;vertical-align:middle;width:
   16px;cursor:pointer;';
   span.innerHTML=' '
   span.className='add';
   if(nextnode(labels[i].nextSibling)&&nextnode(labels[i].nextSibling).nodeName
==='UL')
    labels[i].parentNode.insertBefore(span,labels[i]);
   else
    labels[i].className='rem'
  }
 }
</script>
```

在 IE 浏览器中预览效果如图 19-22 所示，可以看到页面上显示无序列表，使用鼠标单击它可以展开或关闭相应的选项，但其样式不美观。

步骤 4 添加 CSS 代码，修饰列表选项。

```
<style type="text/css">
body{margin:0;padding:0;font:12px/1.5  Tahoma,Helvetica,Arial,sans-serif;}
ul,li,{margin:0;padding:0;}
ul{list-style:none;}
#menu_zzjs_net{margin:10px;width:200px;overflow:hidden;}
#menu_zzjs_net li{line-height:25px;}
#menu_zzjs_net .rem{padding-left:16px;}
#menu_zzjs_net .add{background:url() -4px -31px no-repeat;}
#menu_zzjs_net .ren{background:url() -4px -7px no-repeat;}
#menu_zzjs_net li a{color:#666666;padding-left:5px;outline:none;blr:expression
(this.onFocus=this.blur());}
#menu_zzjs_net li input{vertical-align:middle;margin-left:5px;}
#menu_zzjs_net .two{padding-left:20px;display:none;}
</style>
```

在 IE 浏览器中预览效果如图 19-23 所示，可以看到相较原来的页面，样式变得非常漂亮。

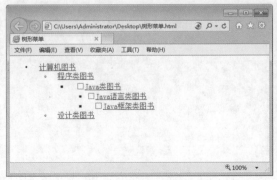

图 19-22　实现鼠标单击事件

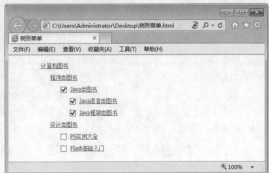

图 19-23　网页最终效果

19.4 鼠标特效

在众多网站中，特别是游戏网站或小型商业网站，都喜欢用鼠标特效，例如将鼠标与图片或文字相结合，达到图片或文字跟随鼠标移动的效果。使用这些特效，一方面可以在鼠标指针旁边加上网站说明的相关信息或者欢迎信息，另一方面也吸引人的注意力，使其更加关注此类网站。

19.4.1 鼠标的图片跟踪

本案例实现图片跟随鼠标游走的特效，具体步骤如下。

步骤 1 分析需求。

本案例需要通过 JavaScript 获取鼠标指针的位置，并且动态地调整图片的位置。图片通过使用 position 的绝对定位，很容易得到调整。采用 CSS 的绝对定位是 JavaScript 调整页面元素常用的方法。实例完成后，效果如图 19-24 所示。

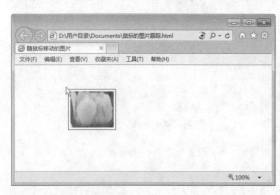

图 19-24 图片跟随鼠标移动

步骤 2 创建基本 HTML 页面。

```
<!DOCTYPE html>
<html>
<head>
<title>随鼠标移动的图片</title>
</head>
<body>
</body>
</html>
```

上面的代码比较简单，只是实现了一个 HTML 页面结构。这里就不再演示了。

步骤 3 添加 JavaScript 代码，实现图片随鼠标移动。

```
<script type="text/JavaScript">
function badAD(html){
    var ad=document.body.appendChild(document.createElement('div'));
    ad.style.cssText="border:1px solid #000;background:#FFF;position:absolute;
    padding:4px 4px 4px 4px;font: 12px/1.5  verdana;";
    ad.innerHTML=html||'This is bad idea!';
    var c=ad.appendChild(document.createElement('span'));
    c.innerHTML="×";
    c.style.cssText="position:absolute;right:4px;top:2px;cursor:pointer";
    c.onclick=function (){
        document.onmousemove=null;
        this.parentNode.style.left='-99999px'
```

```
    };
    document.onmousemove=function (e){
        e=e||window.event;
        var x=e.clientX,y=e.clientY;
        setTimeout(function() {
            if(ad.hover)return;
            ad.style.left=x+5+'px';
            ad.style.top=y+5+'px';
        },120)
}
    ad.onmouseover=function (){
        this.hover=true
    };
    ad.onmouseout=function (){
        this.hover=false
    }
}
badAD('<img src="18.png">')
</script>
```

上面的代码中，使用 appendChild() 方法为当前页面创建了一个 div 对象，并为 div 层设置了相应样式。下面的 e.clientX 和 e.clientY 语句用于确定鼠标位置，并动态调整图片位置，从而实现图片移动效果。在 IE 浏览器中预览效果如图 19-25 所示，可以看到鼠标在页面移动时，图片跟着移动。

图 19-25　网页最终效果

19.4.2　鼠标的文字跟踪

本案例实现文字跟随鼠标游走的特效，具体步骤如下。

步骤 1 分析需求。

本案例需要通过 JavaScript 获取鼠标指针的位置，并且动态地调整文字的位置。文字需要使用字符串数组进行定位。实例完成后，效果如图 19-26 所示。

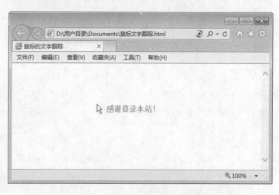

图 19-26　文字跟随鼠标移动

步骤 2 创建基本 HTML 页面。

```
<!DOCTYPE html>
<html>
<head>
<title>鼠标的文字跟踪</title>
</head>
<body>
</body>
</html>
```

上面的代码比较简单，只是实现了一个
HTML 页面结构，如图 19-27 所示。

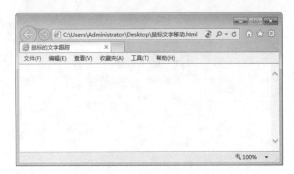

图 19-27　HTML 页面结构

步骤 3 添加 JavaScript 代码，实现鼠标的文字跟踪效果。

```
<body onLoad="makesnake()"style="width:100%;overflow-x:hidden;overflow-y:scroll">
<script language="JavaScript">
var x,y
var step=20
var flag=0
var message="感谢登录本站！"
message=message.split("")
var xpos=new Array()
var ypos=new Array()
function handlerMM(e){
x=(document.layers) ? e.pageX : document.body.scrollLeft+event.clientX
y=(document.layers) ? e.pageY : document.body.scrollTop+event.clientY
flag=1}
function makesnake() {
if (flag==1 && document.all) {
for (i=message.length-1; i>=1; i--) {
xpos[i]=xpos[i-1]+step
ypos[i]=ypos[i-1]
}
xpos[0]=x+step
ypos[0]=y
for (i=0; i<message.length-1; i++) {
var thisspan=eval("span"+(i)+".style")
thisspan.posLeft=xpos[i]
thisspan.posTop=ypos[i]
}
}
var timer=setTimeout("makesnake()",30)
}

for (i=0;i<=message.length-1;i++) {
document.write("<span id='span"+i+"' class='spanstyle'>")
document.write(message[i])
document.write("</span>")
}

document.onmousemove=handlerMM;
```

```
</script>
```

在 IE 浏览器中预览效果如图 19-28 所示，可以看到鼠标在页面移动时，文字跟着移动。

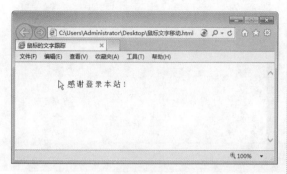

图 19-28　添加 JavaScript 代码

步骤 4　添加 CSS 代码，修饰文字。

```
<style>
.spanstyle {
position:absolute;
visibility:visible;
```

```
top:-50px;
font-size:10pt;
font-family:Verdana;
font-weight:bold;
color:#FF8080
}
</style>
```

在 IE 浏览器中预览效果如图 19-29 所示，可以看到鼠标在页面移动时，文字跟着移动，但是文字的大小和颜色都发生了变化。

图 19-29　添加 CSS 修饰文字

19.5 时间特效

在网页中添加时间特效，可以方便用户查询时间和日历。使用 JavaScript 可以制作多种时间特效，本节以制作时钟和简单日历表为例，来介绍制作网页时间特效的方法。

19.5.1 时钟特效

在 HTML5 技术中，新增了一个容器画布 canvas，用来在页面上绘制一些图形。利用这个新的特性，并结合 JavaScript 的相关代码，可以在网页中创建类似于钟表的特效。本案例创建一个时钟特效，具体步骤如下。

步骤 1　分析需求。

在画布上绘制时钟，需要绘制几个必要的图形：表盘、时针、分针、秒针和中心圆。将上面几个图形组合起来，构成一个时钟界面，然后使用 JavaScript 代码，根据时间设定秒针、分针和时针。案例完成后，效果如图 19-30 所示。

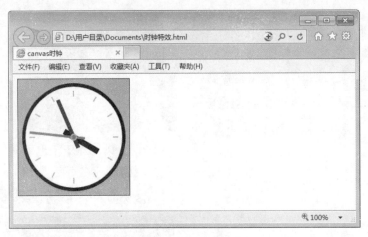

图 19-30　时钟特效

步骤 **2** 创建 HTML 页面。

```
<!DOCTYPE html>
<html>
<head>
<title>canvas时钟</title>
</head>
<body>
<canvas id="canvas"width="200"height="200"style="border:1px solid #000;">您
的浏览器不支持Canvas。</canvas>
</body>
</html>
```

　　上面的代码创建了一个画布，其宽度为 200 像素，高度为 200 像素，带有边框，颜色为黑色，样式为直线型。在 IE 浏览器中预览效果如图 19-31 所示，可以看到显示了一个带有黑色边框的画布，画布中没有任何信息。

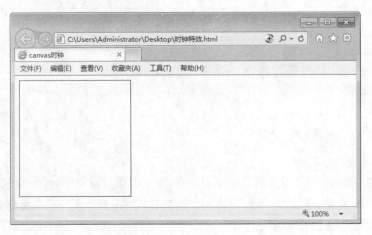

图 19-31　定义画布

步骤 **3** 添加 JavaScript 代码，绘制不同的图形。

```
<script type="text/JavaScript"language="JavaScript"charset="utf-8">
 var canvas=document.getElementById('canvas');
 var ctx=canvas.getContext('2d');
 if(ctx){
 var timerId;
 var frameRate=60;
 function canvObject(){
  this.x=0;
  this.y=0;
  this.rotation=0;
  this.borderWidth=2;
  this.borderColor='#000000';
  this.fill=false;
  this.fillColor='#ff0000';
  this.update=function(){
   if(!this.ctx)throw new Error('你没有指定ctx对象。');
   var ctx=this.ctx
   ctx.save();
   ctx.lineWidth=this.borderWidth;
   ctx.strokeStyle=this.borderColor;
   ctx.fillStyle=this.fillColor;
   ctx.translate(this.x, this.y);
   if(this.rotation)ctx.rotate(this.rotation * Math.PI/180);
   if(this.draw)this.draw(ctx);
   if(this.fill)ctx.fill();
   ctx.stroke();
   ctx.restore();
  }
 };
 function Line(){};
 Line.prototype=new canvObject();
 Line.prototype.fill=false;
 Line.prototype.start=[0,0];
 Line.prototype.end=[5,5];
 Line.prototype.draw=function(ctx){
  ctx.beginPath();
  ctx.moveTo.apply(ctx,this.start);
  ctx.lineTo.apply(ctx,this.end);
  ctx.closePath();
 };

 function Circle(){};
 Circle.prototype=new canvObject();
 Circle.prototype.draw=function(ctx){
  ctx.beginPath();
  ctx.arc(0, 0, this.radius, 0, 2 * Math.PI, true);
  ctx.closePath();
 };

 var circle=new Circle();
 circle.ctx=ctx;
```

```
circle.x=100;
circle.y=100;
circle.radius=90;
circle.fill=true;
circle.borderWidth=6;
circle.fillColor='#ffffff';

var hour=new Line();
hour.ctx=ctx;
hour.x=100;
hour.y=100;
hour.borderColor="#000000";
hour.borderWidth=10;
hour.rotation=0;
hour.start=[0,20];
hour.end=[0,-50];

var minute=new Line();
minute.ctx=ctx;
minute.x=100;
minute.y=100;
minute.borderColor="#333333";
minute.borderWidth=7;
minute.rotation=0;
minute.start=[0,20];
minute.end=[0,-70];

var seconds=new Line();
seconds.ctx=ctx;
seconds.x=100;
seconds.y=100;
seconds.borderColor="#ff0000";
seconds.borderWidth=4;
seconds.rotation=0;
seconds.start=[0,20];
seconds.end=[0,-80];

var center=new Circle();
center.ctx=ctx;
center.x=100;
center.y=100;
center.radius=5;
center.fill=true;
center.borderColor='orange';

for(var i=0,ls=[],cache;i<12;i++){
  cache=ls[i]=new Line();
  cache.ctx=ctx;
  cache.x=100;
  cache.y=100;
  cache.borderColor="orange";
```

```
    cache.borderWidth=2;
    cache.rotation=i * 30;
    cache.start=[0,-70];
    cache.end=[0,-80];
  }

  timerId=setInterval(function(){
    // 清除画布
    ctx.clearRect(0,0,200,200);
    // 填充背景色
    ctx.fillStyle='orange';
    ctx.fillRect(0,0,200,200);
    // 表盘
    circle.update();
    // 刻度
    for(var i=0;cache=ls[i++];)cache.update();
    // 时针
    hour.rotation=(new Date()).getHours() * 30;
    hour.update();
    // 分针
    minute.rotation=(new Date()).getMinutes() * 6;
    minute.update();
    // 秒针
    seconds.rotation=(new Date()).getSeconds() * 6;
    seconds.update();
    // 中心圆
    center.update();
  },(1000/frameRate)|0);
 }else{
  alert('您的浏览器不支持Canvas无法预览.\n跟我一起说："很遗憾!"');
 }
</script>
```

　　由于篇幅比较长，这里只显示了部分代码。其详细代码可以在光盘中查询。上面的代码首先绘制不同类型的图形，例如时针、秒针和分针等，然后再将其组合在一起，并根据时间定义时针等指向。在 IE 浏览器中预览效果如图 19-32 所示，可以看到页面中出现了一个时钟，其秒针在不停地移动。

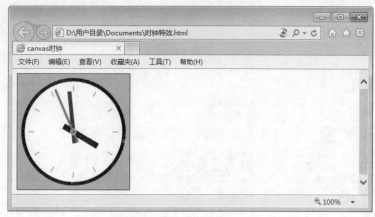

图 19-32　网页最终特效

19.5.2 制作简单日历表

日历是网页中常添加的模块，本案例将使用JavaScript的相关功能创建一个简单的日历表。

步骤 1 分析需求。

日历分为年、月、日并添加有星期数。本实例使用数组定义月份和天数，然后使用 JavaScript 的日期对象获取系统当中的时间。案例完成后，效果如图 19-33 所示。

图 19-33　日历最终效果

步骤 2 创建 HTML 页面。

```html
<!DOCTYPE html>
<html>
<head>
<title>简单日历</title>
</head>
<body>
</body>
</html>
```

运行上面的代码，只是实现了一个 HTML 页面结构，如图 19-34 所示。

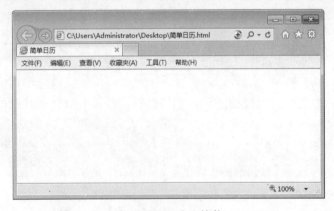

图 19-34　页面结构

步骤 3 添加 JavaScript 代码，实现简单日历效果。

```html
<script language="JavaScript">
monthnames=new Array(
"1月",
"2月",
"3月",
```

```
"4月",
"5月",
"6月",
"7月",
"8月",
"10月",
"11月",
"12月"); <!--声明数组变量，存储月份表-->
var linkcount=0;
function addlink(month, day, href) {
var entry=new Array(3);<!--声明一个数组变量-->
entry[0]=month;
entry[1]=day;
entry[2]=href;
this[linkcount++]=entry;<!--返回链接对象-->
}
Array.prototype.addlink=addlink;
linkdays=new Array();
monthdays=new Array(12);<!--声明变量，存储每个月的天数-->
monthdays[0]=31;
monthdays[1]=28;
monthdays[2]=31;
monthdays[3]=30;
monthdays[4]=31;
monthdays[5]=30;
monthdays[6]=31;
monthdays[7]=31;
monthdays[8]=30;
monthdays[9]=31;
monthdays[10]=30;
monthdays[11]=31;
todayDate=new Date();<!--获得当前时间-->
thisday=todayDate.getDay();<!--获得当前日-->
thismonth=todayDate.getMonth();<!--获得当前月份-->
thisdate=todayDate.getDate();<!--获得当前日期-->
thisyear=todayDate.getYear();<!--获得当前年份-->
thisyear=thisyear % 100;
thisyear=((thisyear <50) ? (2000 + thisyear) : (1900 + thisyear));
<!--年份转换成标准格式-->
if ((((thisyear % 4==0) <!--判断今年是否为闰年-->
&& !(thisyear % 100==0))<!--如果是闰年，monthdays中的第二项+1-->
||(thisyear % 400==0)) monthdays[1]++;
startspaces=thisdate;
while (startspaces> 7) startspaces-=7;<!--求出当前日期对应的星期几-->
startspaces=thisday - startspaces + 1;
if (startspaces <0) startspaces+=7;<!--计算本月1号对应星期几-->
document.write("<table border=2  bgcolor=white");<!--开始画表格的第一行-->
document.write("bordercolor=black><font color=black>");
document.write("<tr><td colspan=7><center>"
+ thisyear
+"年"+monthnames[thismonth]+"</center></font></td></tr>");<!--显示当前年份和月份-->
```

```
document.write("<tr>");<!--画表格的第二行-->
document.write("<td align=center>日</td>");
document.write("<td align=center>一</td>");
document.write("<td align=center>二</td>");
document.write("<td align=center>三</td>");
document.write("<td align=center>四</td>");
document.write("<td align=center>五</td>");
document.write("<td align=center>六</td>");
document.write("</tr>");
document.write("<tr>");
for (s=0;s<startspaces;s++) {
document.write("<td> </td>");<!--本月1号以前的几列空白-->
}
count=1;
while (count <monthdays[thismonth]) {<!--依次将本月的每一天填入到表格中-->
for (b=startspaces;b<7;b++) {
linktrue=false;
document.write("<td>");<!--写入表格符-->
for (c=0;c<linkdays.length;c++) {
if (linkdays[c] !=null) {<!--填入相应的链接-->
if ((linkdays[c][0]=thismonth + 1) && (linkdays[c][1]=count)) {
document.write("<a href=\""+ linkdays[c][2] +"\">");
linktrue=true;
}
}
}
if (count=thisdate) {
document.write("<font color='FF0000'><strong>");
<!--如果是当前日期，则用特殊的颜色来显示-->
}
if (count <=monthdays[thismonth]) {<!--如果没有超出本月的范围-->
document.write(count);<!--显示日期-->
}
else {
document.write(" ");<!--否则，显示空格-->
}
if (count=thisdate) {
document.write("</strong></font>");<!--如果是当前日期，则用特殊的字体来显示-->
}
if (linktrue)
document.write("</a>");
document.write("</td>");
count++;
}
document.write("</tr>");
document.write("<tr>");
startspaces=0;
}
document.write("</table></p>");
</script>
```

运行上述代码，可以在 IE 浏览器中查看添加的简单日历效果，如图 19-35 所示。

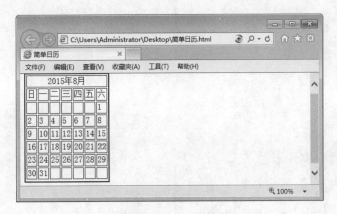

图 19-35 日历效果

19.6 页面特效

在制作网页时，有些页面特效是可以使用 JavaScript 来完成的。使用 JavaScript 能够制作的网页特效有很多种，下面介绍两种使用 JavaScript 制作网页特效的案例。

19.6.1 网页自动滚屏

网页的自动滚屏是常见的一种页面特效，本案例就来使用 JavaScript 与 CSS 相结合的方式制作网页自动滚屏效果。

步骤 1 分析需求。

本案例原理非常简单，就是利用 JavaScript 中的函数来实现屏幕的滚动效果。案例完成后，效果如图 19-36 所示。当单击"向下滚屏"按钮后，网页屏幕自动向下滚动至底部，如图 19-37 所示。

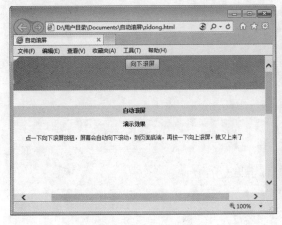

图 19-36 网页最终效果

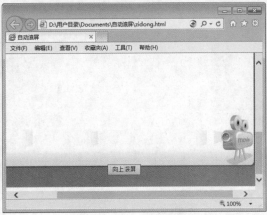

图 19-37 向下滚动

步骤 2 创建 HTML 基本页面。

```html
<html>
<head>
<title>自动滚屏</title>
</head>
<body bgcolor="#ffffff"leftmargin="0"topmargin="0"marginwidth="0"marginheight
="0">
  <div id=layer2
     style="z-index: 2; left: 317px; width: 137px; position: absolute; top:
     8px; height: 24px"><input onclick=scrollit() type=button value=向下滚屏
     name=button>
     </div>
<table width="282"border="0"align="center"cellpadding="0"cellspacing="0">
  <!-- fwtable fwsrc="未命名"fwbase="list_01.jpg"fwstyle="dreamweaver"fwdocid
="742308039"fwnested="0"-->
  <tr>
   <td><img src="spacer.gif"width="25"height="1"border="0"alt=""></td>
   <td><img src="spacer.gif"width="58"height="1"border="0"alt=""></td>
   <td><img src="spacer.gif"width="86"height="1"border="0"alt=""></td>
   <td><img src="spacer.gif"width="56"height="1"border="0"alt=""></td>
   <td><img src="spacer.gif"width="15"height="1"border="0"alt=""></td>
   <td><img src="spacer.gif"width="42"height="1"border="0"alt=""></td>
   <td><img src="spacer.gif"width="1"height="1"border="0"alt=""></td>
  </tr>

  <tr>
   <td colspan="2"><img name="list_01_r1_c1"src="list_01_r1_c1.jpg"width=
"83"height="102"border="0"alt=""></td>
    <td colspan="2"background="list_01_r1_c3.jpg"><img src="list_01_r1_c3.jpg"
width="548"height="102"></td>
   <td colspan="2"><img name="list_01_r1_c5"src="list_01_r1_c5.jpg"width=
"57"height="102"border="0"alt=""></td>
    <td><img src="spacer.gif"width="1"height="102"border="0"alt=""></td>
  </tr>
  <tr>
   <td background="list_01_r2_c1.jpg"> </td>
   <td colspan="4"valign="top">
<div align="center">
     <table width="100%"border="0"cellpadding="5"cellspacing="5">
       <tr>
         <td bgcolor="#ffe495">
<div align="center"><b>自动滚屏</b> </div></td>
       </tr>
       <tr>
         <td bgcolor="#ffffdd">
          <div align="center"><strong>演示效果</strong></div></td>
       </tr>
       <tr>
         <td><div align="center">点一下向下滚屏按钮，屏幕会自动向下滚动，到页面底端，
         再按一下向上滚屏，就又上来了</div></td>
```

```
        </tr>
        <tr>
         <td bgcolor="#ffffdd">
        </tr>
     </table>
    </div></td>
  <td background="list_01_r2_c6.jpg"> </td>
  <td><img src="spacer.gif"width="1"height="450"border="0"alt=""></td>
 </tr>
 <tr>
  <td background="list_01_r3_c2.jpg">
<div align="left"><img name="list_01_r3_c1"src="list_01_r3_c1.jpg"width="25"
 height="166"border="0"alt=""></div></td>
  <td colspan="2"background="list_01_r3_c2.jpg"> </td>
  <td colspan="3"background="list_01_r3_c2.jpg">
<div align="right"><img name="list_01_r3_c4"src="list_01_r3_c4.jpg"width=
"113"height="166"border="0"alt=""></div></td>
  <td><img src="spacer.gif"width="1"height="166"border="0"alt=""></td>
 </tr>
</table> <div id=layer1
      style="z-index: 1; left: 335px; width: 100px; position: absolute; top: 671px;
height: 20px"><input onclick=scrollit1() type=button value=向上滚屏 name=button2>
      </div>
</body>
</html>
```

运行上述代码，可以看到图 19-38 所示的静态页面，当单击"向下滚屏"按钮后，页面并不自动滚动。

步骤 3 添加 CSS 代码，修饰网页中的文字效果。

```
<style type=text/css>
A {
color: white; font-style: normal; text-decoration: none}
a:hover {background: red; color: yellow; font-style: normal; text-decoration: none}
.white {color: #ffffff}
table {font-size: 9pt}
</style>
```

运行上述代码，可以看到网页中的文字发生了变化，如图 19-39 所示。

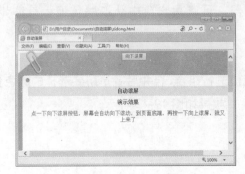

图 19-38　创建静态网页架构

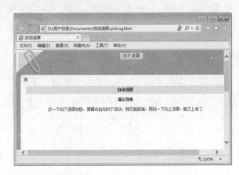

图 19-39　添加 CSS 代码

步骤 **4** 添加 JavaScript 代码，实现动态滚屏效果。

```
<script language=JavaScript>
function scrollit() {
for (I=1; I<=750; I++){
parent.scroll(1,I)
    }
}
function scrollit1() {
for (I=750; I>1; I=I-1){
parent.scroll(1,I)
    }
}
</script>
```

运行上述代码，单击"向下滚屏"按钮，网页自动向下滚动至底部，如图 19-40 所示；再单击"向上滚屏"按钮，网页将自动向上滚动至顶部，如图 19-41 所示。

图 19-40　滚动至底部

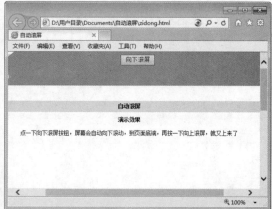

图 19-41　滚动至顶部

19.6.2　颜色选择器

在页面中定义背景色和字体颜色，是比较常见的一种操作。用户选取颜色时往往比较发愁，不知道哪种颜色适合，也不知道颜色值是什么。此时可以利用颜色选择器来定义颜色并获取颜色值。本案例将创建一个颜色选择器，可以用它自由获取颜色值，具体步骤如下。

步骤 **1** 分析需求。

本案例原理非常简单，就是将几个常用的颜色值进行组合，合并后就是所要选择的颜色值。这些都是利用 JavaScript 代码完成的。案例完成后，效果如图 19-42 所示。

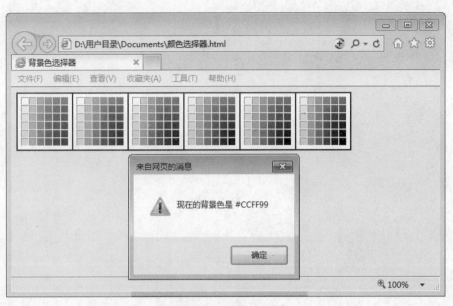

图 19-42　设定页面背景色

步骤 2 创建 HTML 基本页面。

```html
<!DOCTYPE html>
<html>
<head><title>背景色选择器</title>
</head>
<body bgcolor="#FFFFFF">
</body>
</html>
```

上述代码比较简单，只是实现了一个页面框架，如图 19-43 所示。

图 19-43　页面框架

步骤 3 添加 JavaScript 代码，实现颜色选择。

```javascript
<script language="JavaScript">
<!--
var hexnew Array(6)
hex[0]="FF"
hex[1]="CC"
hex[2]="99"
hex[3]="66"
hex[4]="33"
hex[5]="00"
function display(triplet)
{
  document.bgColor='#' + triplet
  alert('现在的背景色是 #'+triplet)
}
```

```
function drawcell(red, green, blue)
{
  document.write('<td bgcolor="#' + red + green + blue + '">')
  document.write('<a href="JavaScript:display(\'' + (red + green + blue) + '\')">')
  document.write('<img src="place.gif"border=0  height=12  width=12>')
  document.write('</a>')
  document.write('</td>')
}
function drawrow(red, blue)
{
  document.write('<tr>')
  for (var i=0; i <6; ++i)
  {
    drawcell(red, hex[i], blue)
  } document.write('</tr>')
}function drawtable(blue)
{
  document.write('<table cellpadding=0  cellspacing=0  border=0>')
  for (var i=0; i <6; ++i)
  {
    drawrow(hex[i], blue)
  }
  document.write('</table>')
}
function drawcube()
{
  document.write('<table cellpadding=5  cellspacing=0  border=1><tr>')
  for (var i=0; i <6; ++i)
  {
    document.write('<td bgcolor="#ffffff">')
    drawtable(hex[i])
    document.write('</td>')
  }  document.write('</tr></table>')
}drawcube()
// --></script>
```

　　上面的代码中，创建了一个数组对象 hex 用来存放不同的颜色值。其下面几个函数分别将数组中的颜色组合在一起，并在页面显示；display 函数完成定义背景颜色和显示颜色值。

　　在 IE 浏览器中预览效果如图 19-44 所示，可以看到页面显示多个表格，每个单元格代表一种颜色。

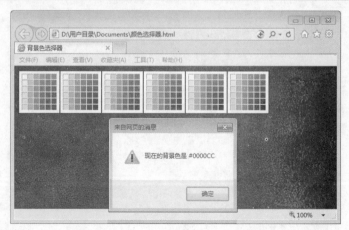

图 19-44　网页最终效果

19.7 大神解惑

小白：如何实现禁止鼠标右键的特效？

大神：通过禁止鼠标右键操作，可以防止网页内容被复制，实现该特效的代码如下。

```
<Script language=JavaScript>
function click() {
if (event.button==2) {
alert('对不起，本页的内容不经允许不得拷贝。')
}
}
document.onmousedown=click
</Script>
```

最终弹出的效果如图 19-45 所示。

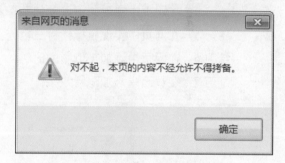

图 19-45 禁止鼠标右键的特效

小白：如何实现图片的淡出淡隐特效？

大神：通过控制图片的属性，可以实现图片的淡出淡隐特效，具体代码如下。

```
<img style="filter: alpha(opacity=0)"alt=image src="123.gif"border=0 name=u>
<script language=JavaScript>var b=1;
var c=true;function fade(){
if(document.all);
if(c==true) {
b++;
}
if(b==100) {
b--;
c=false
}
if(b==10) {
b++;
c=true;
}
if(c==false) {
b--;
```

```
}
u.filters.alpha.opacity=0  + b;
setTimeout("fade()",50);
}
</script>
```

其中 123.gif 为添加淡出淡隐特效的图片。

19.8 跟我练练手

练习 1：制作文字上下弹跳特效。

练习 2：制作文本闪烁效果。

练习 3：在网页中实现图片浮动效果。

练习 4：在网页中实现向下滚动的菜单特效。

练习 5：在网页中实现鼠标指针三色光跟随效果。

练习 6：在网页中添加带倒影的时钟。

练习 7：在页面中添加飘雪效果。

第 **5** 篇
综合案例实战

△ 第 20 章　制作企业门户类网页

△ 第 21 章　制作在线购物类网页

△ 第 22 章　制作移动设备类网页

制作企业门户类网页

一般小型企业门户网站的规模不是太大，通常包含3～5个栏目，如产品、客户和联系我们等，并且有的栏目甚至只包含一个页面。此类网站通常用于展示公司形象，介绍公司的业务范围和产品特色等。

● **本章要点（已掌握的在方框中打钩）**

☐ 掌握企业门户网站构思布局的方法
☐ 掌握企业门户网站模块分割的方法
☐ 掌握企业门户网站整体调整的方法

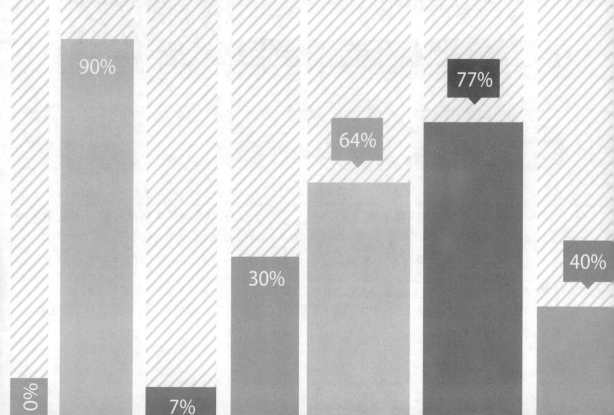

20.1 构思布局

　　本案例模拟一个小型软件公司的网站，其公司主要承接电信方面的各种软件项目。网站上包括首页、产品信息、客户信息和联系方式等栏目。本案例采用红色和白色配色方案，红色部分显示导航菜单，白色部分显示文本信息。在 IE 浏览器中预览效果如图 20-1 所示。

图 20-1　计算机网站首页

20.1.1　设计分析

　　作为一个软件公司网站首页，其页面应简单、明了，给人以清晰的感觉。页头部分主要放置导航菜单和公司 Logo 信息等，其 Logo 可以是一张图片或者文本信息等。页面主体分为两部分，左侧是公司介绍，是公司的概括性描述；右侧是新闻、产品展示和客户信息等，其中产品展示和客户的链接信息以列表形式对重要信息进行介绍，也可以通过页面顶部导航菜单进入相应页面。

　　网站的其他子页面，篇幅可以比较短，其重点是介绍软件公司业务、联系方式、产品信息等，页面与首页风格相同即可。

20.1.2 排版架构

从上面的效果图可以看出,页面结构并不是太复杂,采用的是上中下结构,页面主体部分又嵌套了一个左右版式结构。其效果如图 20-2 所示。

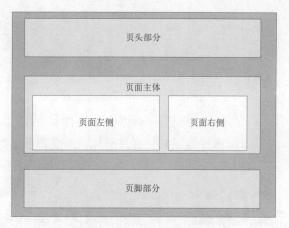

图 20-2 页面总体框架

在 HTML 页面中,通常使用 div 层对应上面不同的区域,可以是一个 div 层对应一个区域,也可以是多个 div 层对应同一个区域。本案例的 div 代码如下。

```
<div id="container">                    /*页面布局容器*/
<div id="top">
</div><!--end top-->
<div id="header">
</div><!--end header-->
<div id=me>                             /*导航菜单*/
</div>
<div id="content">
<div id="text">                         /*页面主体左侧内容*/
</div><!--end text-->
<div id="column">                       /*页面主体右侧内容*/
</div><!--end column-->
</div><!--end content-->
<div id="footer">                       /*页脚部分*/
</div><!--end footer-->
</div><!--end container-->
```

上面的代码中,id 名称为 container 的层是整个页面的布局容器。top 层、header 层和 me 层共同组成了页头部分:top 层用于显示页面 Logo,header 层用于显示页头文本信息,me 层用于显示页头导航菜单信息。页面主体是 content 层,其包含了两个层——text 层和 column 层,text 层是页面主体左侧内容,显示公司介绍信息;column 层是页面主体右侧内容,显示公司常用的导航链接。footer 层是页脚部分,用于显示版权信息和地址信息。

在 CSS 文件中,container 层和 content 层的 CSS 代码如下。

```
#container
{
 margin: 0pt auto;
 width: 770px;
 position: relative; }
#content {
```

```
background: transparent url('images/content.gif') repeat-y;
clear: both;
margin-top: 5px;
width: 770px;
}
```

上面的代码中，#container 选择器定义了整个布局容器的宽度、外边距和定位方式。
#content 选择器定义了背景图片、宽度和顶部边距。

20.2 模块分割

当完成页面整体架构后，就可以动手制作不同的模块区域。其制作流程采用自上而下、从左到右的顺序。完成后，再对页面样式进行整体调整。

20.2.1 Logo 与导航菜单

一般情况下，Logo 信息和导航菜单都是放在页面顶部，作为页头部分。其中 Logo 信息作为公司标志，通常放在页面的左上角或右上角；导航菜单放在页头部分和页面主体二者之间，用于链接其他页面。在 IE 浏览器中预览效果如图 20-3 所示。

图 20-3 页面 Logo 和导航菜单

在 HTML 文件中，用于实现页头部分的 HTML 代码如下。

```
<div id="top">
</div><!--end top-->
<div id="header">
<h1>计算机 网站</h1>
</div><!--end header-->
<div id=me>
<ul id="menu">
<li><a href="#"class="actual">首页</a></li>
<li><a href="#">产品</a></li>
<li><a href="#">客户</a></li>
<li><a href="#">联系方式</a></li>
</ul>
</div>
```

上面的代码中，top 层用于显示页面 Logo，header 层用于显示页头的文本信息，如公司名称，me 层用于显示页头导航菜单。在 me 层中，有一个无序列表，用于制作导航菜单，每个选项都是由超链接组成。

在 CSS 样式文件中，对应上面标记的 CSS 代码如下。

```css
#top {
background: transparent url('images/top.jpg') no-repeat;
height: 50px;
}
#top p {
 margin: 0pt;
 padding: 0pt;
}
#header {
 background: transparent url('images/header.jpg') no-repeat;
 height: 150px;
 margin-top: 5px;
}
#menu {
 position: absolute;
 top: 180px;
 left: 15px;
}
#header h1  {
 margin: 5px 0pt 0pt 50px;
 padding: 0pt;
 font-size: 1.7em;
 }
#header h2  {
 margin: 10px 0pt 0pt 90px;
 padding: 0pt;
 font-size: 1.2em;
 color: rgb(223, 139, 139);
}
ul#menu {
margin: 0pt;
}
#menu li {
list-style-type: none;
float: left;
text-align: center;
width: 104px;
margin-right: 3px;
font-size: 1.05em;
}
#menu a {
 background: transparent url('images/menu.gif') no-repeat;
 overflow: hidden;
 display: block;
```

```
height: 28px;
padding-top: 3px;
text-decoration: none;
twidth: 100%;
font-size: 1em;
font-family: Verdana,"Geneva CE",lucida,sans-serif;
color: rgb(255, 255, 255);
}
#menu li> a, #menu li> strong {
 width: auto;
}
#menu a.actual {
background: transparent url('images/menu-actual.gif') no-repeat;
color: rgb(149, 32, 32);
}
#menu a:hover {
 color: rgb(149, 32, 32);
}
```

上面的代码中，#top 选择器定义了背景图片和层高；#header 选择器定义了背景图片、高度和顶部外边距；#menu 层定义了层定位方式和坐标位置。其他选择器分别定义了上面 3 个层中元素的显示样式，如段落显示样式、标题显示样式、超链接样式等。

20.2.2 左侧文本介绍

在页面主体中，其左侧主要介绍公司相关信息。左侧文本采用的是左浮动并且固定宽度的版式设计，重点在于调节宽度使不同浏览器能够效果一致，并且颜色上配合 Logo 和左侧的导航菜单，使整个网站和谐、大气。在 IE 浏览器中预览效果如图 20-4 所示。

图 20-4　页面左侧文本介绍

在 HTML 文件中，创建页面左侧内容介绍的代码如下。

```
<div id="content">
<div id="text">
<h3  class="headlines"><a href="#"title="testing">欢迎来到我们的网站 </a></h3>
<p><img src="images/fotos.jpg"alt="fotos"align="right"/>
远大公司成立于1998年，注册资本1700万元。是国家认定的高新技术企业、软件企业，是专业的电信系统仿软件和应用服务供应商。 </p><p>
```

公司坚持走自立创新、稳步发展的道路，以创立品牌为自己的基本策略，以产品自身的品质，先进的技术和良好的服务取信于用户。2002年至今公司先后有多个软件产品获得了河南省信息产业厅颁发的《软件产品登记证书》和国家版权局颁发的《软件著作权登记证书》。同时远大的进步和发展，也得到了政府部门的大力支持和关注，获得国家科技部和省、市政府部门技术创新基金无偿资助百余万元。并正式获得中国质量体系认证中心颁发的ISO9001:2008质量管理体系认证证书。

```
</p>
<p> </p>
</div><!--end text-->
</div>
```

　　上面代码中，content 层是页面主体，text 层是页面主体中左侧部分。text 层包含了标题和段落信息，段落中包含一张图片。

　　在 CSS 文件中，用于上面 HTML 标记的 CSS 代码如下。

```
#text {
background: rgb(255, 255, 255) url('text-top.gif') no-repeat;
width: 518px;
color: rgb(0, 0, 0);
float: left;
}
#text h1, #text h2, #text h3, #text h4 {
color: rgb(140, 9, 9);
}
#text h3.headlines a {
color: rgb(140, 9, 9);
}
```

　　上面的代码中，#text 选择器定义了背景图片、背景颜色、字体颜色和页面左浮动。下面的选择器定义了标题显示样式，如字体颜色等。#text h3.headlines a 选择器定义了标题 3、类 headlines 和超链接的显示样式。

20.2.3　右侧导航链接

　　在页面主体右侧中，其文本信息不是太多，但非常重要。它是首页用于链接其他页面的导航链接，如客户详细信息、最新消息等。同样，右侧版式需要设置为固定宽度并且向右浮动的版式。在 IE 浏览器中预览页面效果如图 20-5 所示。

　　从效果图可以看到，右侧版式包含几个无序列表和标题，其中列表选项为超链接。HTML

文件中用于创建页面主体右侧版式的代码如下。

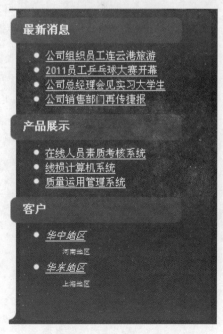

图 20-5　页面右侧链接

```
<div id="column">
<h3><span>最新消息</span></h3>
<ul class="category_list"><li><a href="#">公司组织员工连云港旅游</a></li>
<li><a href="#">2011员工乒乓球大赛开幕</a></li>
<li><a href="#">公司总经理会见实习大学生</a></li>
<li><a href="#">公司销售部门再传捷报</a></li></ul>
<h3><span>产品展示</span></h3>
<ul class="recent_articles"><li><a href="#">在线人员素质考核系统</a></li>
<li><a href="#">线损计算机系统</a></li>
<li><a href="#">质量运用管理系统</a></li></ul>
<h3><span>客户</span></h3>
<ul class="wet_recent_comments"><li><a href="#"><cite>华中地区</cite></a><p>河
南地区</p></li>
<li><a href="#"><cite>华东地区</cite></a><p>上海地区</p></li></ul>
</div><!--end column-->
<div id="content-bottom"> </div>
```

在上面的代码中，创建了两个层，分别为 column 层和 content-bottom 层。其中 column 层用于显示页面主体中右侧链接，并包含了三个标题和三个超链接。content-bottom 层用于消除上面层 float 浮动效果。

在 CSS 文件中，用于修饰上面 HTML 标记的 CSS 代码如下。

```
#column {
background: rgb(142, 14, 14) url('images/column.gif') no-repeat;
float: right;
width: 247px; }
#column p { font-size: 0.7em; }
#column ul { font-size: 0.8em; }
#column h3  {
background: transparent url('images/h3-column.gif') no-repeat;
position: relative;
left: -18px;
height: 26px;
width: 215px;
margin-top: 10px;
padding-top: 6px;
padding-left: 6px;
font-size: 0.9em;
z-index: 1;
font-family: Verdana,"Geneva CE",lucida,sans-serif;
}
#column h3  span { margin-left: 10px; }
#column span.name {
text-align: right;
color: rgb(223, 58, 0);
margin-right: 5px;
}
#column a { color: rgb(255, 255, 255); }
#column a:hover { color: rgb(80, 210, 122); }
p.comments {
```

```
text-align: right;
font-size: 0.8em;
font-weight: bold;
padding-right: 10px;
}
#content-bottom {
background: transparent url('images/content-bottom.gif') no-repeat scroll left
bottom;
clear: both;
display: block;
width: 770px;
height: 13px;
font-size: 0pt;
}
```

上面的代码中，#column 选择器定义背景图片、背景颜色、页面右浮动和宽度。#content-bottom 选择器定义背景图片、宽度、高度、字体大小和以块显示，并且使用 clear 功能消除前面层使用 float 的影响。其他选择器主要定义 column 层中其他元素的显示样式，如无序列表样式、列表选项样式和超链接样式等。

20.2.4 版权信息

版权信息一般放置到页面底部，用于介绍页面的作者、地址信息等，是页脚的一部分。页脚部分和其他网页部分一样，需要保持简单、清晰的风格。在 IE 浏览器中预览效果如图 20-6 所示。

图 20-6 页脚部分

从上面的效果图可以看出，此页脚部分非常简单，只包含了一个作者信息的超链接，因此设置起来比较方便，其代码如下。

```
<div id="footer">
<p id="ivorius"><a href="#">网页设计者：李四工作室</a></p>
</div><!--end footer-->
```

上面的代码中，footer 层包含了一个段落信息，其中段落的 id 是 ivorius。
在 CSS 文件中，用于修饰上面 HTML 标记的样式代码如下。

```
#footer {
background: transparent url('images/footer.png') no-repeat scroll left bottom;
margin-top: 5px;
padding-top: 2px;
height: 33px;
}
```

```
#footer p { text-align: center; }
#footer a { color: rgb(255, 255, 255); }
#footer a:hover { color: rgb(223, 58, 0); }
p#ivorius {
float: right;
margin-right: 13px;
font-size: 0.75em;
}
p#ivorius a { color: rgb(80, 210, 122); }
```

上面的代码中，#footer 选择器定义了页脚背景图片、内外边距的顶部距离和高度。其他选择器定义了页脚部分文本信息的对齐方式、超链接样式等。

20.3 整体调整

前面的各个章节中，完成了首页中不同部分的制作，其整个页面基本上都已经成形。在制作完成后，需要根据页面实际效果作一些细节上的调整，从而完善页面整体效果，如各块之间的 padding 和 margin 值是否与页面整体协调，各个子块之间是否协调统一等。页面效果调整前，在 IE 浏览器中预览效果如图 20-7 所示。

从预览效果图中，可以发现页面段落没有缩进，页面右侧列表选项之间的距离太小等。这时可以利用 CSS 属性调整，其代码如下。

图 20-7　页面调整前的效果

```
p { margin: 0.4em 0.5em; font-size: 0.85em;text-indent:2em; }
a { color: rgb(25, 126, 241); text-decoration: underline; }
a:hover { color: rgb(223, 58, 0); text-decoration: none; }
a img { border: medium none ; }
ul, ol { margin: 0.5em 2.5em; }
h2 { margin: 0.6em 0pt 0.4em 0.4em; }
h3, h4, h5 { margin: 1em 0pt 0.4em 0.4em; }
* { margin: 0pt; padding: 0pt; }
body { background: rgb(61, 62, 63) url('images/body.gif') repeat; color: white;
font-size: 1em; font-family:"Trebuchet MS",Tahoma,"Geneva CE",lucida; }
```

上面的代码中，全局选择器 * 设置了内外边距距离，body 标记选择器设置了背景颜色、图片、字体大小、字体颜色和字形等。其他选择器分别设置了段落、超链接、标题和列表等样式信息。

第21章 制作在线购物类网页

在线购物网站是当前比较流行的一类网站。随着网络购物、互联网交易的普及，如淘宝、阿里巴巴、亚马逊等类型的在线网站在近几年风靡，越来越多的公司企业着手架设在线购物网站平台。

● **本章要点（已掌握的在方框中打钩）**

☐ 掌握在线购物网站构思布局的方法

☐ 掌握在线购物网站模块分割的方法

☐ 掌握在线购物网站页脚区域的制作方法

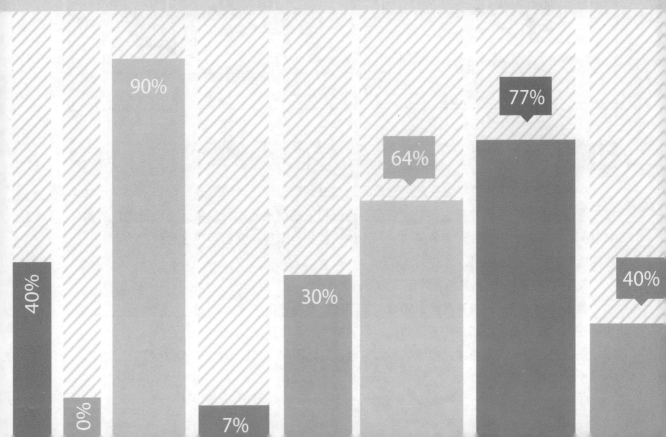

21.1 整体布局

在线购物类网页主要实现网络购物、交易等功能，因此所要体现的组件相对较多，主要包括产品搜索、账户登录、广告推广、产品推荐、产品分类等内容。本实例最终的网页效果如图 21-1 所示。

图 21-1　网页效果

21.1.1　设计分析

购物网站的一个重要特点就是突出产品，突出购物流程、优惠活动、促销活动等信息。首先要用逼真的产品图片吸引用户，结合各种吸引人的优惠活动、促销活动增强用户的购买欲望；其次在购物流程上，要方便快捷，比如货款支付情况，要给用户多种选择的可能，让各种情况的用户都能在网上顺利支付。

在线购物类网站的主要特性体现在如下几方面。

☆　商品检索方便：要有商品搜索功能，有详细的商品分类。

☆　有产品推广功能：增加广告活动位，帮助特色产品推广。

☆　热门产品推荐：消费者的搜索很多带有盲目性，所以可以设置热门产品推荐位。

☆　对于产品要有简单准确的展示信息。

☆　页面整体布局要清晰有条理，让浏览者知道在网页中如何快速地找到自己需要的信息。

21.1.2　排版架构

本实例的在线购物网站整体上是上下型架构。上部为网页头部、导航栏；中间为网页主要内容，包括 Banner、产品类别区域；下部为页脚信息。网页整体架构如图 21-2 所示。

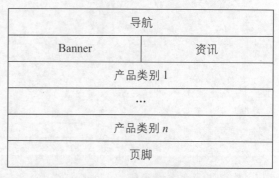

导航
Banner
资讯
产品类别 1
…
产品类别 n
页脚

图 21-2　网页整体架构

21.2　模块分割

当页面整体架构完成后，就可以动手制作不同的模块区域。其制作流程采用自上而下、从左到右的顺序。本实例模块主要包括 4 部分，分别为导航区、Banner 资讯区、产品类别和页脚。

21.2.1　Logo 与导航区

导航使用水平结构，与其他类别网站相比，是前边有一个购物车显示情况功能，把购物车功能放到这里使用户更方便快捷地查看购物情况。本实例中网页头部的效果如图 21-3 所示。

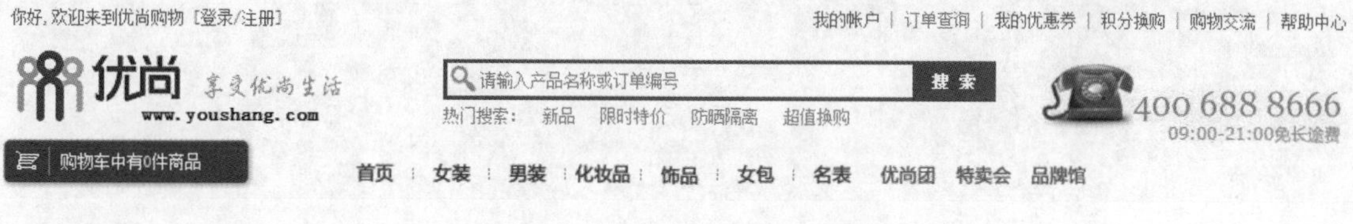

你好，欢迎来到优尚购物 [登录/注册]
我的帐户 | 订单查询 | 我的优惠券 | 积分换购 | 购物交流 | 帮助中心
优尚
享受优尚生活
www.youshang.com
请输入产品名称或订单编号
搜 索
热门搜索：新品 限时特价 防晒隔离 超值换购
400 688 8666
09:00-21:00免长途费
购物车中有0件商品
首页 女装 男装 化妆品 饰品 女包 名表 优尚团 特卖会 品牌馆

图 21-3　页面 Logo 和导航菜单

其具体的 HTML 框架代码如下。

```
<!------------------------------------NAV-------------------------------------->
<div id="nav"><span><a href="#">我的帐户</a> | <a href="#"style="color:#5CA100;">
订单查询</a> | <a href="#">我的优惠券</a> | <a href="#">积分换购</a> | <a href="#">
```

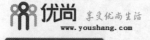

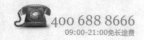

```
购物交流</a> | <a href="#">帮助中心</a></span> 你好,欢迎来到优尚购物  [<a href="#">
登录</a>/<a href="#">注册</a>] </div>
<!-----------------------------------Logo----------------------------------->
<div id="logo">
  <div class="logo_left"><a href="#"><img src="images/logo.gif"border="0"/>
</a></div>
  <div class="logo_center">
    <div class="search"><form action=""method="get">
      <div class="search_text">
      <input type="text"value="请输入产品名称或订单编号"  class="input_text"/>
      </div>
      <div class="search_btn"><a href="#"><img src="images/search-btn.jpg"border=
"0"/></a></div>
    </form></div>
      <div class="hottext">热门搜索:   <a href="#">新品</a>  
 <a href="#">限时特价</a>   <a href="#">防晒隔离</a> 
  <a href="#">超值换购</a> </div>
  </div>
  <div class="logo_right"><img src="images/telephone.jpg"width="228"height=
"70"/></div>
</div>
<!-----------------------------------MENU----------------------------------->
<div id="menu">
  <div class="shopingcar"><a href="#">购物车中有0件商品</a></div>
  <div class="menu_box">
   <ul>
      <li><a href="#"><img src="images/menu1.jpg"border="0"/></a></li>
      <li><a href="#"><img src="images/menu2.jpg"border="0"/></a></li>
      <li><a href="#"><img src="images/menu3.jpg"border="0"/></a></li>
      <li><a href="#"><img src="images/menu4.jpg"border="0"/></a></li>
      <li><a href="#"><img src="images/menu5.jpg"border="0"/></a></li>
      <li><a href="#"><img src="images/menu6.jpg"border="0"/></a></li>
      <li style="background:none;"><a href="#"><img src="images/menu7.jpg"
border="0"/></a></li>
      <li style="background:none;"><a href="#"><img src="images/menu8.jpg"
 border="0"/></a></li>
      <li style="background:none;"><a href="#"><img src="images/menu9.jpg"
 border="0"/></a></li>
      <li style="background:none;"><a href="#"><img src="images/menu10.jpg"
 border="0"/></a></li>
    </ul>
  </div>
</div>
```

上述代码主要包括三部分,分别是 NAV、Logo、MENU。其中 NAV 区域主要定义购物网站中的账户、订单、注册、帮助中心等信息;Logo 部分主要定义网站的 Logo、搜索框信息、热门搜索信息以及相关的电话等;MENU 区域主要定义网页的导航菜单。

在 CSS 样式文件中,对应上述代码的 CSS 代码如下。

```
#menu{ margin-top:10px; margin:auto; width:980px; height:41px; overflow:
hidden;}
.shopingcar{ float:left; width:140px; height:35px; background:url(../images/
shopingcar.jpg) no-repeat;
color:#fff; padding:10px 0 0 42px;}
.shopingcar a{ color:#fff;}
.menu_box{ float:left; margin-left:60px;}
.menu_box li{ float:left; width:55px; margin-top:17px; text-align:center;
background:url(../images/menu_fgx.jpg) right center no-repeat;}
```

上面的代码中，#menu 选择器定义了导航菜单的对齐方式、高度、宽度、背景图片等信息。

21.2.2　Banner 与资讯区

购物网站的 Banner 区域同企业型的比较起来差别很大，企业型 Banner 区多是突出企业文化，而购物网站 Banner 区主要放置主推产品、优惠活动、促销活动等。本实例中网页 Banner 与资讯区的效果如图 21-4 所示。

图 21-4　页面 Banner 和资讯区

其具体的 HTML 代码如下。

```
<div id="banner">
  <div class="banner_box">
  <div class="banner_pic"><img src="images/banner.jpg"border="0"/></div>
  <div class="banner_right">
    <div class="banner_right_top"><a href="#"><img src="images/event_banner.
jpg"border="0"/></a></div>
    <div class="banner_right_down">
      <div class="moving_title"><img src="images/news_title.jpg"/></div>
      <ul>
        <li><a href="#"><span>国庆大促5宗最，纯牛皮钱包免费换! </span></a></li>
        <li><a href="#">身体护理系列满199加1元换购飘柔! </a></li>
        <li><a href="#"><span>YOUSOO九月新起点，价值99元免费送! </span></a></li>
        <li><a href="#">喜迎国庆，妆品百元红包大派送! </a></li>
      </ul>
    </div>
  </div>
  </div>
</div>
```

在上述代码中，banner 分为两部分，左侧放大尺寸图，右侧缩小尺寸图和文字消息。

在 CSS 样式文件中，对应上述代码的 CSS 代码如下。

```
#banner{ background:url(../images/banner_top_bg.jpg) repeat-x; padding-top:12px;}
.banner_box{ width:980px; height:369px; margin:auto;}
.banner_pic{ float:left; width:726px; height:369px; text-align:left;}
.banner_right{ float:right; width:247px;}
.banner_right_top{ margin-top:15px;}
.banner_right_down{ margin-top:12px;}
.banner_right_down ul{ margin-top:10px; width:243px; height:89px;}
.banner_right_down li{ margin-left:10px; padding-left:12px; background:url(../
images/icon_green.jpg) left
no-repeat center; line-height:21px;}
.banner_right_down li a{ color:#444;}
.banner_right_down li a span{ color:#A10288;}
```

上面的代码中，#banner 选择器定义了背景图片、背景图片的对齐方式、链接样式等信息。

21.2.3 产品类别区域

产品类别区域也是图文混排的效果，购物网站通常大量运用图文混排方式，图 21-5 所示为化妆品类别区域，图 21-6 所示为女包类别区域。

图 21-5　化妆品产品类别

图 21-6　女包产品类别

其具体的 HTML 代码如下。

```
<div class="clean"></div>
<div id="content2">
  <div class="con2_title"><b><a href="#"><img src="images/ico_jt.jpg"border=
 "0"/></a></b><span><a href="#">新品速递</a> | <a href="#">畅销排行</a> | <a
    href="#">特价抢购</a> | <a href="#">男士护肤</a>  </span><img
    src="images/con2_title.jpg"/></div>
  <div class="line1"></div>
  <div class="con2_content"><a href="#"><img src="images/con2_content.jpg"
width="981"height="405"border="0"/></a></div>
  <div class="scroll_brand"><a href="#"><img src="images/scroll_brand.jpg"
 border="0"/></a></div>
  <div class="gray_line"></div>
</div>

<div id="content4">
  <div class="con2_title"><b><a href="#"><img src="images/ico_jt.jpg"border=
 "0"/></a></b><span><a href="#">新品速递</a> | <a href="#">畅销排行</a> | <a
    href="#">特价抢购</a> | <a href="#">男士护肤</a>  </span><img
    src="images/con4_title.jpg"width="27"height="13"/></div>
  <div class="line3"></div>
  <div class="con2_content"><a href="#"><img src="images/con4_content.jpg"
  width="980"height="207"border="0"/></a></div>
  <div class="gray_line"></div>
</div>
```

在上述代码中，content2 层用于定义化妆品产品类别；content4 层用于定义女包产品类别。
在 CSS 样式文件中，对应上述代码的 CSS 代码如下。

```
#content2{ width:980px; height:545px; margin:22px auto; overflow:hidden;}
  .con2_title{ width:973px; height:22px; padding-left:7px; line-height:22px;}
  .con2_title span{ float:right; font-size:10px;}
  .con2_title a{ color:#444; font-size:12px;}
  .con2_title b img{ margin-top:3px; float:right;}
  .con2_content{ margin-top:10px;}
  .scroll_brand{ margin-top:7px;}
#content4{ width:980px; height:250px; margin:22px auto; overflow:hidden;}
#bottom{ margin:auto; margin-top:15px; background:#F0F0F0; height:236px;}
.bottom_pic{ margin:auto; width:980px;}
```

上述 CSS 代码定义了产品类别的背景图片、高度、宽度、对齐方式等。

21.2.4 页脚区域

本例页脚使用一个 div 标记放置一个版权信息图片，比较简洁，如图 21-7 所示。

关于我们 | 联系我们 | 配送范围 | 如何付款 | 批发团购 | 品牌招商 | 诚聘人才

优尚 版权所有

图 21-7　页脚区域

用于定义页脚部分的代码如下。

```
<div id="copyright"><img src="images/copyright.jpg"/></div>
```

在 CSS 样式文件中，对应上述代码的 CSS 代码如下。

```
#copyright{ width:980px; height:150px; margin:auto; margin-top:16px;}
```

第22章

制作移动设备类网页

随着移动电子的发展，网站开发也进入了一个新的阶段。常见的移动设备有智能手机、平板电脑等，平板电脑与手机的差异在于设置网页的分辨率不同。下面就以制作一个适合智能手机浏览的网站为例，来介绍开发网站的方式。

● **本章要点（已掌握的在方框中打钩）**

☐ 掌握移动设备类网页设计分析的方法

☐ 掌握移动设备类网页结构分析的方法

☐ 掌握移动设备类网页主页面的制作方法

☐ 掌握移动设备类网页预览的方法

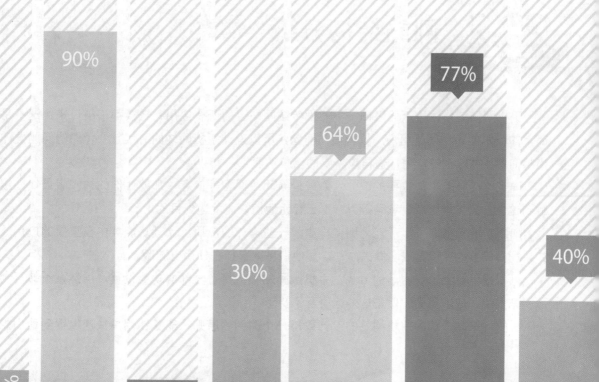

22.1 网站设计分析

由于手机和电脑相比，屏幕小很多，所有手机网站制作在版式上相对比较固定，通常都是"1+（n）+1"版式布局。其最终效果如图 22-1 所示。

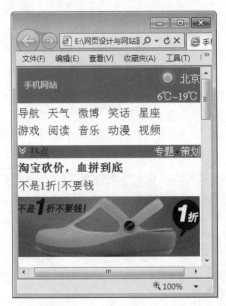

图 22-1　网站首页

22.2 网站结构分析

手机网站制作由于版面限制，不能把传统网站上的所有应用、链接都移植过来，这不是简单的技术问题，而是用户浏览习惯的问题，所以设计手机网站的时候首要考虑的问题是如何精简传统网站上的应用，保留最主要的信息功能。

确定你的服务中最重要的部分。如果是新闻或博客等信息，那就让你的访问者最快地接触到信息；如果是更新信息等行为，那么就让他们快速地达到目的。

如果功能繁多，要尽可能地删减。剔除一些额外的应用，让其功能集中在重要的应用。如果用户需要改变设置或者做大改动，那他们可以选择去使用电脑版。

可以提供转至全版网站的方式。手机版网站不会具备全部的功能设置，虽然重新转至全版网站的用户成本要高，但是这个选项至少要有。

总的说来，成功的手机网站的设计秉持一个简明的原则：能够让用户快速地得到他们想知道的，最有效地完成他们的行为，所有设置都能让他们满意。

与传统网站比较起来，手机网站架构可选择性比较少，本例的排版架构如图 22-2 所示。

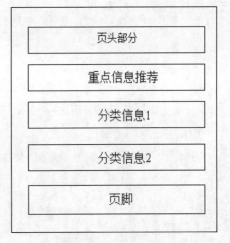

图 22-2 网页结构

22.3 网站主页面的制作

由于手机浏览器支持的原因，手机的导航菜单也受到一定程度的限制，没有太多复杂的生动的效果展现，一般都以水平菜单为主，代码如下。

```
<DIV class="w1 N1">
<P><A
href="#">导航</A>
<A href="#">天气</A>
  <A href="#">微博</A>
  <A href="#">笑话</A>
  <A href="#">星座</A></P>
<P><A href="#">游戏</A>
  <A href="#">阅读</A>
<A href="#">音乐</A>
<A href="#">动漫</A>
  <A href="#">视频</A>
</P>
</DIV>
```

网页中的菜单制作完毕后，下面还需要为菜单添加 CSS 样式，具体的代码如下。

```
.w1 {
PADDING-BOTTOM: 3px; PADDING-LEFT: 10px; PADDING-RIGHT: 10px; PADDING-TOP: 3px
}
.N1 A {
MARGIN-RIGHT: 4px
}
```

运行结果如图 22-3 所示。

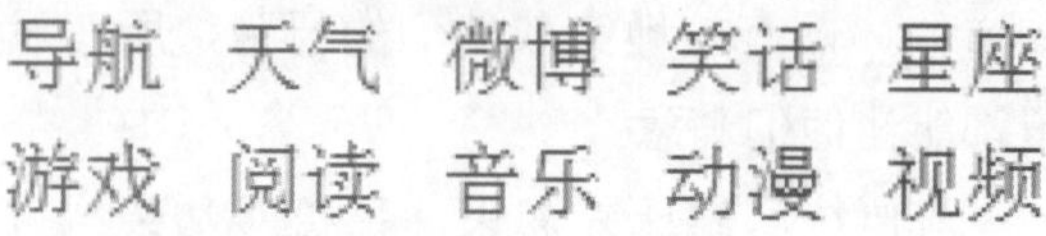

导航 天气 微博 笑话 星座
游戏 阅读 音乐 动漫 视频

图 22-3 网页菜单效果

下面设置手机网页的模块内容，手机网页各个模块布局内容区别不大，基本上以 div、p、a 这三个标记为主，代码如下。

```
<DIV class=w1>
<P><A href="#"><SPAN
style="COLOR: rgb(51,51,51)"><STRONG>淘宝砍价，血拼到底</STRONG></SPAN></A> </P>
<P><A href="#"><SPAN
style="COLOR: rgb(51,51,51)">不是1折</SPAN></A><I class=s>|</I><A
href="#"><SPAN
style="COLOR: rgb(51,51,51)">不要钱</SPAN></A> </P></DIV>
<DIV class="w a3">
<P class="hn hn1"><A
href="#"><IMG
alt="淘宝砍价，血拼到底"src="images/1.jpg"></A> </P></DIV>
<DIV class="ls pb1">
<P><I class=s>.</I><A
href="#"><SPAN
style="COLOR: rgb(51,51,51)">信息内容标题信息内容标题</SPAN></A></P>
<P><I class=s>.</I><A
href="#"><SPAN
style="COLOR: rgb(51,51,51)">信息内容标题信息内容标题</SPAN></A></P>
<P><I class=s>.</I><A
href="#"><SPAN
style="COLOR: rgb(51,51,51)">信息内容标题信息内容标题</SPAN></A></P>
<P><I class=s>.</I><A
href="#"><SPAN
style="COLOR: rgb(51,51,51)">信息内容标题信息内容标题</SPAN></A></P></DIV>
```

下面为模块添加 CSS 样式，具体的代码如下。

```
.ls {
MARGIN: 5px 5px 0px; PADDING-TOP: 5px
}
.ls A:visited {
COLOR: #551a8b
}
.ls .s {
COLOR: #3a88c0
}
.a3 {
TEXT-ALIGN: center
}
.w {
PADDING-BOTTOM: 0px; PADDING-LEFT: 10px; PADDING-RIGHT: 10px; PADDING-TOP: 0px
```

```
}
.pb1 {
PADDING-BOTTOM: 10px
}
```

实现效果如图 22-4 所示。

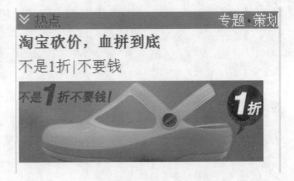

图 22-4　网页预览效果

22.4　网站成品预览

下面给出网站成品的源代码。

```
<!DOCTYPE HTML PUBLIC"-//W3C//DTD HTML 4.0 Transitional//EN">
<!-- saved from url=(0018)http://m.sohu.com/ -->
<HTML xmlns="http://www.w3.org/1999/xhtml"><HEAD><TITLE>手机网页</TITLE>
<META content="text/html; charset=utf-8"http-equiv=Content-Type>
<META content=no-cache http-equiv=Cache-Control>
<META name=MobileOptimized content=240>
<META name=viewport
content=width=device-width,initial-scale=1.33,minimum-scale=1.0,maximum-scale=1.0>
<LINK rel=stylesheet
type=text/css href="images/css.css"media=all><!--开发过程中用外链样式, 开发完成后
可直接写入页面的style块内--><!-- 股票碎片1  -->
<STYLE type=text/css>.stock_green {
    COLOR: #008000
}
.stock_red {
    COLOR: #f00
}
.stock_black {
    COLOR: #333
}
.stock_wrap {
    WIDTH: 240px
}
.stock_mod01 {
    PADDING-BOTTOM: 2px; LINE-HEIGHT: 18px; PADDING-LEFT: 10px; PADDING-RIGHT:
0px; FONT-SIZE: 12px; PADDING-TOP: 10px
}
```

```
.stock_mod01 .stock_s1 {
    PADDING-RIGHT: 3px
}
.stock_mod01 .stock_name {
    COLOR: #039; FONT-SIZE: 14px
}
.stock_seabox {
    PADDING-BOTTOM: 6px; PADDING-LEFT: 10px; PADDING-RIGHT: 0px; FONT-SIZE:
14px; PADDING-TOP: 0px
}
.stock_seabox .stock_kw {
    BORDER-BOTTOM: #3a88c0  1px solid; BORDER-LEFT: #3a88c0  1px solid;
PADDING-BOTTOM: 2px; PADDING-LEFT: 0px; WIDTH: 130px; PADDING-RIGHT: 0px;
HEIGHT: 16px; COLOR: #999; FONT-SIZE: 14px; VERTICAL-ALIGN: -1px; BORDER-TOP:
#3a88c0  1px solid; BORDER-RIGHT: #3a88c0  1px solid; PADDING-TOP: 2px
}
.stock_seabox .stock_btn {
    BORDER-BOTTOM: medium none; TEXT-ALIGN: center; BORDER-LEFT: medium none;
PADDING-BOTTOM: 0px; PADDING-LEFT: 4px; PADDING-RIGHT: 4px; BACKGROUND: #3a88c0;
HEIGHT: 22px; COLOR: #fff; FONT-SIZE: 14px; BORDER-TOP: medium none; CURSOR:
 pointer; BORDER-RIGHT: medium none; PADDING-TOP: 0px
}
.stock_seabox SPAN {
    PADDING-BOTTOM: 0px; PADDING-LEFT: 4px; PADDING-RIGHT: 0px; PADDING-TOP: 4px
}
.stock_seabox A {
    COLOR: #039; TEXT-DECORATION: none
}
</STYLE>
<!-- 股票碎片1  -->
<META name=GENERATOR content="MSHTML 8.00.6001.19328"></HEAD>
<BODY>
<DIV class="w h Header">
<TABLE>
  <TBODY>
  <TR>
   <TD>
     <H1><IMG class=Logo alt=手机搜狐 src="images/logo.png"
     height=32></H1></TD>
   <TD>
     <DIV class="as a2">
     <DIV id=weather_tip class=weather_min>
     <A href="#"name=top><IMG style="HEIGHT: 32px"
     id=weather_icon src="images/1-s.jpg"></IMG> 北京<BR>6℃～19℃
     </A></DIV></DIV></TD></TR></TBODY></TABLE></DIV>
<DIV class="w1  N1">
<P><A
href="#">导航</A>
<A href="#">天气</A>
```

```
 <A href="#">微博</A>
 <A href="#">笑话</A>
 <A href="#">星座</A></P>
<P><A href="#">游戏</A>
 <A href="#">阅读</A> <A
href="#">音乐</A> <A
href="#">动漫</A>
 <A
href="#">视频</A>
</P></DIV>
<DIV class="w1  c1"></DIV>
<DIV class="w h">
<TABLE>
  <TBODY>
  <TR>
    <TD width="54%">
      <H3><IMG alt=""src="images/caibanlanmu.jpg"height=16><I
      class=s></I>热点</H3></TD>
    <TD width="46%">
      <DIV class="as a2"><A
      href="#">专题</A><I
      class=s>•</I><A
      href="#">策划</A></DIV></TD></TR></TBODY></TABLE></DIV>
<DIV class=w1>
<P><A href="#"><SPAN
style="COLOR: rgb(51,51,51)"><STRONG>淘宝砍价，血拼到底</STRONG></SPAN></A> </P>
<P><A href="#"><SPAN
style="COLOR: rgb(51,51,51)">不是1折</SPAN></A><I class=s>|</I><A
href="#"><SPAN
style="COLOR: rgb(51,51,51)">不要钱</SPAN></A> </P></DIV>
<DIV class="w a3">
<P class="hn hn1"><A
href="#"><IMG
alt="淘宝砍价，血拼到底"src="images/1.jpg"></A> </P></DIV>
<DIV class="ls pb1">
<P><I class=s>.</I><A
href="#"><SPAN
style="COLOR: rgb(51,51,51)">信息内容标题信息内容标题</SPAN></A></P>
<P><I class=s>.</I><A
href="#"><SPAN
style="COLOR: rgb(51,51,51)">信息内容标题信息内容标题</SPAN></A></P>
<P><I class=s>.</I><A
href="#"><SPAN
style="COLOR: rgb(51,51,51)">信息内容标题信息内容标题</SPAN></A></P>
<P><I class=s>.</I><A
href="#"><SPAN
style="COLOR: rgb(51,51,51)">信息内容标题信息内容标题</SPAN></A></P></DIV>
<DIV class="w h">
<TABLE>
```

```html
  <TBODY>
  <TR>
    <TD width="55%">
      <H3><IMG alt="""src="images/caibanlanmu.jpg"height=16><I
      class=s></I><A
      href="#">新闻</A></H3></TD>
    <TD width="45%">
      <DIV class="as a2"><A
      href="#">分类</A><I
      class=s>•</I><A
      href="#">分类</A></DIV></TD></TR></TBODY></TABLE></DIV>
<DIV class=ls>
<P><I class=s>.</I><A
href="#">信息内容标题信息内容标题</A></P>
<P><I class=s>.</I><A
href="#">信息内容标题信息内容标题</A></P>
<P><I class=s>.</I><A
href="#"><SPAN
style="COLOR: rgb(194,0,0)">微博</SPAN></A><I class=v>|</I><A
href="#"><SPAN
style="COLOR: rgb(194,0,0)">信息内容</SPAN></A></P>
<P><I class=s>.</I><A
href="#">信息内容标题信息内容标题</A></P>
<P><I class=s>.</I><A
href="#">信息内容标题信息内容标题</A></P>
<P><I class=s>.</I><A
href="#">信息内容标题信息内容标题</A></P>
<P><I class=s>.</I><A
href="#">信息内容标题信息内容标题</A></P>
<P><I class=s>.</I><A
href="#">信息内容标题信息内容标题</A></P>
<P><I class=s>.</I><A
href="#">信息内容标题信息内容标题</A></P>
<P><I class=s>.</I><A
href="#">信息内容标题信息内容标题</A></P>
<P><I class=s>.</I><A
href="#">信息内容标题信息内容标题</A></P>
<P><I class=s>.</I><A
href="#">信息内容标题信息内容标题</A></P></DIV>
<P class="w f a2  pb1"><A href="#">更多&gt;&gt;</A></P>
<DIV class="w h">
<TABLE>
  <TBODY>
  <TR>
    <TD width="55%">
      <H3><IMG alt="""src="images/caibanlanmu.jpg"height=16><I
      class=s></I><A
      href="#">分类</A></H3></TD>
    <TD width="45%">
```

```
        <DIV class="as a2"><A
     href="#">分类</A><I
     class=s>·</I><A
     href="#">分类</A></DIV></TD></TR></TBODY></TABLE></DIV>
<DIV class="ls ls2">
  <P><I class=s>.</I><A
href="#">信息内容标题信息内容标题</A></P>
<P><I class=s>.</I><A
href="#">信息内容标题信息内容标题</A></P>
<P><I class=s>.</I><A
href="#">信息内容标题信息内容标题</A></P>
<P><I class=s>.</I><A
href="#">信息内容标题信息内容标题</A></P>
<P><I class=s>.</I><A
href="#">信息内容标题信息内容标题</A></P>
<P><I class=s>.</I><A
href="#">信息内容标题信息内容标题</A></P></DIV>
<P class="w f a2  pb1"><A href="#">更多&gt;&gt;</A></P>
<DIV class="ls c1  pb1">·<A class=h6
href="#">信息内容标题信息内容标题</A><BR>·<A
class=h6
href="#">信息内容标题信息内容标题</A><BR></DIV>


<DIV class=c1><!--UCAD[v=1;ad=1112]--></DIV>
<DIV class="w h">
<H3>站内直通车</H3></DIV>
<DIV class="w1  N1">
<P><A
href="#">导航</A>
<A
href="#">新闻</A>
<A href="#">娱乐</A> <A
href="#">体育</A> <A
href="#">女人</A> </P>
<P><A href="#">财经</A> <A
href="#">科技</A> <A
href="#">军事</A> <A
href="#">星座</A> <A
href="#">图库</A> </P></DIV>
<P class="w a3"><A class=Top href="#">↑回顶部</A></P>
<DIV class="w a3  Ftr">
<P><A href="#">普版</A><I
class=s>|</I><B class=c2>彩版</B><I class=s>|</I><A
href="#">触版</A><I
class=s>|</I><A href="#">PC</A></P>
<P class=f12><A href="#">合作</A><I class=s>-</I><A
href="#">留言</A></P>
<P class=f12>Copyright © 2012  xfytabao.com</P></DIV></BODY></HTML>
```

HTML+CSS+JavaScript 网页设计实战

最终成品的网页预览效果如图 22-5 所示。

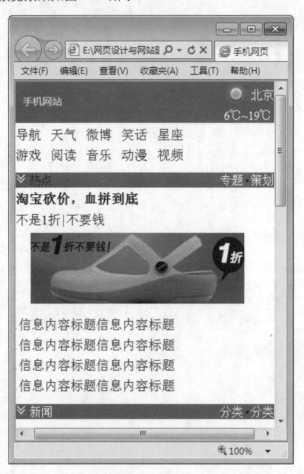

图 22-5　网页预览效果